BIBLIOTHÈQUE
DES MERVEILLES

PUBLIÉE SOUS LA DIRECTION

DE M. ÉDOUARD CHARTON

———

LES CHEMINS DE FER

Typographie Lahure, rue de Fleurus, 9, à Paris.

BIBLIOTHÈQUE DES MERVEILLES

LES

CHEMINS DE FER

PAR

AMÉDÉE GUILLEMIN

OUVRAGE ILLUSTRÉ DE 155 VIGNETTES

CINQUIÈME ÉDITION

PARIS

LIBRAIRIE HACHETTE ET Cⁱᵉ

79, BOULEVARD SAINT-GERMAIN, 79

1876

A MON FRÈRE

EUGÈNE GUILLEMIN

INGÉNIEUR CIVIL

CHEMINS DE FER

INTRODUCTION

Lorsque, sur les bancs de l'école, j'entendis prononcer pour la première fois le mot de *chemin de fer*, je me fis spontanément, avant toute description, une singulière idée de l'invention nouvelle. Avec cette exubérance d'imagination propre à mon âge, je me figurai une large voie, cuirassée d'un épais plancher de fer poli comme une glace, sur laquelle glissaient avec rapidité les voitures retentissantes. De rails, de machine à vapeur, il n'était pas question dans cette manière naïve de concevoir un mode de locomotion que bien des hommes faits traitaient encore d'impossible et de chimérique. Dans ma pensée, le chemin de fer était comme l'idéal de la route de terre, d'autant plus parfaite qu'elle est plus unie, plus dure, plus horizontale.

Et, de fait, n'est-ce pas vers cet idéal que tendirent les

1

anciens Romains, ces maîtres en l'art de construire des routes quasi éternelles? Dans toutes les provinces de la Gaule d'après Jules César, on trouve encore, de nos jours, des restes de voies romaines : ce sont des amas de cailloux, cimentés et unis avec de la chaux, jusqu'à la profondeur de 3 ou 4 mètres, formant une masse aussi compacte et aussi dure que le marbre. Dix-sept siècles et les injures du temps ont passé sur ces débris, qui cèdent à peine, aujourd'hui encore, aux efforts de la pioche et du marteau. Quelquefois même, comme dans les voies Appienne et Flaminienne, ces routes étaient pavées régulièrement avec de grandes pierres de taille carrées.

De là aux chemins de fer tels que je les concevais, il n'y avait qu'un pas. Le nom lui-même était presque identique : *viæ ferreæ* (voies ferrées), disaient les Romains des routes pavées de pierres très-dures.

Quand, plus tard, je sus au juste ce qu'étaient les voies nouvelles, je fus, je l'avoue, un peu désenchanté. Qu'étaient deux minces bandes de fer auprès du luxe de construction rêvé par mon imagination de douze ans? Mais évidemment, la source de mes erreurs provenait de l'usage d'une dénomination aussi incomplète qu'inexacte, celle de *chemin de fer*. Les Anglais, d'ordinaire plus positifs et plus précis que nous en ces matières, disent *rail-way*, littéralement *chemin à bandes*. Ce mot à coup sûr m'eût épargné une déception : m'aurait-il mieux renseigné? Quoi qu'il en soit, sans vouloir soulever ici une puérile question de mots, je saisirai cette occasion pour définir le chemin de fer lui-même, pour tracer avec netteté ses caractères essentiels et distinguer ainsi de tous les autres ce mode nouveau de transport. Voyons donc.

Un radeau descend le cours d'une rivière. Qu'y a-t-il dans ce fait si simple, j'entends au point de vue qui nous occupe, celui de la locomotion? Il y a ce qu'on trouve dans toute locomotion : un objet mû, un moteur, un chemin. L'objet mû peut être identique dans les modes de transport les plus variés ; ce qui change, c'est tantôt le moteur, tantôt la nature du chemin, de la voie.

Ici le moteur, la force qui entraîne le radeau, n'est autre que l'action de la pesanteur, soit qu'elle agisse directement, soit qu'elle communique sa vertu motrice par l'intermédiaire des eaux mobiles. Une rivière est donc un plan incliné naturel, liquide et mobile ; dans un langage plus pittoresque, c'est un *chemin qui marche.*

Le lac, la mer sont encore des plans liquides, mais horizontaux au lieu d'être inclinés. La voie reste la même, le moteur change. Comme dans les rivières et les fleuves à la remonte, il a fallu employer un moteur autre que le poids du véhicule et de la marchandise transportée, par exemple, le vent, les rames, la vapeur.

Enfin, pour ne rien négliger, qu'est-ce que le canal ? Une voie liquide, composée d'une série de plans horizontaux, se succédant comme les gradins d'un escalier, et reliés par des écluses. Mêmes moteurs que sur le lac et la mer, en y joignant toutefois, tantôt la force musculaire des chevaux, tantôt celle de l'homme lui-même, qui, dans ce cas, fait le rude et abrutissant métier de bête de somme.

Voyons maintenant les routes de terre, depuis le simple sentier jusqu'à la route de première classe. Le champ de traction, ou la voie, est soit horizontale, soit inclinée ; seulement la surface en est solide, fixe et résistante. Quant au moteur, il y est fort varié. Ici c'est la force musculaire de l'homme, comme dans le colporteur ; là celle du cheval, du bœuf ou du mulet. En Chine, les voituriers empruntent la force du vent ; bientôt, dans notre Europe, si l'on en croit les essais aujourd'hui commencés, ce sera la vapeur même, et nos routes ordinaires seront sillonnées de locomotives libres dans leurs allures, émancipées de la tutelle des rails.

Voilà, certes, des modes de locomotion bien divers, se distinguant les uns des autres, soit par la nature même du chemin, soit par celle du moteur ou par la forme du véhicule. Mais un caractère leur est commun : c'est que chaque voie admet, pour ainsi dire indifféremment, tous les genres de force, des véhicules de toutes formes et de toutes dimensions. Sur la mer, sur les lacs, rivières et canaux, se meuvent toutes sortes de navires, depuis les barques de pêcheurs et ces mille bateaux diversement gréés, jusqu'aux trois-ponts gigantesques, armés de puissantes voilures, jusqu'aux vaisseaux à vapeur qui frappent la nappe liquide de leurs roues à aubes, ou la percent de leurs hélices submergées. Les routes de terre admettent de même les véhicules les plus divers, mus de la façon la plus variée, depuis le simple piéton et le cavalier, jusqu'aux lourdes carrioles, aux diligences et aux calèches. Le chemin, la voiture et le moteur y semblent en quelque sorte indépendants.

Pour éviter tout reproche d'exagération—« qui prouve trop ne prouve rien, » dit le proverbe—je me hâte de dire que cette indépendance n'est point absolue. Ainsi la forme du navire, son gréement, sa voilure et son chargement sont soumis à une série de conditions qu'il faut remplir, si l'on veut réaliser le maximum de sécurité, de stabilité ou de vitesse. Et de quoi dépendent ces conditions? De la densité de l'eau de mer, de la direction et de la force des vents, du plus ou moins de fréquence des orages dans les régions que le navire doit traverser, enfin de la profondeur des ports.

De même pour la navigation fluviale.

On ne saurait nier non plus qu'il y ait une certaine dépendance entre la route de terre, ses pentes plus ou moins fortes, la nature des matériaux qui composent la chaussée, les voitures qui la parcourent et les moteurs qui traînent ces voitures sur le sol. Mais cette dépendance est très-vague, très-indéterminée; témoin, ai-je dit plus haut, la variété de forme et de nature des appareils qui circulent sur toutes ces voies, variété qui laisse une latitude, pour ainsi dire indéfinie aux mille caprices du voiturier et du marin.

Sur le chemin de fer, c'est tout autre chose. La plus étroite solidarité unit toutes les parties du système. Voie, moteur et véhicules sont si intimement liés, si bien construits les uns pour les autres, qu'une modification parfois insignifiante dans l'un peut entraîner dans les deux autres un remaniement complet.

D'où vient cette dépendance? Je vais essayer d'en donner une idée.

Si j'avais à vous faire parcourir les phases de l'histoire des chemins de fer — histoire intéressante comme celle de la plupart des grandes inventions humaines — vous sériez frappé de la coexistence d'une double série de progrès, longtemps parallèles, et qui ont fini par se souder les uns aux autres. Je veux parler, en premier lieu, des perfectionnements apportés aux diverses parties de la voie, en second lieu des modifications parfois radicales subies, soit par le principe du moteur, soit par son organisme. Il est curieux, du reste, de voir avec quelle prudente lenteur tous ces progrès se sont accomplis.

On s'étonne des travaux gigantesques des Romains en matière de routes; mais il ne faut pas oublier ce qui a rendu ces travaux possibles, j'entends l'organisation à la fois militaire et industrielle de leur armée. Préoccupés surtout du point de vue stratégique, ils avaient à merveille compris l'importance des routes pour la conquête et la colonisation militaire. De là ces voies magnifiques, sillonnant toutes les provinces, et rayonnant du cœur aux extrémités de l'empire. Ne pouvant les entretenir d'une façon régulière et continue, ils préféraient les construire pour des siècles. Plus timide, et surtout plus pacifique, l'industrie moderne a dù procéder d'une manière plus lente, peut-être, mais en somme beaucoup plus progressive.

Les ressources financières des États ne permettant pas, il y a un siècle, ces grands travaux auxquels nous sommes habitués de nos jours, on dut chercher à obtenir les qualités d'une bonne route par des moyens plus économiques. D'abord les ornières furent simplement pavées. Puis, on les fit successivement en bois et saillantes, plates et coulées en fonte.... enfin telles que les chemins de fer nous les montrent aujourd'hui. La pierre, le bois, la fonte, le fer forgé, et enfin l'acier dans certains cas : voilà pour la matière; plates et de niveau, rectangulaires et à rebords saillants, enfin terminées comme aujourd'hui par un bourrelet simple ou double : voilà pour la forme.

Quant au moteur, mêmes et aussi nombreuses transformations. C'est au début le cheval, comme sur les routes de terre, puis le plan incliné, c'est-à-dire la force de la pesanteur, enfin la vapeur utilisée dans des machines, fixes d'abord, en dernier lieu locomobiles.

Vous voyez, dès 1759, poindre l'idée de l'emploi de la vapeur d'eau comme force motrice, sur les chemins; idée purement spéculative au début, s'essayant ensuite dans des tentatives infructueuses, tour à tour abandonnée et reprise, jusqu'en 1814, où l'on vit fonctionner régulièrement la première locomotive. C'était en Angleterre, près de Newcastle, sur le chemin de fer de Merthir Tidwill. Mais combien imparfaite encore ! On était dans l'enfance de l'art. De nos jours, Stephenson, Marc Seguin et d'autres ont fait le reste, vrais créateurs des chemins de fer, de ce magnifique système de locomotion qui fonctionne aujourd'hui des extrémités de l'Europe aux confins de la Sibérie asiatique, de l'Occident européen au continent d'Australie.

Mais ce qu'il importe de remarquer, et sur quoi j'insiste, c'est que ces progrès du moteur et de la voie, d'abord isolés, se sont mêlés de plus en plus, de plus en plus combinés, de manière à donner lieu à un tout ordonné et systématique. En sorte que s'il eût été possible de devancer l'expérience, et de poser dès l'origine le problème des chemins de fer par voie déductive ou scientifique en ces termes : *Étant donnée la locomotive actuelle comme moteur, déterminer la forme et le poids des rails, les dimensions et l'inclinaison de la voie, celles des ouvrages d'art...., etc.*, il en serait résulté une solution définie, mathématique, pour ainsi dire, de tous les éléments du système.

Le poids des rails, par exemple, dépend de celui de la locomotive et du convoi qu'elle entraîne. A son tour, le poids de la locomotive est déterminé, tant par la puissance propre de la machine, puissance en rapport avec la surface de chauffe, que par la nécessité de l'adhérence. Celle-ci, empêchant les roues motrices de glisser sur les rails, leur donne les points d'appui nécessaires au mouvement : sans ce mordant d'un nouveau genre, la machine tournait sur place, et donnait raison aux prédictions de quelques savants en x et en y, qui avaient oublié que la théorie procède par abstraction et doit se fier à la pratique pour compléter ses ômissions volontaires.

Autre exemple de cette solidarité des parties de l'organisme dans le rail-way. Telle machine pèse, pleine, 63,000 kilogrammes. Joignez à ce poids énorme celui des voitures, wagons et fourgons qui composent le convoi; et dites-moi quelle doit être la force de la vapeur pour vaincre une telle résistance, lorsqu'il faut gravir une rampe; pour empêcher une telle masse de glisser, sous l'invincible traction de la pesanteur, et d'aller, en se brisant elle-même, briser tout sur son passage. De là nécessité pour la chaudière d'une surface de chauffe en rapport avec la quantité de vapeur à produire; de là une certaine limite d'inclinaison pour les rampes et pour les pentes qui se succèdent sur la voie.

Dimensions de la machine, dimensions de la voie, distance qui sépare les rails, largeur de l'entre-voie, forme des essieux et des roues, courbure de la direction du chemin, dimension des ouvrages d'art, des ponts, viaducs et tunnels..., sont donc autant de conditions solidaires les unes des autres : plus loin nous les étudierons. C'en est assez maintenant, je pense, pour vous faire saisir la mutuelle dépendance des éléments de cet organisme qu'on nomme chemin de fer, et qu'il faudrait appeler *chemin à bandes de fer et à locomotive à vapeur,* si l'on tenait à en exprimer les caractères essentiels, et si une telle dénomination était compatible avec le génie de notre langue française, amoureuse avant tout de la concision.

Un mot maintenant du plan de cet ouvrage.

Nous venons de voir que c'est autour de la locomotive que gravitent tous les autres éléments du chemin de fer. N'est-ce pas elle qui donne au système dont elle est le pivot toute sa physionomie? Imaginez un convoi mû par une force mystérieuse et invisible, mais privé de sa machine : c'est un convoi décapité, un bataillon qui a perdu son chef. La vaillante coursière ne mugit plus, ne lance plus çà et là, aux caprices du vent, son blanc panache de vapeur, ne rougit plus la voie des débris de son foyer étincelant.

La monotonie et le silence ont succédé à sa respiration saccadée et bruyante, la mort à la vie. Voilà pour le côté pittoresque.

D'autre part, si la locomotive nécessite tant et de si dispendieux ouvrages, un personnel si nombreux, des ateliers si gigantesques, un tel appareil de signaux, enfin une si active surveillance, ne rend-elle pas au double tout ce qu'elle reçoit? N'est-ce pas d'elle que les chemins de fer tirent toute leur supériorité? Vitesse réglée à la volonté de l'homme, au besoin jusqu'à 125 kilomètres à l'heure : précision de marche à peine altérée de quelques secondes, d'une station à l'autre; fréquence de convois, pour les voyageurs et les marchandises, qui dépasse les besoins du commerce comme les caprices du touriste[1] : régularité et constance enfin, comparables, suivant l'expression d'un illustre publiciste, au mouvement du globe sur son axe !

Il semble donc que c'est par la locomotive que devrait commencer ma description. Théoriquement parlant, cette marche serait jusqu'à un certain point possible, nous venons de le voir, mais elle ne serait certainement ni la plus claire ni la plus naturelle. Ce qui me.paraît beaucoup plus simple, c'est de procéder comme la pratique elle-même, en ne faisant fonctionner la locomotive qu'après l'installation du matériel qu'elle réclame; c'est de dérouler sous les yeux du lecteur le tableau des opérations qui se succèdent, depuis le projet et la construction jusqu'à l'exploitation d'une ligne de fer.

Quelles sont ces opérations? Les voici, sommairement indiquées :

En premier lieu, l'étude du tracé et le tracé lui-même, question grave à tous les points de vue, et dont la solution n'exige pas moins que les méditations combinées de l'ingénieur, de l'économiste, du stratégiste et de l'homme d'État.

Viennent ensuite les travaux de terrassements, déblais et remblais, l'une des opérations qui intéressent le plus le prix de revient du chemin de fer : plus les travaux d'art, les ponts, viaducs et tunnels, maisons de garde, ateliers et gares, et enfin la pose de la voie. Pendant cette phase de l'établissement de la ligne, les usines fabriquent le matériel roulant, les locomotives; et cette immense quan-

[1] Ceci n'est plus vrai aujourd'hui. Nous pourrions citer telle ligne de France qui ne peut plus suffire au trafic et qui est forcée de laisser les marchandises encombrer les gares de son réseau.

tité de voitures, de fourgons, de wagons, nécessaires au trafic ; enfin les plaques, chariots, ponts tournants et les signaux indispensables à la manœuvre.

Une fois la voie construite, le matériel et l'outillage complet fabriqués, mis en place et prêts à fonctionner, la seconde phase est terminée. La troisième période, celle du mouvement et de l'exploitation, la dernière de toutes, va lui succéder. Le personnel est à son poste : à chacun sa tâche a été rigoureusement fixée et distribuée ; l'administration a ses livres prêts, sa comptabilité en ordre ; les premiers convois sont en ligne : la vapeur impatiente mugit emprisonnée dans la chaudière : le public attend aux portes. Tout à coup elles s'ouvrent, le mouvement commence. Plus de repos désormais : incessamment l'immense machine fonctionne, ne connaissant plus ni jour ni nuit.

Nous assisterons alors à toutes les manœuvres, déchiffrant les signaux, signalant aux voyageurs les causes d'accidents, indiquant par quelles précautions on peut les prévenir, tâchant enfin de pénétrer le secret de cette organisation si complexe, si régulière pourtant, et si bien ordonnée.

PREMIÈRE PARTIE

LA VOIE

———

1

ÉTUDES PRÉLIMINAIRES DU TRACÉ

Ce n'est pas tout d'avoir décrété, par voie législative ou autre, l'établissement d'un chemin de fer entre deux points du territoire. Du projet à l'exécution il y a le plus souvent fort loin. Avant de remuer une seule pelletée de terre, avant de tailler un seul moellon, de poser la moindre traverse, le plus petit bout de rail, il aura fallu résoudre un important problème : celui de la fixation du tracé. Je vais essayer d'en donner une idée, en prenant un exemple qui donne du corps à mon hypothèse.

C'est entre deux grandes villes, Paris et Marseille, Nantes, Bordeaux, peu importe, que la voie projetée doit s'étendre. Je choisis à dessein une ligne de premier ordre afin qu'elle réunisse ainsi les conditions de tracé les plus variées. Ici traversant de vastes plaines, là coupant des collines ou perçant d'abruptes montagnes, elle devra franchir successivement de grandes rivières, des routes, des canaux, des marais. En outre, elle se trouvera appelée à desservir tout ensemble des contrées agricoles et des régions industrielles, et à satisfaire aux besoins des villes manufacturières, comme à ceux des villes commerçantes. Parmi les grandes lignes de fer qui sillonnent aujourd'hui le sol de la France, il en est une qui, mieux que toutes les autres, semble réunir ces conditions diverses : c'est la ligne qui, partant du Havre, traverse Rouen, Paris, Lyon, passe du bassin de la Seine dans celui de la Saône et du Rhône, pour arriver enfin à Marseille et à Toulon, reliant de la sorte deux mers, la Méditerranée et la Manche.

Remontons à la pensée première qui a conçu cette grande artère de la circulation nouvelle. Tout d'abord, nous comprendrons que cinq ou six points, centres de population et d'activité industrielle ou commerciale, ceux mêmes dont je viens de prononcer les noms, ont dû former, sans discussion possible, les premiers jalons de la voie ferrée.

Maintenant, entre deux quelconques de ces points, quelle direction choisir? Telle est la première question qu'on a dû mettre à l'étude.

Question complexe, dont dépendent, dans une certaine mesure, et l'avenir du chemin de fer projeté, et celui des contrées qu'il doit desservir. Aussi distingue-t-on deux phases dans l'étude du tracé. La première, toute provisoire, aboutit aux avant-projets et donne une première ébauche de la direction ; la seconde phase, celle de l'étude définitive, a pour objet une détermination plus précise du tracé, le calcul de l'étendue des terrains nécessaires à l'exploitation et à la voie, et enfin l'évaluation, sous forme de devis approximatif, des dépenses présumables de la construction.

Jetons d'abord un coup d'œil sur la première phase, celle de l'étude préliminaire du tracé. Elle va se présenter

à nous sous une multitude de points de vue curieux, dont
je ne mentionnerai que les principaux.

D'abord, aussitôt que la rumeur publique a répandu la
nouvelle du projet, c'est parmi les populations intéressées
une agitation des plus vives, et, ajoutons-le, des plus aisées à concevoir. Alors éclatent les rivalités de clocher,
les divergences, les compétitions les plus opposées : se
flattant toutes d'attirer sur elles l'attention et les préféren-
ces de l'autorité compétente, pour faciliter cette suprême
faveur, elles répandent par milliers les mémoires, les
pétitions, les brochures de toutes les couleurs et de toutes
les formes. C'est un bourg qui demande à être traversé ;
un conseil municipal qui réclame une station ou une
gare ; ce sont des propriétaires obérés qui comptent sur
l'expropriation pour le rachat de leurs dettes, d'autres
qui tremblent pour leurs châteaux, leurs parcs, leurs
usines ; tout un monde enfin d'intérêts fort légitimes, qui
n'ont d'autre tort que de se dissimuler sous le masque
de l'intérêt général. « Prenez mon ours, » telle est la tra-
duction un peu triviale de ces réclames, qui ne sont
qu'un paragraphe du volumineux chapitre des faveurs et
des influences. Passons.

Parlerai-je des intérêts de la Compagnie concessionnaire ? Peuvent-ils être autre chose que ceux du public ?
A mon sens, ces intérêts sont corrélatifs, et non contra-
dictoires, comme on l'a cru, comme ont pu le faire croire
des circonstances exceptionnelles. Que le public, que les
Compagnies n'aient pas toujours bien compris cette solidarité nécessaire, l'aient même contrariée, c'est ce qu'il
est difficile de nier. Mais comme c'est là une question qui
est du domaine de l'économie sociale, passons encore.

Il y a aussi le point de vue gouvernemental, politique
ou stratégique. Dans l'état d'antagonisme où se trouve
l'Europe, au début de la seconde moitié du dix-neuvième
siècle, peut-on négliger ce côté de la question ? Non, mal-

heureusement. Aussi a-t-on dû, surtout pour les lignes qui aboutissent aux frontières ou qui les longent, tenir compte des prescriptions du génie militaire.

Il y a enfin le point de vue technique, de la compétence exclusive de l'ingénieur. C'est le côté qui nous intéresse le plus, parce que c'est à lui que s'appliquent directement les règles de l'art et les préceptes de la science, science et art si admirablement perfectionnés aujourd'hui. Ce point de vue est lié à tous les autres, sans aucun doute ; mais, en dernière analyse, c'est à ceux-ci de plier quand même devant ses inflexibles exigences.

Telles sont les conditions multiples dont tout tracé de chemin de fer nécessite l'étude. Mieux elles seront combinées et remplies, plus la ligne exécutée se rapprochera du type idéal que la théorie et la pratique ont insensiblement créé.

L'étude préliminaire, confiée à l'ingénieur en chef de la ligne, est surtout une étude de cabinet, facilitée par les plans et cartes topographiques. Quelques voyages sur les lieux, quelques mesures approximatives servent à rectifier ou à confirmer les résultats de ce premier travail, qui aboutit, comme je l'ai dit plus haut, à un ou plusieurs avant-projets. Vient alors l'examen du conseil d'État et de la commission consultative nommée par le gouverne-ment et la compagnie concessionnaire. Cette réunion plus ou moins compétente, d'économistes, d'hommes politiques, de spéculateurs et d'ingénieurs, prononce sur l'ensemble général du tracé, laissant le plus ordinairement à la compagnie le choix de plusieurs directions intermé-diaires [1].

---

[1] Le prix de revient des frais d'étude du tracé varie beaucoup selon les lignes. Afin toutefois d'en donner une idée au lecteur, je dirai que ces frais s'élèvent en moyenne, pour les avant-projets, à 150 francs par kilomètre. A ce taux, c'est une somme de 75,000 francs environ pour une ligne d'une longueur de 500 kilomètres, comme le chemin

Maintenant, va commencer l'étude définitive du tracé, celle qui doit enfin conduire à l'exécution. Là, le rôle de l'ingénieur prend une singulière importance, plus précise, plus directe que dans l'étude préliminaire, et par suite engageant davantage sa responsabilité.

Voyez-le, cet homme rompu à la recherche et à la discussion des problèmes les plus ardus de la pratique et de la théorie de son art, tour à tour couché sur la carte ou sur les plus savants ouvrages de statistique industrielle et commerciale; allant sans cesse de son cabinet de travail à l'étude en plein air et sur le terrain; ici, suivant de l'œil et interrogeant les saillies ou les dépressions que présente cette suite de coteaux, de vallées, de plateaux et de plaines; là, supputant l'importance probable du trafic, balançant les habitudes du passé avec les exigences du présent et les éventualités de l'avenir, et tenant, pour ainsi dire, de la sorte au bout de son compas, la richesse ou la ruine des intérêts actuels, comme celles des futures générations. Rôle magnifique s'il en fut, qui n'a peut-être de supérieur, au double point de vue de l'influence sociale comme de la responsabilité, que le rôle du législateur ou du politique!

de fer de Paris à Lyon. Mais les études définitives, celles qui aboutissent à l'exécution et que la Compagnie n'entreprend qu'après la concession, exigent des frais beaucoup plus grands, de 1500 à 2000 francs par kilomètre; c'est-à-dire, en moyenne, 875,000 francs pour une ligne de 500 kilomètres. On ne s'étonnera plus de ces chiffres élevés quand on saura qu'on étudie quelquefois le tracé dans cinq ou six directions différentes.

TRACÈ DÉFINITIF — ÉTUDE DU TERRAIN

Peu à peu, grâce aux études préliminaires du tracé, les jalons se multiplient sur notre ligne et en resserrent la direction dans des limites de plus en plus étroites. Aux grandes cités qui formaient comme les têtes de ligne du chemin de fer, sont venus s'adjoindre des points d'une importance secondaire : Dijon, Mâcon, Avignon, Valence ont divisé la grande voie en tronçons partiels, dont chacun donnera lieu à une étude spéciale.

Mais aussi, à mesure que ces tronçons diminuent de longueur, les conditions du tracé sont de plus en plus du ressort de la science, et, par le fait, susceptibles d'une précision plus géométrique. L'ingénieur devient le souverain juge de la solution définitive. Ses conceptions, il est vrai, restent toujours soumises à l'aphorisme fondamental des compagnies : « *proportionner la dépense au produit présumé du trafic présent ou à venir;* » mais pour tout le reste, c'est à sa science pratique, aux règles de son art que désormais il doit tout rapporter.

Dans chaque tronçon, si petit qu'il soit, de la ligne projetée, il est deux de ces règles que l'ingénieur doit respecter plus impérieusement que toutes les autres, et dont voici l'énoncé :

« Ne point dépasser la limite supérieure d'inclinaison des rampes et des pentes, limite déterminée par l'expérience et par la théorie ;

« Ne faire suivre à la direction du chemin aucune courbe dont le rayon soit inférieur à une autre limite pareillement déterminée. »

J'aurai bientôt l'occasion de vous parler de ces règles ; disons seulement que, pour être rigoureusement suivies, elles exigent une série d'études très-précises, ayant pour but la connaissance du terrain. Or, je ne vois qu'un moyen de vous faire comprendre ce que sont de telles études, c'est de vous inviter à accompagner l'ingénieur, avec tout son personnel auxiliaire, sur le champ même des opérations. Comme jusqu'à présent nous ne sommes guère sortis des considérations générales, toujours un peu abstraites, par suite un peu ennuyeuses peut-être, il ne pourra nous déplaire d'aller par monts et par vaux, courant çà et là en plein soleil, et nous distrayant du *technique* par la contemplation de la belle nature.

C'est, si vous le voulez, entre deux villes voisines que nous allons étudier le tracé définitif. La campagne qui les sépare offre un sol assez varié : des plaines, des collines, une rivière, et, comme partout, des routes, des champs et des bois.

« Entre les cent directions que peut suivre la voie, dans un rayon d'une certaine étendue, quelle est la direction précise à donner au chemin ? » Telle est, je le répète, la question que se pose l'ingénieur chargé des travaux. S'en rapportera-t-il à la géométrie pure ? Il serait, hélas ! fort embarrassé : « D'un point à un autre, lui crie cette science aimée des Muses, tu ne peux mener qu'une ligne droite. » Oui. Mais combien d'autres lignes courbes, brisées, sinueuses ? Une infinité. C'est le dicton populaire : « Tout chemin mène à Rome. »

Avec cette promptitude de coup d'œil que donne seule

2

l'expérience, notre ingénieur a distingué deux ou trois directions au plus pour le tracé : c'est entre elles que l'étude définitive prononcera. Il ne s'agit plus maintenant de se fier à cette sagacité prime-sautière, bonne au début, mais bien de prendre pour bases solides des données géométriques, résultats d'une connaissance détaillée et approfondie de tous les accidents du terrain. Qui les recueillera? L'ingénieur lui-même, avec son personnel si intelligent de géomètres, d'aides, de piqueurs, armés de leurs instruments, jalons, mires, boussoles, graphomètres et niveau.

Devons-nous les laisser faire et attendre en flânant le résultat de leurs travaux? ou bien, voulez-vous que nous essayions de déchiffrer ensemble quelques lambeaux du grimoire dont ces gens-là vont noircir leurs carnets et leurs cartes?

Qu'en dites-vous, lecteur?

En vrai fils d'Ève, que pousse le démon de la curiosité, essayons !

Vous savez déjà ce que vont faire ces hommes : en style du métier, ils se proposent de *lever le plan* de la bande de terrain nécessaire à l'étude du tracé.

— Or, demandez-vous en premier lieu, qu'est-ce que le plan d'un terrain?

— C'est, à vrai dire, pour employer le langage de tout le monde, le portrait du sol.

Il faut distinguer, toutefois; un portrait, un paysage, l'image dessinée d'un objet quelconque, donne une idée fort incomplète de l'objet représenté; il ne nous le fait voir que sous une seule face, comme si, au lieu d'être en relief, on l'avait plaqué sur la surface plane du papier ou de la toile. Aussi, l'artiste a-t-il recours à la lumière, j'entends aux ombres et aux couleurs, pour produire cette illusion du relief si nécessaire à l'effet. Mais c'est là un élément qui échappe à la mesure, et dont le plan géométral, qui est aussi le portrait du sol, est forcé de se passer. Comment le géomètre supplée-t-il à cette lacune?, par quel artifice arrive-t-il à donner le relief à son plan, de manière à pouvoir en calculer partout et à tout instant l'épaisseur? C'est ce que je veux expliquer.

D'abord, à la vue du paysage que déroule la contrée traversée par la ligne de fer, faisons abstraction de nos sentiments artistiques, et efforçons-nous de n'y voir qu'une surface diversement ondulée, sillonnée de lignes et composée de points. Ce que nous voulons connaître, c'est la situation relative de ces lignes et de ces points, leurs distances réciproques, leurs hauteurs diverses, par suite, les dépressions et les saillies qui constituent les ondulations du sol. Notre plan devra marquer les directions des routes, chemins et sentiers, des fleuves, rivières et ruisseaux; au besoin la situation, les dispositions mêmes des édifices, des maisons, des fermes, usines, les collines et les montagnes, les limites des communes, des champs et des bois; enfin quelquefois — qui peut le plus peut le moins — l'indication d'arbres isolés, ou d'autres objets remarquables.

Le problème posé, abordons la solution pratique.

Les géomètres, grands simplificateurs, l'ont décomposée en deux opérations distinctes.

Par la première de ces deux opérations, ils obtiennent le plan du terrain, abstraction faite des hauteurs ou du relief. Voulez-vous avoir une idée rapide de cette image du sol, montez un jour où l'atmosphère est pure, où les objets se voient distinctement au loin, montez au sommet d'un édifice ou d'une montagne; mieux encore, élevez-vous en ballon. A mesure que votre ascension s'effectue, vous voyez, au-dessous de vous, les objets fixés à la surface de la terre perdre peu à peu de leur saillie, les maisons s'écraser, s'aplatir, et n'apparaître bientôt plus que sous la forme de carrés ou de rectangles. De cette hauteur, les villes ressemblent assez, régularité et couleur à part, aux casiers d'un jeu d'échec ; les routes et les rivières deviennent des rubans, les collines s'affaissent au niveau des plaines et des vallées. Plus vous montez, plus l'illusion grandit, plus l'image du sol placé sous vos yeux se rapproche de l'aspect qu'offre une carte, un plan topographique. Tous les points du terrain, quelles que soient leurs hauteurs verticales, se sont pour ainsi dire abaissés au niveau du plan de l'horizon.

Ce que ma comparaison ne saurait vous apprendre, c'est comment nos géomètres obtiennent un pareil tableau. Ils y parviennent au moyen d'une série de manœuvres et de calculs dont la pratique est longue et délicate, mais dont les principes sont assez simples pour que j'essaye de vous en donner au moins une idée.

Retournons ensemble sur le terrain. Notons un certain

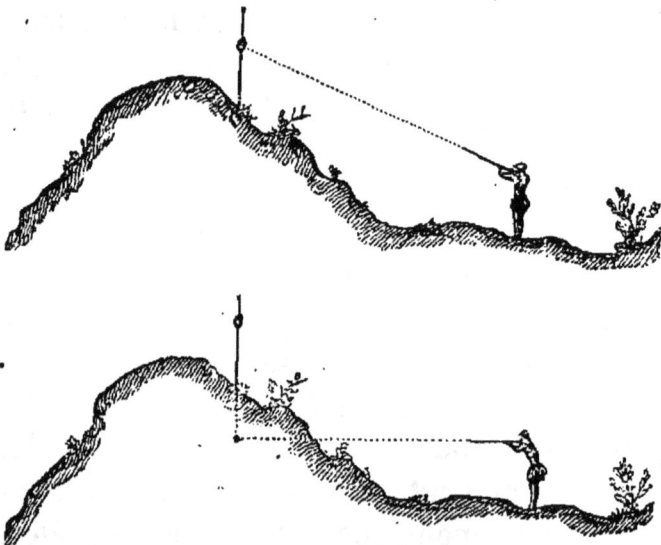

Fig. 1. — Image de la réduction d'une ligne à l'horizon.

nombre de points, arbres, clochers, maisons, jalons plantés exprès, sommets de colline, peu importe. Joignons-les deux à deux, en pensée, par des lignes droites. Que formons-nous ainsi? Une série de triangles, dont l'ensemble est ce qu'on nomme un *canevas topographique*. Si, comme il est probable, tous les points que nous avons choisis ne sont pas de niveau, mais situés à diverses hauteurs, les lignes tracées dans notre esprit montent, descendent, restent horizontales, suivant les cas. Eh bien, sans que leur direction change, imaginez-les toutes horizontales. Vous aurez fait comme le chasseur qui, visant d'abord un objet situé sur un monticule, rabat son fusil parallèlement au plan horizontal (*fig.* 1), et vise le pied idéal de l'objet prolongé jusqu'à ce plan.

Cette *réduction à l'horizon* — c'est le terme employé — nous donnera une certaine figure, un polygone, en terme de géométrie ; et désormais toute notre attention va être consacrée à obtenir sur le papier une ligne identiquement semblable à la figure réelle, de manière que la dimension de chacune des lignes droites qui la composent conserve les mêmes proportions et les mêmes inclinaisons mutuelles.

Voyez-vous le paysage de la figure 2?

Ce sera le champ de nos opérations. Les points A, B, C, D, joints par des lignes — imaginaires, bien entendu — forment plusieurs triangles. Étudions, si vous voulez, le triangle ABC. La chaîne d'arpenteur à la main, mesurons la distance BA. Nous pourrions, à la rigueur, mesurer de même les distances AC et BC ; mais, outre que vous craignez sans doute comme moi de vous mouiller les jambes, à traverser cette rivière qui nous sépare du clocher C, il ne peut que vous être agréable d'éviter la fatigue et une perte de temps. L'obstacle sera d'autres fois un buisson, un rocher, un marais.

Nous restons donc en A et en B. Mais alors comment connaître les deux côtés AC et BC du triangle? Le voici :

De chacun des points où nous sommes postés, nous vi-
sons le point C ; nos deux lignes de visée s'écarteront,
inégalement sans doute, de la direction AB. De combien,
c'est ce que nous apprendra un instrument assez simple,
avec lequel se mesurent les angles, le graphomètre [1] : il
nous dira tout au juste ce que vaut l'angle en A, ce que

Fig. 2. — Triangulation d'un terrain.

vaut l'angle en B. N'est-il pas évident maintenant, qu'avec
ces deux angles et la longueur de la base AB, nous avons
tout ce qu'il faut pour trouver la vraie forme et les vraies

[1] Le graphomètre se compose d'un demi-cercle gradué, en cuivre,
portant deux alidades à pinnules, l'une fixe, l'autre mobile, qui permettent de viser du même point dans deux directions différentes. Au
lieu d'alidades, on emploie aussi des lunettes qui donnent à la visée
plus de précision. Le levé des plans s'effectue encore, au moyen d'un
instrument nommé *planchette*, par un procédé moins exact, mais
fort expéditif.

dimensions du triangle? Voyez ces deux chasseurs qui, de leurs fusils, ajustent le même point :

Fig. 3. — Image figurée de la mesure d'un triangle.

c'est l'image vivante de notre opération. La distance qui les sépare, bien mesurée, donne la base du triangle : les directions comparées des canons de leurs fusils et de la base, permettent de connaître sans équivoque le point unique qu'ils ont fusillé de compagnie.

Le triangle ABC est donc connu.

Le porter sur la carte est chose facile : c'est

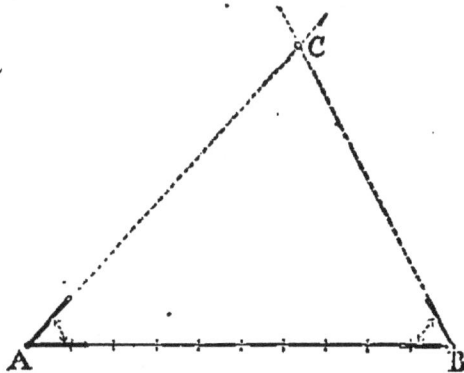

Fig. 4. — Construction d'un triangle.

l'affaire d'un élève en dessin linéaire. Une règle, un compas, un *rapporteur* pour les angles, une échelle de proportion, et en trois coups, voilà l'image réduite, mais parfaite de ressemblance, de notre triangle.

Ai-je besoin de dire qu'à ce triangle vient s'en joindre un autre, puis un troisième, enfin tous ceux du terrain, n'ayant plus cette fois, à chaque opération, que des angles à mesurer ? Assemblons-les, nous aurons ainsi le canevas topographique dont je parlais plus haut. Le voici :

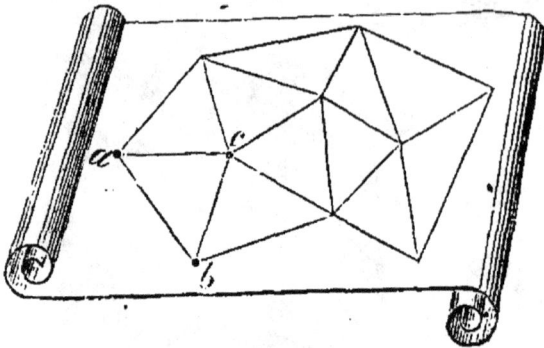

C'est de la sorte qu'on fixe sur le plan la position des points remarquables du sol. Mais combien d'autres détails ne viennent-ils pas se placer entre ceux-ci, et compléter ainsi peu

Fig. 5. — Canevas topographique.

à peu l'image exacte du terrain ! Dire combien de pas et de démarches, combien d'opérations détaillées, quelles minutieuses mesures il faut exécuter pour en arriver là, ce serait l'affaire d'un volume : je ne me hasarderai donc pas plus loin. Déjà peut-être ai-je dépassé les bornes et abusé de la patience du lecteur, qui n'a pas les mêmes raisons que le divin Platon pour honorer la géométrie.

Permettez cependant que je soulève un autre coin du voile : la vérité est que des moyens plus précis encore et, en somme, plus prompts, sont à la disposition de l'ingénieur. Théodolites, cercles répétiteurs, voilà pour les instruments. Trigonométrie, géométrie analytique, logarithmes, voilà pour le calcul... Mais Dieu me garde de pénétrer plus avant dans ce sanctuaire ! mes lecteurs me laisseraient sans pitié sur le seuil.

Un mot maintenant de la seconde opération, de celle que les géomètres nomment *nivellement*.

Niveler ! que ce mot ne vous effraye point, je vous prie. Les niveleurs que nous allons voir à l'œuvre n'ont rien qui permette de les confondre avec les farouches sectaires de l'histoire. Bien plus, si les opérations géométriques qu'ils exécutent sont quelque peu arides à décrire, quand le papier, l'écriture et le dessin sont les seuls truchements possibles, il n'en est pas toujours de même, croyez-le, sur le terrain. Là, elles ne laissent pas que d'avoir leur côté pittoresque. N'avez-vous jamais vu, à travers champs, ces bandes joyeuses de jeunes gens la plupart sortis de nos écoles, portant en bandoulière, avec les instruments de leur métier, niveaux, graphomètres, mires et jalons, un havresac garni de provisions plus substantielles? Le travail exécuté avec un zèle rare et une méthode irréprochable, puis les repas sur l'herbe, au bord des ruisseaux, les gaies chansons au beau soleil, tout cela s'entremêle d'une façon qui prévient toute monotonie.

Mais en quoi consiste le nivellement?

Imaginez la surface liquide des mers, dont le niveau est généralement inférieur au continent, partout prolongée au-dessous du sol. La terre ainsi régularisée formerait, vous le savez, une immense sphère polie ; mais, grâce aux énormes dimensions de notre globe, chaque portion de la surface, dans un rayon d'une certaine étendue, aurait l'apparence d'une nappe plane, tant la courbure en serait insensible. C'est ce miroir idéal, cet horizon inférieur, souterrain, qui sert de *plan de comparaison* — c'est le mot technique — pour la mesure des hauteurs verticales des différents points du sol. Et voilà pourquoi vous entendez dire : « Le sommet de cet édifice est à 85 mètres au-dessus du niveau de la mer ; le mont Blanc s'élève à 4810 mètres au-dessus du même niveau. »

Ces hauteurs verticales exprimées en mètres se nomment *cotes* dans le langage du métier. Quand le plan de comparaison est au-dessus du sol, les cotes se comptent de bas en haut, d'où il résulte qu'un point est d'autant plus élevé que sa cote est moins considérable. C'est le contraire quand on prend le niveau de la mer, ou en général un plan inférieur au sol, pour plan de comparaison.

Mesure-t-on directement les cotes ? Non : il suffit de déterminer celle d'un point du plan; on obtient alors les autres, en mesurant la différence de niveau qui existe entre ce point et les premiers.

Voulez-vous connaître les deux instruments qui servent à ce travail, le *niveau d'eau* [1] et la *mire ?* Les voici :

Au moyen du niveau d'eau, l'œil, rasant les surfaces du liquide contenu dans les deux fioles extrêmes, est assuré d'avoir pour ligne de visée une ligne droite parfaitement horizontale. En peut-il être autrement si les fioles communiquent entre elles par un tube horizontal que l'eau remplit ?

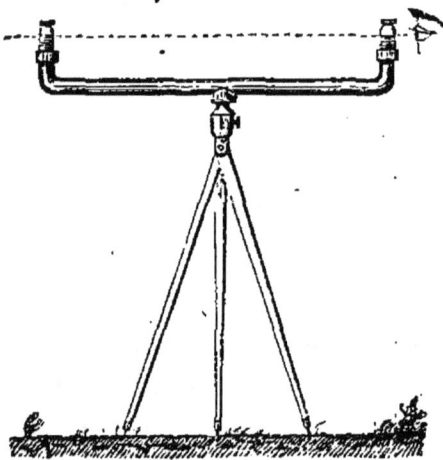

Fig. 6. — Niveau d'eau.

Au moyen de la mire, règle verticale de 2 mètres de hauteur — il y en a de 4 mètres, à coulisse — on lit la hauteur du trait horizontal ou *ligne de foi*, qui partage en deux parties égales la plaque que vous montre le dessin (*fig.* 7). Cette plaque glisse à volonté, le long de la règle graduée, et s'y fixe par une vis de pression.

Voulez-vous savoir, par exemple, de combien le point A est au-dessus ou au-dessous du point B ? Venez avec moi sur le terrain. Installez-vous, avec le niveau d'eau, à peu près à égale distance des deux points. Quant à moi, je me poste avec la mire, d'abord en A, puis en B, en ayant

[1] On se sert aussi du niveau à bulle d'air, susceptible d'une précision plus grande, puis des mires parlantes, qu'on emploie dans un nivellement de quelque importance.

soin, dans les|deux cas, d'abaisser ou d'élever la plaque
suivant les ordres que me transmettent vos gestes, de
manière que la ligne
de foi coïncide avec la
ligne de visée de votre
niveau.

Est-ce fait? J'ai lu
sur la règle graduée
de la mire, ici en A :
0m,67, là en B : 1m,85.
Et j'en conclus que la
différence 1m,13 ex-
prime précisément la
différence de niveau
des points en ques-
tion.

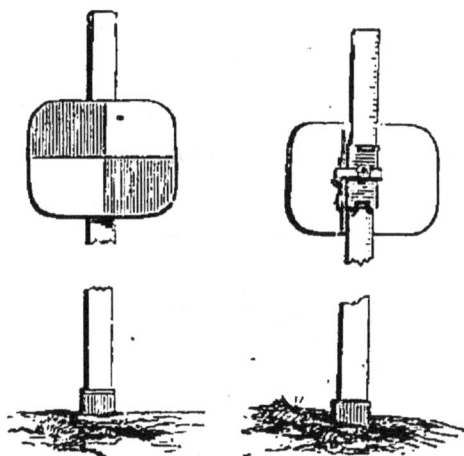

Fig. 7. — Vue de la mire sur ses deux
faces.

On peut opérer de la sorte pour tous les points du terrain que bon semblera. On rencontre, il est vrai,{des cas
particuliers, et l'on modifie, pour chacun d'eux, cette

Fig. 8. — Opération du nivellement.

manière d'agir; mais voilà le principe, l'esprit de la
méthode : c'est tout ce que j'avais en vue.

Les géomètres ne se contentent pas de déterminer ainsi
les cotes des points isolés du terrain : ils tracent sur

leurs plans une série de lignes qui ont reçu le nom de
courbes de niveau, et qui permettent de juger avec une
grande facilité, et au premier coup d'œil, des diverses
sinuosités du sol.

Une image va vous faire saisir à la fois, et le sens de
ces lignes, et les procédés que les géomètres emploient
pour les tracer sur leurs plans. Voyez-vous (*fig.* 9) ce
paysage à demi submergé ?

Fig. 9. — Affleurement des eaux.

Il offre deux surfaces bien distinctes, celle des eaux,
plane et horizontale, celle du sol, découpée, ondulée en
sens divers. Une ligne les sépare bien nettement, suivant toutes les sinuosités du sol ; c'est le bord même du
rivage, la ligne d'affleurement des eaux. Pour tous les
points de cette ligne, même niveau — le niveau de la
mer, si la mer est la nappe liquide qui les baigne. Telle
est notre première courbe. Au lieu de la mer, imaginez
un lac, les eaux d'une inondation, la courbe de niveau
sera cotée 10, 15, etc..., suivant la cote d'un quelconque
de ses points.

Puisque nous sommes en veine de suppositions, imaginez que l'inondation monte : notre courbe se resserre et monte d'autant. Arrêtons-la à 10 mètres au-dessus de la première : voici une seconde courbe, de niveau. Que les flots montent encore, et toujours ; à chaque ascension de 10 mètres, c'est une nouvelle courbe, et nous trouvons à la fin cet assemblage, assez bizarre au premier aspect, mais dont la signification est en réalité fort simple [1].

Fig. 10. — Courbes de niveau.

Le niveau d'eau, peu à peu montant avec l'ingénieur qui le porte, voilà notre inondation à nous. L'œil rasant la surface de l'eau contenue dans les fioles du niveau va marquer au loin sur le sol ces lignes, si précieuses pour l'intelligence de son relief.

J'aurais voulu vous expliquer encore comment on opère pour obtenir la détermination géométrique de ces courbes.... Mais en voilà bien long déjà sur un sujet qui n'est pas particulier au tracé de chemins de fer et qu'on trouvera développé dans les ouvrages spéciaux de géodésie ou de topographie.

Voyons donc quel profit l'ingénieur va pouvoir tirer de

[1] Que représente, en effet, une courbe de niveau ? La série continue des points qui sont tous placés à la même hauteur verticale. Deux courbes, si éloignées soient-elles, qui ont la même cote, sont situées à un même niveau : leurs situations respectives indiquent seulement à quel massif elles appartiennent chacune.

son plan topographique, pour la fixation définitive du tracé. Voici d'ailleurs ce·plan, où se trouvent indiqués à la fois rivières, monticules et collines, clochers, maisons, arbres même. Ces lignes sinueuses qui le parcourent en tous sens, numérotées 5, 10, 15, etc., sont les courbes de niveau et leurs cotes ; les hachures qui les re-

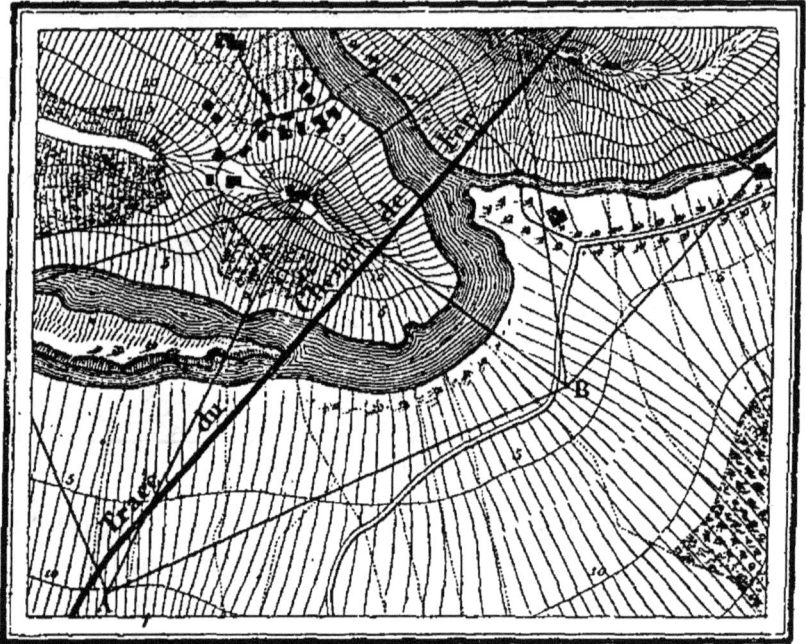

Fig. 11. — Plan topographique du tracé.

lient marquent avec elles le relief du sol et le sens des ondulations variées du terrain :

Deux ou trois directions, avons-nous dit, sont en présence ; il s'agit de se prononcer entre elles. Voyez-vous cette ligne noire légèrement courbée à l'une de ses extrémités et qui traverse le plan en diagonale ? C'est le tracé du chemin de fer, suivant l'une de ces directions. Il reste à savoir de quelle nature et de quelle importance seront les travaux à exécuter, en quel point le chemin de fer entame le sol, en quel autre il le domine au contraire, et, dans chaque cas, de combien au juste.

Imaginez le terrain fendu, coupé verticalement d'un bout à l'autre de l'axe du chemin jusqu'à la profondeur du plan de comparaison. Ouvrez cette tranchée par la pensée, et représentez-vous l'une de ses faces verticales intérieures. C'est ce qu'on nomme un *profil de nivellement*, et, comme il est obtenu dans le sens de la longueur de la voie, c'est un *profil en long*. On conçoit que les opérations de coup de niveau aient dû être plus nombreuses dans cette direction que dans toute autre, et que la précision soit plus importante ici que partout ailleurs.

Rapporter ce profil sur le papier est d'ailleurs la chose la plus simple. Le plan marque tous les points où le tracé rencontre les diverses courbes de niveau, et les cotes de ces courbes, c'est-à-dire précisément, avec leurs distances horizontales respectives, les hauteurs verticales d'un certain nombre de points du tracé. Voici ce profil :

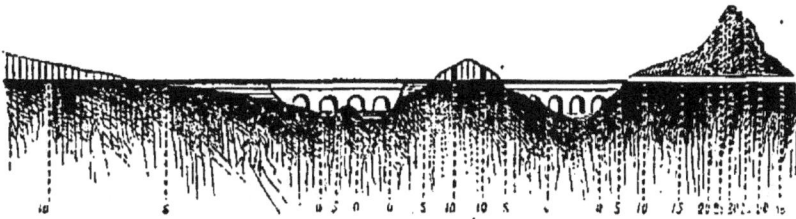

[Fig. 12. — Profil en long du tracé.

Ordinairement, l'échelle des hauteurs est amplifiée à dessein, dans le but de rendre plus sensibles les inégalités du sol ; dans les calculs, ce grossissement de l'épaisseur du terrain n'occasionne aucune erreur, puisque l'échelle indique toujours les hauteurs vraies.

Voulons-nous maintenant calculer les travaux qu'exigera ce tracé, en supposant la voie tout entière horizontale ? Traçons une ligne à la hauteur du point de départ de la voie, dans la partie déjà achevée du chemin.

Voyez-vous, à gauche, un premier déblai, puis un premier passage sur la rivière, dont elle coupe l'extrémité
d'une petite île? Là, nécessité d'un pont relié à la première tranchée par une portion de remblai. Le chemin
écorne ensuite le sol à une profondeur qui n'atteint pas
dix mètres, sur le penchant du monticule dont le sommet
est marqué C sur la carte. On ouvrira là une seconde
tranchée. Après avoir passé la rivière dans toute sa largeur
sur un second pont, le chemin de fer s'engage sous une
colline dont la hauteur, en ce point, dépasse trente
mètres. Le percement d'un t nnel deviendra donc ici
nécessaire[1].

Le profil en long indique bien une partie des dimensions de tous ces ou-
vrages ; mais, pour les
connaître en tous sens,
il est nécessaire d'y joindre des *profils en tra-
vers,* c'est-à-dire des coupes du terrain faites
perpendiculairement à

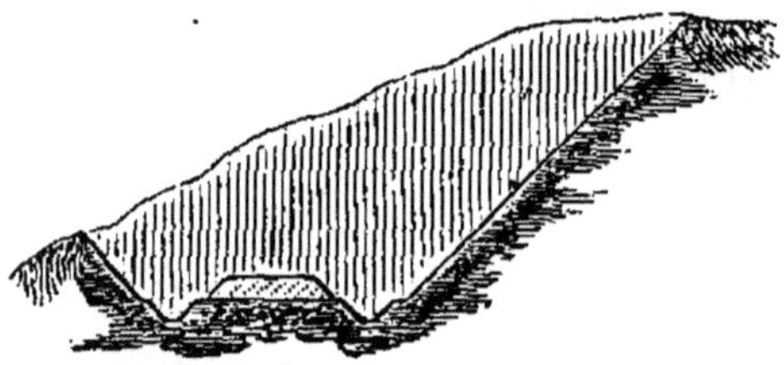

Fig. 13. — Profil en travers du tracé.

la voie et tout le long du tracé. La figure 13 en donne un
échantillon.

Les hachures verticales du dessin montrent quelle sera
l'épaisseur de la tranchée à ouvrir, au point du tracé qui
donne ce profil. La largeur des déblais et des remblais
est, de la sorte, indiquée. Je vous fais grâce de tous les
calculs.

Veut-on essayer si l'inclinaison de la voie simplifie les
travaux et économise les dépenses, on trace des lignes
inclinées, ou bien tantôt inclinées, tantôt horizontales,
de manière que les pentes, les paliers et les rampes se

---

[1] Nous aurons l'occasion plus loin, en parlant des tunnels, des terrassements et des travaux d'art, de voir en quelles circonstances tel
ou tel ouvrage doit être établi de préférence.

. succèdent en un certain ordre. Voici un profil d'abord étudié selon une inclinaison rectiligne unique : déblais

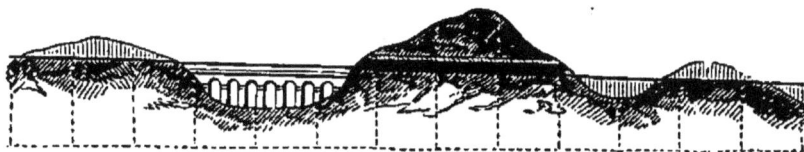

Fig. 14. — Étude du profil pour les ouvrages d'art et les travaux de terrassement.

et remblais, viaducs, tunnels sont indiqués. Voici maintenant le même profil, étudié selon des inclinaisons diversement combinées, dans le but de faire varier les dimensions des terrassements ou des ouvrages d'art (*fig.* 15).

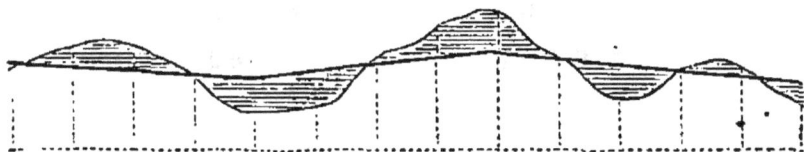

Fig. 15. — Étude des inclinaisons du tracé.

Mais, ces inclinaisons elles-mêmes sont soumises à des règles, à des limites, dont l'étude constitue une partie essentielle des travaux de l'ingénieur. Là encore, les éléments déterminatifs du problème sont souvent très-variés, et l'habileté de celui qui les combine a une influence très-marquée sur les dépenses de construction ou sur le prix de revient, dès lors aussi nécessairement sur les futurs revenus et l'avenir du chemin de fer.

Disons donc quelques mots à ce sujet; et puisque, dans la fixation définitive du tracé, il est aussi très-important de pouvoir tourner des obstacles, en donnant à la voie une direction différente de la ligne droite, voyons en même temps quelles sont les limites des courbures qu'on pourra faire subir à la direction.

TRACÉ DÉFINITIF — LIMITES D'INCLINAISON ET DE COURBURE

La courbure du tracé,

L'inclinaison des pentes et des rampes,

Voilà deux questions bien propres à démontrer comme tout se lie et s'enchaîne dans la construction d'une voie ferrée. L'ingénieur se hasarde-t-il à adopter une inclinaison quelque peu prononcée, il gagne à cela de moindres dépenses pour les terrassements et les ouvrages d'art : c'est diminuer d'autant les frais de premier établissement.

Mais alors, pour gravir ces rampes, pour résister au glissement le long de ces pentes, il lui faudra de puissantes machines; pour les supporter, des rails très-lourds; et le matériel entier sera grevé d'une augmentation générale dans sa fabrication et dans son prix de revient ; c'est l'entretien annuel qui souffre.

De même, les courbures prononcées servent bien à éviter des ouvrages dispendieux ; mais elles sont une cause continue de détérioration du matériel roulant et du matériel fixe, et la contradiction est inhérente à ce second problème, comme au premier.

En jetant un rapide coup d'œil sur cette question des limites d'inclinaison et de courbure, dont le tracé est susceptible, nous entrons donc en plein au cœur de notre sujet.

L'emploi de la vapeur, ou, si l'on veut, l'usage de la locomotive comme moteur, constitue, je l'ai dit dès le début, l'avantage principal des chemins de fer : c'est le caractère vraiment essentiel de ces voies de transport. Mais c'est précisément aussi pour cela que la construction du chemin est une œuvre d'art exceptionnelle, aussi admirable que dispendieuse, étant soumise à des conditions toutes particulières, comme celles qui limitent l'inclinaison de la voie et la courbure du tracé.

La théorie, d'accord avec l'expérience, indique en effet ces deux conditions fondamentales :

Le plan de la voie doit être autant que possible horizontal, ou bien, s'il admet des inclinaisons, rampes ou pentes, ces inclinaisons doivent rester au-dessous de certaines limites déterminées;

En outre, la direction du tracé doit être rectiligne, ou, si elle affecte la forme d'une ligne courbe, la courbure, très-peu sensible, sera de même limitée.

C'est le moment d'entrer dans quelques détails à cet égard et d'exposer à la fois les faits et leurs raisons d'être. Voyons d'abord les faits.

Vous dirai-je ce qu'on entend par ces mots *pente d'un millième, de deux millièmes, de trois millièmes*, etc.?

Rien de plus simple.

Dans la construction des premiers chemins de fer, les ingénieurs, un peu timides, admettaient pour les plus fortes pentes une inclinaison de 5 millièmes : cela revient à dire que, pour un mètre de chemin horizontal, la voie montait ou s'abaissait, suivant le sens, de 5 millimètres. Une telle inclinaison donne, pour un kilomètre parcouru horizontalement, une différence de niveau de 5 mètres; de 50 mètres par conséquent sur 1 myriamètre. Cette prudence, bien naturelle au début d'une industrie nouvelle qui prisait fort la méthode expérimentale, était d'ailleurs prescrite aux compagnies par l'administration des ponts et chaussées de France.

Telle est, encore aujourd'hui, la limite adoptée dans tous les parcours des lignes de fer, où l'on n'a point à traverser des régions tout à fait montagneuses. Néanmoins il arrive que des inclinaisons variant de 8 à 12 millièmes ont été acceptées pour d'assez longs parcours : ainsi, sur le chemin de Strasbourg, aux environs de Bar-le-Duc, on trouve deux rampes en sens contraire, inclinées de 8 millièmes et dont la longueur totale arrive à 20 kilomètres ; sur les chemins de Manchester à Liverpool et de Bristol à Londres, il y a des pentes de 1 centième, de 11 à 12 millièmes ; il est vrai de dire que leur longueur ne dépasse pas 5 kilomètres [1].

Au sortir d'Étampes, et longeant la vallée de l'Hémery, le chemin de fer de Paris à Orléans monte sur le plateau de la Beauce par une rampe de 6,300 mètres de longueur, et s'élève de 50 mètres au-dessus du point de départ (*fig.* 16). C'est, comme on voit, 8 millièmes d'inclinaison.

Indépendamment de l'inclinaison, ce tronçon de ligne offre aussi — le dessin qui suit en fait foi — une courbure assez prononcée, sur un des remblais les plus considérables du chemin d'Orléans. Cette pente pouvait être évitée par les ingénieurs en choisissant pour le tracé la vallée de la Juine ; mais la voie eût alors été construite en remblai sur un sol marécageux et tourbeux. Or on verra

---

[1] Les chemins de fer, au point de vue de leur tracé, peuvent se diviser en :

    chemins à pentes faibles,
    —   à pentes moyennes,
    —   à fortes pentes,

selon que l'inclinaison reste, pour les premiers, au-dessous de 8 millimètres ; pour les seconds, entre 8 et 10 millimètres ; pour les autres enfin, au-dessus de 10 millimètres.

                    (Perdonnet, *Traité des chemins de fer.*)

plus loin que cette condition est des plus défavorables, au double point de vue de la solidité et du prix de revient.

S'agit-il de traverser de vraies montagnes, les ingénieurs, enhardis peu à peu par l'expérience, aux prises d'ailleurs avec les difficultés d'un problème pour ainsi dire insoluble dans les conditions jusqu'alors regardées

Fig. 16. — Rampe d'Étampes, sur la ligne d'Orléans.

comme nécessaires à la sécurité, n'ont plus hésité à dépasser les limites adoptées. Et cela dans les proportions les plus larges. Il s'agit bien vraiment de 5 millièmes ! c'est 10, c'est 20 millièmes ; on arrive même au maximum de 35 millièmes, 35 mètres par kilomètre !

Les Alpes génoises, les chaînes du Jura, le Sommering, le passage du Lucmanier nécessitent des pentes relativement énormes, et qui, nous venons de le dire, varient de

20 à 35 millièmes. De Ponte Decimo à Busalla, sur le chemin de Turin à Gênes, les convois gravissent, par kilomètre, des hauteurs verticales de 35 mètres, à ciel ouvert, et de près de 29 mètres sous la voûte d'un tunnel! Il est vrai qu'alors le moteur prend des proportions exceptionnelles, et la locomotive de montagne est exclusivement employée. Nous y reviendrons plus tard.

Dans ces cas extrêmes, néanmoins, la différence est grande encore avec nos routes ordinaires, où il n'est pas rare de rencontrer des inclinaisons de 50, de 60 millimètres et quelquefois plus, sur des parcours d'une assez notable longueur.

Voilà les faits ; voilà les limites de pente généralement adoptées, assez variables d'ailleurs suivant les lignes de fer, suivant les pays et les ingénieurs.

Douterait-on de la grande importance de cette question des rampes dans le problème du tracé, comme dans l'exécution du chemin de fer ?

Qu'on songe à l'énorme différence qui peut exister pour les travaux de terrassement ou de maçonnerie, entre deux tracés admettant, l'un une voie horizontale, ou d'une inclinaison variant au plus de 0 à 5 millimètres, l'autre une série de pentes, de paliers et de rampes, dont l'inclinaison maximum peut atteindre 12 millièmes. Dans le cas d'une rampe continue, je suppose, sur une longueur de 3 kilomètres seulement, le premier tracé entamera le sol à une profondeur de 16 mètres et nécessitera l'ouverture d'une tranchée : le second tracé, au contraire, s'élèvera au-dessus du sol lui-même, exigeant la construction d'un remblai. On conçoit qu'une combinaison sagement ménagée de rampes, de pentes et de paliers, supprime ou tout au moins diminue, ici les tranchées, là les remblais, plus loin les ouvrages d'art quelconques : la dépense de premier établissement peut varier ainsi d'une manière énorme.

Est-ce à dire enfin que l'emploi de fortes inclinaisons n'ait que des avantages? Hélas! la médaille a son revers. En allégeant les dépenses premières, on grève indéfiniment les frais d'entretien annuels. Qu'il s'agisse du transport des voyageurs ou de celui des marchandises, les rampes sont, pour les compagnies, une source continue de dépenses quelquefois considérables.

Je citerai un seul fait : il est éloquent.

« Sur le chemin de fer de Turin à Gênes, la dépense pour les trains de voyageurs est *doublée*, lorsque la pente s'accroît *d'un centième à trente-cinq millièmes :* elle est *deux fois et demie* aussi grande pour les trains de marchandises. »

Et quels sont ces frais extraordinaires? Les voici : il est indispensable, pour le remorquage des convois sur les rampes, d'entretenir, toujours allumées, plusieurs machines de renfort; de là, avec l'augmentation dans la consommation du combustible, l'accroissement du personnel, une plus grande usure dans les pièces de machines. Les rails eux-mêmes s'usent plus vite, se cassent avec plus de facilité. Enfin, point de vue que ne négligent jamais les compagnies, le capital fixe engagé dans les dépenses représente un intérêt, qui s'ajoute aux frais dont nous parlons.

A l'ingénieur de calculer tout cela, et de trouver la solution la plus pratique et la plus véritablement économique.

— Cela est bel et bien, vous entends-je dire ; mais pourquoi ces conditions, ces limites adoptées pour l'inclinaison de la voie? quelle est la raison de ces exigences qui se traduisent en dépenses si coûteuses, tantôt sous la forme de frais de premier établissement, tantôt sous celle de frais d'entretien?

— Réfléchissez deux minutes seulement, et vous aurez compris. Voyons ce qui se passe dans une route ordinaire.

Un cheval traîne une voiture plus ou moins chargée ; tant que la route est horizontale, il n'a que deux résistances à vaincre, le frottement des roues sur le sol, d'autant plus rude que la charge est plus grande et le terrain plus mou, puis le frottement des essieux sur les roues. Mais que notre attelage ait une rampe à gravir, et les conditions changent aussitôt. Moins de frottement sur le sol, c'est vrai ; mais une troisième force naît, la pesanteur, qui entraîne en arrière le véhicule, et, pour peu que l'inclinaison croisse, rend bientôt l'ascension impossible :

> Dans un chemin montant, sablonneux, malaisé,
> Et de tous les côtés au soleil exposé,
> Six forts chevaux tiraient un coche....

Si la pente n'est pas trop forte, ce sont les muscles de la pauvre bête qui résistent à l'accroissement de charge et réagissent avec énergie, les sabots du cheval adhèrent au sol, le moteur tient bon.

En est-il de même des chemins de fer ? Non, évidemment. L'adhérence des roues sur les rails n'étant produite que par le poids même de la locomotive et des voitures, l'adhérence diminue à mesure qu'augmente l'inclinaison de la rampe. Au delà d'une certaine limite, les roues cessent de mordre, tournent sur place, la machine perd pied, le convoi reste en chemin.... Ce serait bien pis encore, dans les temps froids, de gelée ou de neige, lorsque les rails, enduits d'une mince couche de glace, sont devenus glissants : à l'impuissance d'avancer succéderait alors le danger du recul, le déraillement, ou la périlleuse rencontre d'un autre train.

Au retour, sur les pentes, le contraire arrive : c'est la vitesse alors qu'il faut craindre, qu'il faut modérer. Entraînant les convois avec une puissance d'autant plus irrésistible que leur poids est plus lourd, cette vitesse croissant avec la descente — ne l'oubliez pas — donnerait lieu à des accidents terribles. Même en restant dans les limites des inclinaisons adoptées, il faut alors user de freins, qui ralentissent la vitesse de la marche. Il est vrai que si l'air est calme, ou mieux encore si le vent s'oppose à la marche du convoi, la résistance du fluide atmosphérique croissant avec la vitesse suffit à la fin pour contre-balancer entièrement cette dernière, circonstance favorable aux pentes. Mais que le vent vienne à favoriser la vitesse, et le danger s'accroît d'autant.

Enfin les rampes, qu'on redoute sur le chemin et dans les stations intermédiaires, deviennent utiles à l'arrivée des gares extrêmes. Elles facilitent en effet l'arrivée des convois, dont elles ralentissent la vitesse, comme aussi la pente inverse rend plus commode le départ des trains.

Est-ce que tout est dit dans cette question des pentes et des rampes? Non, sans doute. La théorie est fort complexe, et la pratique lente à donner des règles. C'est des progrès de la locomotive qu'on attend la solution des difficultés encore pendantes, et la création de la locomotive de montagne est déjà un acheminement vers ces progrès.

Un mot maintenant de la courbure dont le tracé d'une ligne de fer est susceptible. C'est la seconde condition fondamentale, dont l'exigence distingue le railway des autres voies de communication.

Toutes les fois que cela est possible, la direction de la voie est et doit être une ligne droite : je n'insiste pas sur les raisons, tout le monde les comprend. Mais dans la pratique il est loin d'en être ainsi, et les études préliminaires du tracé nous ont assez fait comprendre la nécessité de tourner les obstacles, toutes les fois qu'ils exigent la construction d'ouvrages dispendieux et d'une exécution difficile. De sorte qu'un chemin de fer, considéré au point de vue de sa direction, est à vrai dire une suite de lignes droites ; mais comme deux lignes droites, en se rencontrant, forment un angle, c'est-à-dire donnent lieu à un changement brusque de direction incompatible avec le mouvement effectué sur des rails, il faut de toute nécessité relier les parties droites du chemin par des lignes courbes. De la sorte, on passe plus ou moins insensiblement d'une direction à une autre.

Or il y a mille manières de relier deux portions de ligne droite par une ligne courbe, ou, si l'on veut, par un arc de cercle. Selon l'arc adopté par l'ingénieur, la courbure est plus ou moins prononcée, la transition plus ou moins brusque. Par exemple, comparez les deux tracés que voici :

Le premier relie les deux tronçons AB, CD de la ligne de fer, par un arc BMC, dont la courbure est relativement

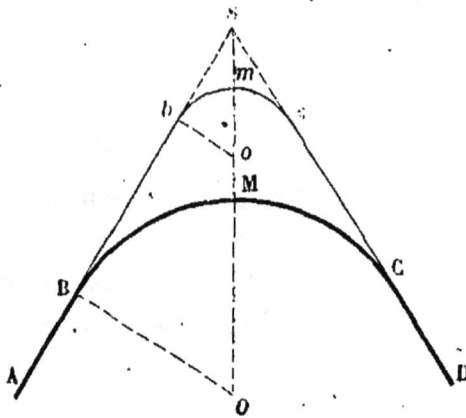

Fig. 17. — Raccordement de deux portions droites du tracé.

faible, si on la compare à celle de l'autre tracé *bmc*. Il est facile de voir sur notre dessin, et aisé de comprendre que la courbure est d'autant plus prononcée que l'arc décrit appartient à un cercle de plus petit rayon. Ainsi, dans notre exemple, le rayon BO est plus du double du rayon *bo* ; de sorte que, pour passer d'une direction à l'autre, dans le premier cas le convoi devra parcourir 2,500 mètres, je suppose, tandis que, dans le second cas, la transition s'effectuera sur un kilomètre environ, c'est-à-dire sera beaucoup plus brusque.

Laquelle des deux courbes devra-t-on choisir ? Tel est le problème dont la solution varie beaucoup suivant les cas.

Une route ordinaire peut tourner court ; elle admet des courbes de 25 mètres de rayon. Mais il est loin d'en être ainsi pour les chemins de fer. A moins de circonstances exceptionnelles, les courbes adoptées ont des rayons dont la longueur ne descend guère au-dessous d'un demi-kilomètre, et monte assez souvent à 800 et à 1,000 mètres. En Angleterre et en France, le minimum du rayon de courbure est 500 mètres ; il descend assez souvent au-dessous dans les chemins de fer d'Allemagne, mais il faut ajouter que la vitesse de marche des convois y est moindre aussi que sur les chemins anglais et français.

Dans le voisinage des villes, et par conséquent des gares, on admet, il est vrai, des courbes tracées avec un rayon de 2 à 300 mètres ; mais c'est là un minimum, au-dessous duquel il semble imprudent de descendre.

— Mais d'où viennent, me demandez-vous, ces nouvelles exigences ?

— Le voici :

Tout mobile, en vertu d'une loi naturelle irrésistible, tend à poursuivre en ligne droite le chemin déjà parcouru. L'obligez-vous, par une action nouvelle, à changer sa direction première et à suivre une ligne courbe, il réagit aussitôt contre cette contrainte et développe incessamment une force qui s'éloigne à chaque instant du centre de la courbe. Le mobile décrirait la tangente, si la cause qui le maintient venait à être supprimée. Vous connaissiez sans doute le nom de cette force ; les physiciens l'appellent la *force centrifuge*.

C'est la force centrifuge qui presse contre un cercle tournoyant la pierre placée sur son bord inférieur, il l'empêche d'obéir à la pesanteur ; c'est la force centrifuge qui chasse en ligne droite la pierre, d'abord retenue par la corde d'une fronde ; c'est elle qui fait pencher, et quelquefois verser du côté extérieur à la courbe, la voiture qui se meut avec rapidité le long d'une route circulaire ; c'est elle enfin qui, dans les parties courbes de chemin de fer, chasse contre les côtés des rails les roues de la loco-

motive et des wagons, menace de faire dérailler le convoi,
et, dans tous les cas, produit une résistance nuisible à
la marche et destructive des rails eux-mêmes. Effets d'autant plus intenses que la force centrifuge est plus vive, ou
— ce qui revient au même — que la courbure du chemin
est plus prononcée, et la vitesse du convoi plus considérable.

Est-ce là, du reste, la seule cause qui assigne une limite
à la courbure des voies ? Non. Le genre particulier de
construction des voitures, dans lesquelles les essieux et
les roues forment un tout solidaire, ne permet pas aux
deux roues attenantes au même essieu de tourner avec
des vitesses inégales : c'est ce qu'exigerait cependant la
courbure d'une portion de voie dont les rails sont paral-

Fig. 18. — Influence des courbes sur le mouvement des roues
des wagons.

lèles. Voyez (*fig.* 18) les deux positions successives du
même essieu, aux deux extrémités d'une voie courbe.

N'est-il pas clair que les deux arcs AB, CD, parcourus
dans le même temps, sont de longueurs inégales ? Qu'en
résulte-t-il ? Que la roue extérieure a dû être en partie
traînée sur le rail, d'où une résistance nouvelle, un frottement, qui détermine une détérioration rapide des rails
et des roues. De plus, le parallélisme obligé des essieux
d'un même wagon, à 4 ou 6 roues, ajoute encore à cette
difficulté du passage des trains dans les courbes. Sur une
route et avec une voiture ordinaire, pareille chose n'arrive pas : pourquoi ? parce que la roue extérieure, non
solidaire avec l'essieu et indépendante de la roue jumelle,

peut tourner librement avec une vitesse quelconque.
Ayant à parcourir dans le même temps un chemin plus
grand, elle peut augmenter, sans dommage pour elle-
même ni pour le chemin, le nombre de ses tours, opération impossible dans le système d'essieux adopté pour les
wagons.

Plus loin, quand nous examinerons le matériel roulant,
que nous en disséquerons les organes, nous comprendrons
mieux encore la nécessité des conditions qu'on vient de
décrire ; bornons-nous, pour terminer ce point de vue de
la fixation définitive du tracé, à rappeler que, dans les
tranchées et les tunnels, il importe d'éviter les courbures : elles peuvent, en effet, empêcher les chefs de train
ou le mécanicien d'apercevoir à distance les obstacles imprévus qui obstruent la voie et occasionner de la sorte les
plus graves accidents.

En résumé, le moins de pentes, le moins de courbures
possible, telle est la loi. Loi peu favorable, dira-t-on, à
l'aspect pittoresque de la route, et qui a fait du voyage
en chemin de fer la chose la plus monotone du monde !
C'est vrai, j'en conviens, bien que le railway, dominant
les vallées et perçant les montagnes, ait livré aux touristes
le secret de plus d'une beauté naturelle, et de plus d'un
panorama splendide. Mais le confort, mais la sécurité,
n'est-ce rien, même pour les poëtes ? Et d'ailleurs, qu'on y
songe, la ligne de fer abrége les distances, rapproche la
Suisse de la Beauce, les plaines de la Picardie des Pyré-
nées, et n'empêche en aucune façon l'amateur de l'imprévu, des pentes raides et des lignes courbes, d'assouvir
sa haine pour la ligne droite ou l'horizontale.

Voilà donc notre tronçon de chemin de fer tracé d'une
façon définitive. D'un bout à l'autre de la ligne, on peut
suivre à travers champs sa direction : les jalons sont çà et
là plantés, laissant tourbillonner au vent leurs banderoles

flottantes. Dès à présent, l'ingénieur peut dire quelle sera, en un point donné, l'exacte largeur occupée par le futur chemin, quel cube de terre ou de roche il faudra enlever ici, rappórter là, en quel point un viaduc, un pont ou un tunnel devra être construit.

La période d'exécution va s'ouvrir. Partout, dans les bureaux d'étude, les ingénieurs, les architectes, les dessinateurs méditent, calculent, tracent leurs plans, édifient leurs constructions, et, se concertant, combinent leurs idées et leurs vues pratiques, dont ils supputent avec soin l'économie. Bientôt nous les verrons à l'œuvre. Jetons auparavant un coup d'œil rétrospectif sur le tracé définitivement arrêté, en résumant rapidement les motifs généraux qui ont présidé à son adoption.

Ici, le chemin de fer continue de suivre les voies de circulation depuis longtemps adoptées : il doit longer les routes et les fleuves, grandes lignes presque toujours indiquées primitivement par la nature, utilisées ou améliorées par l'homme, et le long desquelles sont venus se grouper les centres industriels et commerciaux ;

Là, au contraire, tranchant sans vergogne, il perce d'outre en outre une montagne, unit deux bassins que des obstacles naturels semblaient séparer pour toujours, puis s'en va franchir cette vallée sur un immense viaduc ;

Entre ces deux villes, le chemin de fer suit le tracé direct, qui abrége la distance et économise les travaux. C'est dire qu'indifférent aux groupes de peu d'importance que la voie aurait pu desservir, l'ingénieur a eu surtout en vue les avantages techniques de la construction. Entre ces deux autres points, au contraire, la voie tourne, s'infléchit de dix manières, pour aller chercher le trafic, voyageurs et marchandises, au prix d'ouvrages d'art ou de terrassements souvent fort dispendieux ;

Tantôt enfin notre chemin de fer affronte la concurrence d'une voie navigable, canal ou rivière ; tantôt il la laisse en possession de son privilége, et court chercher ailleurs d'autres ressources. Un jour viendra où ces divers moyens de transport, loin de se supplanter, se suppléeront ; alors on s'étonnera de ces rivalités quelque peu mesquines, qui d'ailleurs, si elles étaient fondées, ne prouveraient qu'une chose : la relative pauvreté productrice de notre époque [1].

[1] Il est aujourd'hui prouvé que l'ouverture des lignes de fer n'a pas diminué d'une manière sensible la circulation, sur les routes de classes diverses ; dans un grand nombre de contrées, cette circulation s'est au contraire accrue dans une remarquable proportion. Je ne serais pas éloigné de croire que cet accroissement, relatif aux marchandises aussi bien qu'aux voyageurs, est en grande partie la conséquence de l'exploitation de la ligne ferrée elle-même ; et je suis persuadé que le lecteur développera, sans plus d'explication, les motifs de cette manière de voir.

TRAVAUX DE TERRASSEMENTS

Voici le moment de l'exécution venu : à l'œuvre donc !

Pioches, pelles, brouettes, tombereaux et wagons, au besoin poudres et mines, vont travailler, vont jouer de concert, et désormais sans relâche. Les chantiers s'ouvrent sur toute la ligne ; entrepreneurs, ouvriers, manœuvres, tous à leur poste, sont prêts à attaquer le terrain. Suivons-les dans leurs travaux variés, et assistons à leurs princi-pales opérations.

Le mouvement du sol et les transports de terre, en un mot les terrassements, se présentent naturellement au début des travaux. Viendront ensuite les ouvrages d'art, ceux où l'architecte joue un rôle principal, et qui font partie essentielle de la voie, du champ de traction. Ces deux ordres de travaux achevés, — le plus souvent on les mène de front, — nous ferons voir comment on procède à l'installation du matériel fixe, traverses, rails, aiguilles, plaques, etc.

Pour donner une idée de l'importance des travaux de terrassement, je poserai tout d'abord des chiffres : si l'on consulte le budget des dépenses totales des principaux chemins de fer de France, matériel compris, on trouve que les terrassements absorbent à eux seuls le quart de ce

budget, ou, si l'on veut, une somme trois fois supérieure
celle qui est consacrée aux ouvrages d'art.

Ainsi, le prix moyen, par kilomètre, des grandes lignes
françaises ressort à 463,000 fr. environ, matériel compris [1]. Or, sur ce chiffre, les travaux de terrassement figurent pour plus de 110,000 fr., les travaux d'art, seulement pour 40,000. Que ces proportions varient avec les
différentes lignes, on le conçoit : le sol est plus ou moins
accidenté, la main-d'œuvre plus ou moins chère, la nature des terrains géologiques plus ou moins favorable à
l'exécution des travaux.

Par exemple, tandis que, sur la ligne de Lyon à Avignon, le cube des terrassements ne s'élève qu'à 29,000
mètres par kilomètre, le chemin de Mulhouse, dont le cube
total des terrassements s'élève au nombre énorme de
14,000,000 de mètres, donne 38,000 mètres en moyenne
par kilomètre, et celui de Londres à Brigthon 75,000 mètres cubes.

Voilà pour la quantité. La qualité varie plus encore ;
ici, les terrains sont fermes, consistants, et se tassent avec
facilité : les terrassements s'y exécuteront dans les meilleures conditions possibles. Là, au contraire, le sol est
marécageux, mouvant, sillonné d'infiltrations : il occa-
sionnera de grandes dépenses pour la consolidation et
l'assèchement des talus soit dans les tranchées, soit dans
les remblais. Il arrive aussi qu'il faut se frayer un passage
dans les pays montagneux, trancher dans le roc vic, conditions souvent moins onéreuses toutefois que le passage
dans les marais ou dans les tourbes.

Vous voyez donc qu'il n'a pas suffi à l'ingénieur, pour

---

[1] Nous n'avons rien dit du prix des terrains. Il est vrai que ce prix
varie considérablement suivant les lieux ; le prix même kilométrique
varie lui-même beaucoup suivant les lignes ; tandis qu'il est de 18,300 fr.
sur le chemin d'Andrezieux à Roanne, il monte à 45,060 fr. sur celui
de Tours à Nantes.

établir son devis, de consulter les profils en long et en travers : ces documents, tout géométriques, lui ont pu dire
quelle serait la profondeur de cette tranchée, l'élévation
de ce remblai. Mais quelle inclinaison faut-il donner au
talus, par suite quelle largeur de terrain le chemin de
fer absorbera-t-il en tel ou tel point; quel sera dès lors
le cube des terrassements : c'est ce que l'étude géologique du sol a pu lui permettre de calculer avec précision. Des sondages, souvent très-rapprochés, sont nécessités par cette étude et fournissent des éléments qu'il faudra
combiner avec une foule d'autres : action des pluies, des
gelées et du dégel, des températures extrêmes dans les
saisons froides et chaudes, des sources et suintements
d'eau, et nombre de circonstances infiniment variables,
dont l'omission pourrait être plus tard la source de rudes
mécomptes.

Les plus savantes prévisions du reste, il faut en convenir, ne sont pas exemptes d'écueils, et l'imprévu joue
quelquefois son rôle dans la confection de ces grands travaux. Raison de plus, pour l'ingénieur, de faire un constant appel à la science, et d'éviter ainsi les réparations et
les retouches, le plus souvent fort dispendieuses, surtout
quand le chemin de fer est construit: Telle réparation a
coûté deux fois la valeur du travail primitif, exécuté dans
les mêmes conditions normales.

Les travaux de terrassements, on le sait, sont de deux
sortes. Tantôt le sol dépasse le niveau fixé pour le chemin : ce sont alors des tranchées qu'il faut ouvrir; en
style du métier, on doit exécuter un *déblai*. Tantôt le sol
est au-dessous du niveau de la voie : ce sont des jetées
qu'il faut édifier dans ce cas, ou, si l'on veut, des *remblais*.
Tout cela n'est pas nouveau, et bien avant de construire
des chemins de fer, on faisait des déblais et des remblais,
pour les routes, les fortifications, les canaux. Mais en
quelle faible proportion? C'est ce qu'il est permis de con-

stater, aujourd'hui que les terrassements ont pris, dans les chemins de fer, un si énorme développement. Aussi a-t-on dû inventer de nouveaux procédés, créer pour ainsi dire un art nouveau, avec ses règles, ses engins ; art dont le progrès, comme presque tous ceux de cette grande industrie des chemins de fer, ont réagi sur toutes les autres industries privées ou publiques.

Bien que les travaux de terrassements comprennent deux opérations distinctes, et comme opposées, à savoir le creusement des tranchées et l'édification des remblais, en réalité, ce sont le plus souvent deux opérations qui se compensent et s'exécutent simultanément : les terres provenant de la tranchée sont transportées sur l'axe du remblai et servent à le former. On dit, dans ce cas, qu'on opère par *voie de compensation*.

Mais la distance de la tranchée au lieu du remblai est-elle assez considérable pour rendre le système de compensation trop coûteux, on est obligé de déposer les terres, provenant du déblai, de côté et d'autre du chemin ; circonstance qui se présente aussi, d'ailleurs, lorsque le cube de la tranchée dépasse celui des remblais voisins : on opère ainsi par *voie de dépôt*.

— Comment alors, demanderez-vous peut-être, édifier le remblai, dans la première de ces deux hypothèses ?

— En empruntant aux terrains voisins de la ligne les matériaux nécessaires : le remblai est exécuté alors par *voie d'emprunt*. Les traces de ces derniers travaux restent souvent visibles le long de la plupart des lignes, sous la forme de mares où séjournent les eaux, ou bien, dans les endroits secs, de sortes de carrières d'où la végétation a généralement disparu.

Ces divers modes de procéder s'emploient suivant les circonstances, quelquefois même simultanément sur le même tronçon. Le système de compensation est évidemment préférable, lorsqu'il est possible ; mais, outre la

raison tirée de la distance, il y en a une seconde qui empêche souvent l'ingénieur d'y avoir recours : c'est lorsque
la nature des terrains extraits de la tranchée les rend im-
propres à la construction d'un bon remblai.

Les généralités qui précèdent, bien que fort simples en
théorie, n'en sont pas moins dans la pratique d'une extrême
importance, surtout au point de vue, si grave dans de telles
entreprises, du prix de revient.

L'avenir d'une ligne en peut dépendre.

C'est à l'habileté du constructeur de soumettre tous ces
éléments divers aux règles précises du calcul, comme aux
prévisions de l'expérience, de façon à être toujours certain de suivre la route la plus sûre, et en même temps la
plus réellement économique.

Mais arrivons aux détails. Commençons par l'ouverture
d'une tranchée.

Voyez-vous ce massif de terre, dont une coupe en travers du tracé vous donne le profil (*fig.* 19)?

Fig. 19. — Coupe de l'ouverture d'une tranchée.

C'est dans ce bloc qu'il faut mordre, en déblayant tout
le terrain compris entre la chaussée et les talus, tels
qu'ils sont indiqués par les lignes du profil. Supposons
d'abord que la plus grande profondeur de la tranchée ne
dépasse pas 5 à 6 mètres. Voici comment alors on opèrera :

On commencera par creuser une tranchée A, à bords verticaux ou inclinés, suivant le degré de consistance du terrain, et l'on retroussera, de chaque côté, en *a* et en *b*, les terres qui proviendront de cette tranchée. Les brouettes et les tombereaux suffisent à cette première opération. La *cunette* A achevée — tel est le nom qu'on donne à cette petite tranchée auxiliaire, — on pose sur le fond une voie, une ligne de rails, sur laquelle peuvent circuler les wagons spécialement construits pour les travaux des terrassements. D'ordinaire on ménage une pente douce, qui facilite la sortie des wagons chargés de terre, sans porter obstacle au retour des wagons vides. Cette voie provisoire conduit au lieu de déchargement, c'est-à-dire sur l'axe du remblai, si l'on procède par compensation. Puis, on attaque à la pioche et à la pelle les massifs B et C, ainsi que les terres primitivement retroussées en *a* et *b*. La tranchée est alors ouverte dans toute sa longueur.

La profondeur de la tranchée est-elle plus considérable, — celle de Pont-sur-Yonne (chemin de fer de Paris à Lyon) a jusqu'à 20 mètres de hauteur, — on sera obligé de creuser la tranchée par étages successifs, en ouvrant deux ou plusieurs cunettes munies de leurs voies provisoires. Le dessin que voici (*fig.* 20) fera comprendre l'ordre des travaux, chaque massif portant un numéro qui exprime le rang de sa disparition.

Le transport des terres se fait de deux manières. S'il s'agit de celles qui proviennent des cunettes, c'est à la brouette et au tombereau qu'on les enlève. Pour les autres, c'est le plus souvent l'affaire des wagons circulant sur les voies provisoires, wagons que traînent les chevaux, ou que leur propre poids fait descendre le long du plan incliné formé par le fond même de la cunette.

Dirai-je un mot des outils? Qui ne connaît la pioche et la pelle? qui ne connaît la brouette, ce modeste instrument, si utile, si admirablement proportionné à la force

musculaire et aux mouvements de l'homme? C'est aussi
le tombereau, dont la construction grossière, mais par
cela même solide et économique, convient à merveille à
ce genre de travaux.

Tous ces engins ont été étudiés dans leurs détails, et
les ingénieurs n'ont pas cru déroger par la recherche
de perfectionnements, en apparence minimes, mais en
somme fort importants. C'est ainsi que les wagons de terrassements sont construits de façon à verser à volonté

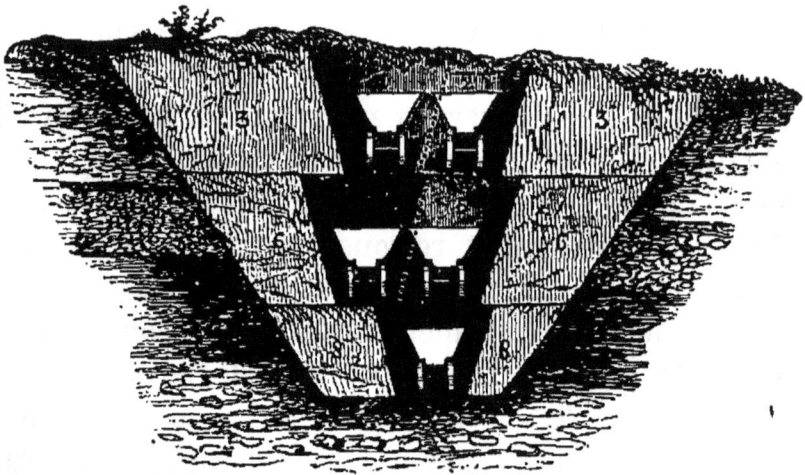

Fig. 20. — Ouverture d'une tranchée profonde.

leur charge, sur le côté ou sur le devant, à l'extrémité du
remblai : l'opération du versement était facilitée autrefois
par une sorte de pont en charpente, mobile sur des rails
établis au bas du remblai ; en style du métier, ces appareils se nomment *baleines*. Mais l'emploi des baleines disparaît de plus en plus.

Voilà bien des détails sur un genre de travaux qui n'est
pas particulier aux chemins de fer, qu'on exécutait et
qu'on exécute encore pour cent autres objets, et qui est
plus ou moins connu de tout le monde. Mais c'est à ces
vastes entreprises que l'art des terrassements doit ses progrès : la nécessité d'exécuter rapidement d'énormes tran-

chées, ou d'édifier des remblais immenses, a rendu nécessaire l'emploi des méthodes nouvelles et d'engins nouveaux ou perfectionnés. C'est à ce titre que j'insiste sur
cette partie importante de l'établissement d'un railway.

Et cependant, je n'ai rien dit encore des doubles ou
triples voies, qui s'entre-croisent de telle sorte, sur les
chantiers de déblais, que les wagons vides ou pleins ne
puissent se gêner dans leur marche en sens inverse : je
n'ai pas décrit la forme des wagons employés, celle des
brouettes, des tombereaux et des wagonnets ; j'ai passé
sous silence l'organisation des chantiers, les conditions
qui rendent préférable, tantôt l'emploi de la brouette,
tantôt celui des tombereaux voiturés par des chevaux,
tantôt enfin celui des wagons remorqués par la vapeur.
Dans ce dernier cas, la locomotive ne devient économique
que s'il s'agit de cubes considérables, de 20,000 mètres
au minimum.

Mais en ai-je dit assez pour me faire comprendre, ou
mieux, pour faire comprendre l'opération : cela suffit.

Je citerai parmi les déblais les plus importants : sur
les chemins de fer de France, les deux tranchées qui comprennent le grand remblai de la vallée de Malaunay, ligne
de Rouen au Havre ; chacune de ces tranchées cube
250,000 mètres, tandis que le remblai offre un volume
d'environ 600,000 mètres ; ce qui a permis d'opérer par
voie de compensation ;

La tranchée de Poincy, ligne de Strasbourg, qui a près
de deux kilomètres de longueur, 16 mètres dans sa plus
grande hauteur, et qui a fourni 500,000 mètres cubes de
déblais. Celle de Pont-sur-Yonne, dont la hauteur maximum est de 20 mètres, et qui cube 500,000 mètres environ.

Sur les chemins de fer étrangers, on remarque la tranchée de Gadelbach, entre Ulm et Augsbourg, qui a donné
1,000,000 de mètres cubes ; celle de Bloomer, en Californie, qui a 21 mètres de hauteur sur un longueur de

250 mètres (voy. la figure 21), et celle du Tring, sur le chemin de Birmingham à Londres, dont le volume dépasse 1,100,000 mètres. La masse de terre enlevée dans ce dernier déblai, et ramassée sous la forme d'un cube, dépasserait de 24 mètres en hauteur le sommet du Panthéon, et pèserait en moyenne 1,000,000 de kilogrammes ; qu'on évalue, d'après cela, la quantité de travail nécessité par le transport de cette masse, déposée en cavaliers sur les bords d'une tranchée qui est longue de 4 kilomètres et qui atteint jusqu'à 17 mètres de profondeur !

Voulez-vous avoir une idée approximative du prix de revient de ces grands travaux ? Sachez qu'un mètre cube de terre, la charge d'un wagon, coûte, pour être transporté à la distance d'un kilomètre, 95 centimes s'il est traîné par des chevaux, 92 centimes si la locomotive est le moteur. Je ne parle ici que du prix du transport. La fouille des terrains est souvent bien plus dispendieuse, surtout dans les tranchées profondes, où la nature du sol n'est pas connue d'avance ; des sondages, des puits creusés dans l'axe du tracé sont alors nécessaires, et augmentent considérablement le chiffre du prix de revient. Et si l'on rencontre des couches de terrains ébouleux et aquifères, des tourbes, des marais, la dépense s'accroît encore.

Malheureusement, pourquoi faut-il que de tels travaux n'absorbent pas seulement que de l'argent ? Ils dévorent quelquefois, trop souvent, hélas ! des vies d'hommes, et le confort d'un voyage rapide et agréable s'obtient aux dépens du désespoir et de la misère de plus d'une famille. Du reste, disons-le à l'honneur de l'industrie, en cas d'accident, les chefs, les ingénieurs, les entrepreneurs, sont des premiers au danger, des premiers à prodiguer leurs efforts, à exposer leur vie pour sauver les victimes.

Il est encore une considération qui influe beaucoup sur les dépenses des travaux de terrassement, c'est la rapidité plus ou moins grande avec laquelle ces travaux s'exécu-

Fig. 21. — Tranchée de Bloomer (Californie) sur la ligne
du *Central Pacific*.

tent. Des vues toutes spéculatives, indépendantes de la volonté de l'ingénieur et d'ailleurs fort légitimes, peuvent décider une compagnie à pousser avec la plus grande célérité l'achèvement d'une ligne. Il en résulte soit l'emploi de moyens spéciaux et fort coûteux, soit, par l'influence des demandes, un renchérissement dans la main-d'œuvre. Mais après tout, si l'on tient compte de l'intérêt du capital engagé dans la construction et des bénéfices provenant d'une exploitation plus prompte, il est possible qu'il y ait économie à procéder de cette façon pour l'établissement de certaines lignes de fer.

En moyenne, on enlève, des deux extrémités d'une tranchée, de 800 à 1,000 mètres cubes par jour. A ce compte, la grande tranchée du Tring aurait exigé, comme on voit, trois années de travail.

Mais tout n'est pas dit, pour l'achèvement des tranchées, quand le mouvement des terres est effectué. Il faut alors procéder aux travaux de consolidation et d'assainissement, qui viennent enfler encore la dépense, quelquefois dans des proportions énormes. Nous en avons dit un mot plus haut : il n'est pas, je crois, superflu d'insister sur ce point délicat. Combien de fois est-il arrivé que, la tranchée finie, la voie construite, le chemin livré à l'exploitation, des éboulements imprévus ont soudainement encombré la tranchée et interrompu la circulation ! Le plus souvent, ces éboulements ont pour cause le glissement des terres sur les couches glaiseuses inclinées, devenues lisses par la pénétration des eaux jusqu'à leur surface; il arrive aussi que ces couches elles-mêmes, gonflées par les influences atmosphériques, sont entraînées par l'action dissolvante des dégels ou des pluies. Enfin les infiltrations des sources viennent creuser les talus à diverses hauteurs, et nombre d'accidents de ce genre, qu'il n'est pas toujours facile de prévoir, s'ajoutent à ces causes de destruction si fréquentes, dont il faut réparer promptement les effets, quand on n'a pu les prévenir. Murs de soutènements, revêtements en pierres sèches, gazonnages, établissement de tuyaux de drainage, de rigoles pierrées, voilà autant de moyens employés soit isolément, soit simultanément, suivant les circonstances.

Qui n'a jeté un coup d'œil sur les bords des tranchées, et ne s'est émerveillé de voir les immenses travaux de maçonnerie dont elles sont revêtues ? Si l'œil du voyageur pouvait pénétrer dans les flancs des masses de terre qui les forment, il serait plus surpris encore, en énumérant les procédés variés et ingénieux que l'art du constructeur a empruntés à la science, pour leur consolidation et leur assainissement. Ce sont, il est vrai, choses peu attrayantes à voir, surtout lorsque le convoi, lancé à toute vapeur, passe comme la flèche le long des talus. L'œil se fatigue alors à suivre, sans rien distinguer, les longues raies blanches, jaunâtres, grises ou verdoyantes, qui forment tout l'horizon d'une portière de voiture, et volontiers revient à l'intérieur du wagon.

On ferait un livre de ce qu'on ne voit pas ou de ce qu'on voit mal en voyageant : voilà précisément pourquoi j'ai cru devoir appuyer sur l'importance de ces travaux, sans l'intelligence desquels il serait difficile de se former une juste idée de la construction d'un chemin de fer.

Terminons par un exemple.

Sur les confins des départements d'Eure-et-Loir et de l'Orne, à peu de distance du bourg de la Loupe, la seconde section du chemin de fer de l'Ouest coupe, en se dirigeant vers Nogent-le-Rotrou, un monticule considérable, qu'elle devait d'abord traverser en tunnel. Des puits furent même creusés pour le percement du souterrain ; mais les ingénieurs se ravisèrent et décidèrent l'ouverture d'une tranchée. C'est une des plus considérables des chemins de France, comme on peut en juger par les nombres suivants : elle s'étend sur une longueur de 4 kilomètres, et

atteint jusqu'à 16 mètres, dans sa plus grande profondeur. Les terres déblayées ont fourni le nombre énorme
de 1,100,000 mètres cubes, c'est-à-dire autant que la
grande tranchée du Tring, citée plus haut. Pendant plusieurs années, 1,100 ouvriers, en moyenne, ont travaillé
à l'achèvement de cette œuvre gigantesque, qui a néces-

Fig. 22. — Tranchée de la Loupe ; vue générale des travaux.

sité la plupart des travaux de consolidation et d'assainissement dont il vient d'être question. La figure ci-dessus
donne une idée de l'organisation des ateliers, et montre
que la maçonnerie a dû marcher de pair avec les déblais.
Sur la droite du dessin, une partie des murs de revêtement est déjà terminée, et les déblais de la partie supérieure s'effectuent toujours. Les motifs de cette marche
simultanée des terrassements et des travaux de consoli-

dation étaient pressants, en effet. Des masses de terre glaiseuse eussent glissé sans cela jusqu'au fond de la tranchée et rendu le travail impossible : d'épais murs de soutènement, hauts de quatre mètres, retiennent ces masses dans les points les plus dangereux. Puis, au-dessus, s'étend une banquette qui garantit la voie contre les éboulements supérieurs. Des pierres assainissent en outre le haut des talus, que borde de part et d'autre une partie des terres, retroussées en cavaliers.

Sur la moitié de la tranchée, la voie est horizontale. A ce palier succèdent des rampes de cinq à huit millièmes de pente. Enfin, ajoutons ce détail particulier : les puits creusés pour le tunnel en projet servent à l'assainissement des talus, dont ils conduisent toutes les sources ramifiées jusqu'aux sables inférieurs à l'argile.

Un mot maintenant des remblais : je serai bref. Comment les établit-on ? comment les consolide-t-on ? à quels accidents, à quelles difficultés donnent-ils lieu ? C'est à ces trois questions que je vais successivement répondre.

Les remblais — on l'a vu — se forment par voie de compensation, quand les terres d'une tranchée sont de bonne nature et que la distance n'en rend pas le transport trop-coûteux ; ou par voie d'emprunt, pour les motifs contraires. Eh bien, il est constant que les meilleurs remblais sont ceux qu'on a fait exécuter au tombereau : dans ce cas, les couches successives sont pilonées par les roues des véhicules et par les pieds des chevaux, avantage que n'offre pas l'emploi des wagons, puisqu'alors les terres ne se tassent que sous leur propre poids. Qu'en résulte-t-il ? Que les remblais au tombereau sont moins sujets à s'écrouler et que les tassements ultérieurs y sont beaucoup moindres. Ce dernier avantage n'est pas à dédaigner, si l'on songe que l'ingénieur doit prévoir, calculer d'avance les tassements d'un remblai, en proportion de la hauteur que donnent les profils, pour éviter, une fois la voie posée, les remaniements de terrain.

Les causes de dégradation des remblais sont aussi de diverses natures. Ici, c'est le sol qui s'affaisse sous le poids des masses de terres rapportées; là, des éboulements, dus au défaut d'homogénéité des matériaux qui composent le remblai. Dans le premier cas, il arrive que le sol compressible cède sous le poids énorme, et que les remblais pénètrent à une certaine profondeur, engloutissant de la sorte les résultats d'un travail long et dispendieux. C'est ce qui est arrivé sur la ligne de Mulhouse : le grand remblai de la Méance s'est enfoncé à une profondeur de cinq mètres ; et deux cent mille mètres cubes de terres, près de la moitié de la masse totale, ont été enfouis, perdus pour l'œuvre qu'il s'agissait d'édifier.

A cela double remède. On emploie des matériaux moins pesants, résidus de houille, plâtras, débris de construction, etc. Ou bien encore, on élargit la base du remblai, ce qui diminue la pression sur un même point, mais aussi ce qui augmente d'autant la surface occupée par le chemin de fer.

Si le remblai doit être composé de couches glaiseuses, l'ingénieur préviendra les inconvénients de cette sorte de terre qui s'amollit sous l'action des pluies, se dégrade et donne lieu à des glissements et à des éboulements, en la recouvrant d'épaisses couches d'autre nature. Enfin, il faut aussi prévoir et prévenir le glissement d'un remblai construit sur le flanc d'un coteau, d'une pente un peu prononcée. C'est à la solution de tous ces problèmes qu'il fait bon voir nos ingénieurs lutter d'invention et d'habileté, variant les moyens selon les circonstances, et joignant les leçons de l'expérience aux considérations de la théorie !

Il resterait donc beaucoup à dire, beaucoup à voir, en ce qui concerne les travaux de terrassement, les remblais et les tranchées ; mais c'est l'affaire des ouvrages spéciaux, non celle d'un simple récit des travaux que nécessite la construction d'une voie ferrée. Ajoutons seulement que l'inclinaison des talus, dans les remblais comme dans les tranchées, varie suivant une foule de circonstances qui tiennent à la nature du sol, des matériaux, et au prix d'achat des terrains ; que, dans le cas où la voie traverse des terres d'un grand prix, dans les villes ou à leurs abords, on diminue l'inclinaison des talus, par suite la surface qu'occupe le chemin, en les recouvrant soit de murs en maçonnerie, soit de pierrées en pierres sèches : c'est là un moyen qui sert aussi à préserver les couches extérieures des vicissitudes atmosphériques, quand il y a danger d'éboulement. Le chemin de fer de Vincennes traverse à Paris le faubourg Saint-Antoine, sur un véritable viaduc dont les arcades sont construites mi-partie en pierre de taille, mi-partie en briques. Mais l'établissement de la voie est alors une question d'art, non plus de terrassement.

LES TUNNELS

Une des plus vives, sinon des plus agréables impressions, qu'éprouve le voyageur en chemin de fer, c'est à coup sûr la traversée de ces longues galeries souterraines, que nos ingénieurs ont baptisées de leur nom anglais de *tunnels*. Au sifflement des locomotives qui retentit plus bruyant sous la voûte profonde, au courant d'air froid qui saisit le visage, quand on se hasarde à mettre le nez à la portière, vient se joindre l'obscurité, à peine tempérée par la lumière jaune des lampes. On a peine alors à se défendre d'un sentiment d'impression pénible, et l'on se prend involontairement à songer aux masses énormes de terres et de roches qui surplombent ce convoi rempli d'êtres vivants. Que la faible maçonnerie vienne à céder sous le poids, et c'en est fait : les malheureux sont broyés, à moins d'être enterrés tout vifs.

Mais, heureusement, ce n'est là qu'un jeu de l'imagination ; et l'humaine nature est ainsi faite, qu'elle se familiarise bien vite avec les faits les plus étranges, passant avec une égale facilité de la crainte ou de l'incrédulité systématique à la confiance la plus absolue : la science de l'ingénieur a ses moutons de Panurge, ce dont il ne faut certes pas se plaindre en cette occasion.

C'était, il y a peu d'années encore, une curiosité assez rare, qu'un souterrain de quelque longueur, consacré aux routes de terre. Seuls, les pays de hautes montagnes en offraient quelques exemples, dont les touristes ne manquaient jamais de noter les particularités. Je me souviens d'avoir ainsi contemplé comme une merveille le pittoresque passage que se frayait au travers du roc la route de Lyon à Chambéry, par Pont-Beauvoisin et les Échelles. Il était de mode alors de vanter le prince qui avait ordonné les travaux et mené à bout le percement.

Aujourd'hui, de tels ouvrages sont un jeu pour les ingénieurs de nos voies ferrées, et, rien qu'en Europe, on les compte par centaines [1].

Ajoutons que, aujourd'hui, il ne s'agit plus seulement de percées de trois à quatre centaines de mètres, mais de trois à quatre kilomètres, et, bientôt, quand le grand souterrain du Saint-Gothard sera terminé, on pourra citer des tunnels de quinze mille mètres de longueur. La vapeur mugira dans la profondeur des chaînes alpestres. Œuvre grandiose, s'il en fut, qui témoignera hautement de la puissance de l'homme, quand, pour vaincre les obstacles qui s'opposent à la fusion des intérêts et des races, il sait plier à sa volonté et à la réalisation de ses desseins les lois mêmes de la nature!

Dans quelle partie du tracé d'un chemin de fer le percement d'un tunnel devient-il obligatoire? Toutes les fois, évidemment, que, la profondeur d'une tranchée à ciel ouvert dépassant une certaine limite, les travaux de terrassement seraient réellement plus coûteux que l'éta-

---

[1] Les canaux offraient cependant un assez grand nombre de souterrains, parmi lesquels il faut placer en première ligne le souterrain de Noirieu, au canal de Saint-Quentin. Sa longueur dépasse un myriamètre; il a été en grande partie exécuté par les prisonniers de guerre espagnols. Mais ces sortes de tunnels ne sont guère connus que des mariniers ou des gens du pays, et c'est par ouï-dire qu'en parle le gros du public.

5

blissement d'un souterrain. Souvent il arrive que toute
évaluation comparative de ce genre est superflue, la hauteur de la montagne à traverser étant de beaucoup supérieure à la profondeur maximum des plus grandes
tranchées. Il faut dans ce dernier cas, si l'on ne peut
tourner l'obstacle, percer, coûte que coûte, un souterrain,
à moins d'arrêter là le chemin de fer. Telle est précisément l'alternative qui s'est présentée pour le chemin de
fer Victor-Emmanuel, dont les deux tronçons étaient
provisoirement séparés par les contre-forts du mont Cenis.

Une fois le percement décidé, il est aisé de comprend-
dre que le problème à résoudre est susceptible de solutions diverses. Telles inclinaisons, tel système de pentes,
de rampes et de paliers, combinés suivant la nature des
couches traversées, peuvent diminuer les difficultés du
travail, par suite la dépense. Mais ce sont là, nous l'a-
vons vu, des études qui sont du ressort du tracé définitif, et dans ce qui va suivre, nous avons surtout en vue
l'exécution.

Voici comment on procède :

Une série de signaux, piqués sur le sommet et sur les
flancs du massif, donnent l'alignement extérieur du souterrain. Voilà pour la direction.

Les profils consultés permettront de déterminer aisément les profondeurs de la galerie en ses différents points,
et l'étude géologique du sol sous-jacent fera connaître la
nature des couches qu'elle doit traverser. On pourra
commencer alors à creuser, de distance en distance, un
certain nombre de puits situés en ligne droite, tantôt
dans l'axe du tunnel projeté, tantôt à quelques mètres
de cet axe — nous verrons tout à l'heure pourquoi cette
seconde méthode est préférable. — Quant à la distance
des puits entre eux, elle est très-variable, et dépend surtout de la rapidité qu'on veut imprimer au travail : ainsi,
tandis que les dix puits du tunnel de Saint-Cloud ne sont

guère espacés que de cinquante mètres en moyenne, le souterrain de Blanzy a été percé au moyenne de vingt et un puits, distants d'environ deux cents mètres. La durée de la construction a été, il est vrai, de quinze mois pour le premier, de trois ans et demi environ pour le second.

Une fois les puits creusés chacun jusqu'au niveau de la voie, un atelier armé de pioches, muni de lampes et de boussoles — ces dernières servent à indiquer la direction précise de l'axe du tunnel — attaque le terrain dans les deux sens opposés, de manière à pousser de part et d'autre une galerie vers les ateliers voisins. Je suppose ici que les puits ont été creusés dans l'axe même de la voie. Dans le cas contraire, avant de percer la galerie longitudinale, on creusera dans chaque puits une galerie transversale jusqu'à l'axe. Cette manière d'agir est, sous bien des rapports, préférable à la première. En effet, les galeries transversales sont utilisées pendant toute la durée des travaux ; elles servent de lieu de dépôt pour les matériaux et les outils, tandis que les puits creusés dans l'axe gênent constamment le service.

Rencontre-t-on des sources, des infiltrations, on a soin de donner aux puits une profondeur plus grande de deux ou trois mètres. L'eau de la galerie, conduite par une rigole, qu'on a pratiquée au-dessous du niveau de la voie, se rend à ces sortes de réservoirs, qu'on épuise ensuite au moyen de pompes.

Comment se font les fouilles? Cela dépend de la nature des couches de terrain que rencontre le tunnel : la pioche, le pic, la pince, la mine, servent souvent tour à tour dans une même entreprise. Quant à l'extraction dés déblais, elle peut se faire de deux façons : par les puits, au moyen de manéges, de treuils établis à leur partie supérieure ; ou par les extrémités de la galerie, quand les tranchées qui servent d'entrée au tunnel sont terminées à temps.

Voulez-vous avoir une idée des différentes phases par lesquelles passe la construction du souterrain?

Voici d'abord le canal bas, étroit, le plus souvent fort irrégulier, qui doit, en s'élargissant jusqu'au profil indi-

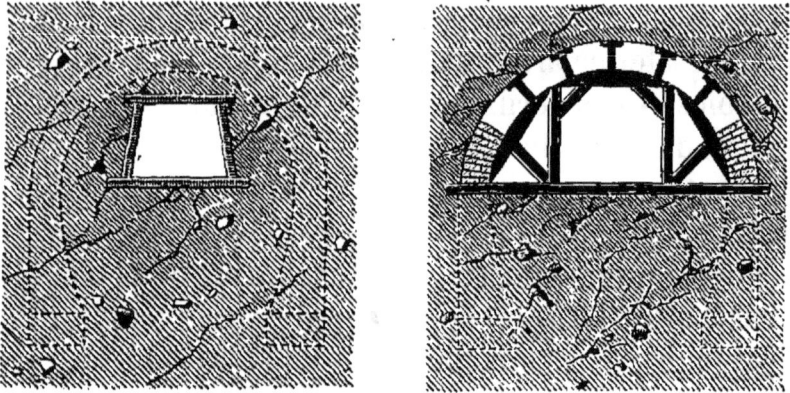

Fig. 23 et 24. — Percement d'un tunnel; galerie provisoire.

qué par des lignes ponctuées, former la galerie régulière du souterrain.

C'est une coupe en travers du tunnel; la partie ombrée marque les points du massif encore intacts; au milieu, se

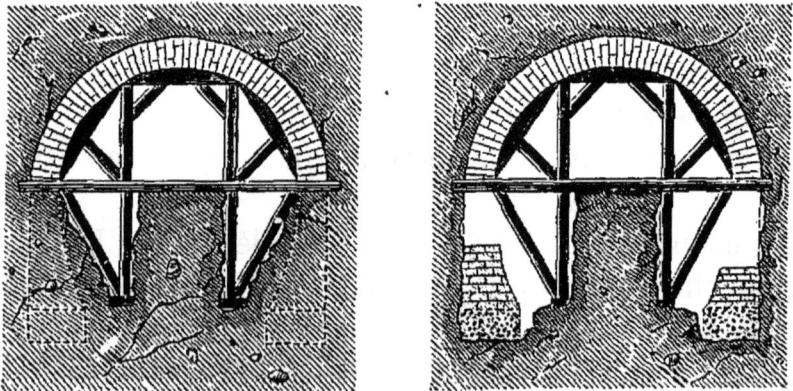

Fig. 25 et 26. — Construction de la maçonnerie de la voûte et des pieds-droits.

trouve la galerie provisoire munie de ses étais. Dans certains cas, le premier canal est creusé à la hauteur du niveau de la voie.

Dans la figure 24, la galerie provisoire a été progressivement élargie, de façon à permettre la construction du cintre en maçonnerie ; ce qui a nécessité de nouveaux étais en charpente. Le cintre est entièrement construit dans le dessin qui suit, et les travaux de déblayement continuent. Enfin, sauf un massif servant à soutenir la

Fig. 27. — Travaux de construction d'un tunnel ; charpente de la galerie provisoire.

charpente, les déblais sont terminés dans la figure 26, et l'on voit commencée la maçonnerie des pieds-droits de la voûte.

Dans les figures 27 et 28, nous avons cherché à donner une idée des mêmes travaux, en montrant à l'œuvre les terrassiers et les maçons transformés ici, pour ainsi dire, en mineurs.

Disons maintenant que la marche à suivre, pour la construction des souterrains, varie beaucoup, et cela, suivant des éléments qu'il est superflu de rappeler, puisqu'ils se rencontrent à peu près dans tous les travaux analogues : nature du sol, profil du terrain, distance des points où l'on doit déposer des déblais, position des carrières où l'on se procure les matériaux, degré de vitesse, enfin, avec lequel il faut mener l'entreprise.

Comme le percement des tunnels est une des opérations les plus importantes de la construction des chemins de fer, non-seulement au point de vue de la dépense, mais encore à cause de la durée quelquefois considérable du travail, on conçoit que l'ingénieur ne néglige aucun moyen d'en accélérer l'achèvement. Viser à l'économie au delà d'une certaine mesure serait un mauvais calcul : on retarderait ainsi l'ouverture et l'exploitation de la ligne entière, et, pour épargner une dépense d'un million, par exemple, on arriverait à stériliser, au détriment des compagnies et du public, un capital dont le revenu pendant la même époque atteindrait plus d'un million et demi ! Plus que jamais donc, c'est à l'ingénieur de combiner les ressources de son art avec les prévisions de l'économie.

Encore quelques généralités, et nous arrivons aux exemples. Les ingénieurs divisent les tunnels en trois catégories, suivant le degré de dureté du terrain. Dans la première, ils rangent les tunnels percés dans un sol très-dur, très-consistant; les revêtements en maçonnerie sont alors inutiles, et le prix de revient oscille entre 900 et 1000 francs le mètre courant. Les terrains assez durs pour se passer d'étayement, mais qui néanmoins nécessitent un revêtement en maçonnerie, donnent lieu à une seconde catégorie. Il s'agit alors de 1,200 à 1,500 francs, pour le prix du mètre courant de tunnel; enfin, si le terrain est mou, qu'il nécessite à la fois étayement, maçonnerie et blindage des puits, le prix monte de 1,700 à 2,400 francs le mètre [1].

Le souterrain de Kilsby, sur la ligne de Londres à Birmingham, a coûté 3,140 francs le mètre courant; celui de Saltwood, sur le chemin de Londres à Douvres, 3,664 francs. A combien reviendra la percée dite du mont Cenis? C'est

Fig. 28. — Construction de la voûte en maçonnerie d'un tunnel.

ce qu'on ne pourrait dire encore; mais il y a gros à parier que le chiffre dépassera tous les prix qu'on vient de lire.

Sur les chemins de fer de France, deux souterrains attirent l'attention par leur longueur, par les travaux consi-

---

[1] Veut-on avoir une idée de la manière dont se décompose la dépense totale dans ce dernier cas? Voici un tableau emprunté aux archives du chemin de fer de Versailles, et relatif aux tunnels de Saint-Cloud et de Montretout. Le premier de ces souterrains mesure 504 mètres de longueur, et la profondeur des puits y atteint 75 mètres.

dérables qu'a nécessités leur percement, et par les sommes énormes dont ils ont grevé le prix de revient des lignes auxquelles ils appartiennent.

Nous voulons parler des tunnels de Blaisy et de la Nerthe.

Le chemin de fer de Paris à Lyon, après avoir gravi, suivant des pentes croissantes, la vallée de la Seine, celles de l'Yonne, de l'Armançon, de la Brenne et de l'Oze, atteignait, près de la station de Blaisy-Bas, une hauteur de 400 mètres au-dessus du niveau de la mer. Arrivé là, il lui restait à franchir un dernier obstacle, pour passer du bassin de la Seine dans celui du Rhône, et pour relier ainsi, par une ligne continue de fer, les eaux de la Manche à celles de la Méditerranée. La hauteur maximum du massif à entamer était de 200 mètres, la longueur, plus de 4 kilomètres. Un souterrain fut décidé et construit : la figure 29 en donne l'entrée du côté de Blaisy-Bas :

Le second a 168 mètres de longueur, et les puits n'ont guère que 10 mètres ; mais on a rencontré des carrières qui ont nécessité des travaux particuliers de consolidation et augmenté la maçonnerie.

NATURE DES DÉPENSES.	TUNNEL DE SAINT-CLOUD		TUNNEL DE MONTRETOUT	
	DÉPENSE TOTALE	DÉPENSE PAR MÈTRE COURANT	DÉPENSE TOTALE	DÉPENSE PAR MÈTRE COURAANT
	fr.	fr. c.	fr.	fr. c.
Terrassements	256,096	468 45	81,258	485 56
Charpente	244,568	603 22	66,880	398 10
Maçonnerie	405,134	799 88	140,614	836 99
Épuisement, travaux pour l'écoulement des eaux..	59,598	78 17	7,377	43 91
Frais généraux.	90,724	140 52	19,339	115 23
Consolidation de carrières.	. . . .	. . . .	35,452	199 12
TOTAL	1,098,720	2,190 02	348 920	2,076 91

De 200 mètres en 200 mètres, vingt et un puits ont été creusés pour l'établissement du tunnel, et maçonnés à l'intérieur comme la galerie. On en a conservé quinze pour l'aérage. Disons à ce propos que des ingénieurs fort compétents, qui ont étudié d'une façon particulière la construction des souterrains, regardent comme inutile la conservation des puits. L'expérience prouve, selon eux,

Fig. 29. — Entrée du tunnel de Blaisy, sur la ligne de Paris et Lyon.

qu'ils ne donnent sensiblement ni air ni jour, et qu'ils sont en revanche des causes fréquentes d'accidents. Les courants, dont la fonction est d'aérer le tunnel, s'établissent par les deux têtes.

Il est vrai de dire que cette opinion était formulée à une époque où il s'agissait de tunnels d'une longueur dépassant à peine un demi-kilomètre; or le tunnel de Blaisy atteignant près de neuf fois cette longueur, il est à présumer que les ingénieurs, en conservant les trois quarts des

puits, n'ont pas exagéré les prescriptions de la prudence
et de l'hygiène[1].

Du reste, si vous êtes curieux de voir de quelle façon
les puits creusés pour la construction de ce souterrain se
raccordent avec la galerie, examinez la coupe suivante :

Fig. 50. — Coupe du tunnel dans l'axe d'un puits.

Elle laisse voir la galerie transversale de raccordement,
qu'une voûte oblique surmonte ; et, en face, une des niches
qui servent à abriter les cantonniers ou gardiens pendant
le passage des convois. Une fosse d'assainissement, creusée au fond du puits, puis une rigole, qui descend jusqu'au canal construit au-dessous et dans l'axe de la voie,

[1] De l'inégale profondeur des puits résulte, on le sait, une différence d'équilibre dans les colonnes d'air qui les remplissent, par
conséquent un courant dans la galerie.

C'est le principe même de l'un des modes d'aérage employés dans
les mines. Quand la profondeur devient très-considérable, on emploie des moyens mécaniques, par exemple des ventilateurs mis en
mouvement par des machines.

donnent une idée suffisante de la manière dont s'écoulent les eaux qui peuvent suinter des divers points du souterrain.

La galerie du tunnel de Blaisy, dont la largeur entre les pieds-droits est de 8 mètres, a une hauteur de 7^m,50 sous clef, ou, si l'on veut, entre le niveau des rails et le sommet de la voûte. Percée en ligne droite dans toute sa longueur, elle offre une pente de 4 millièmes, ce qui donne entre les deux ouvertures extrêmes une différence de niveau de près de 17 mètres.

Vous dirai-je maintenant que le nombre des ouvriers employés a monté à 2,500; que la population transplantée sur ces coteaux déserts, femmes, enfants, aubergistes, etc., s'est élevée au nombre de 4,000; qu'il a fallu brûler 150,000 kilogrammes de poudre, pour faire sauter les blocs de marnes et de calcaires traversés par le tunnel; que les déblais ont donné un cube de 350,000 mètres; les matériaux, de 150,000 mètres; qu'enfin le tunnel a coûté la somme ronde de 10 millions de francs, ce qui fait en moyenne 2,440 francs par mètre courant, et qu'il a été achevé en trois ans et quatre mois? Ce sont là des détails curieux sans doute, mais qui n'étonnent plus, quand on a réfléchi à la grandeur de l'œuvre : de tous les souterrains connus, le tunnel de Blaisy était en 1862 celui dont la voûte supportait la plus grande épaisseur de terre.

J'ai dit que le tunnel de la Nerthe méritait aussi l'honneur d'une mention pour ses dimensions exceptionnelles, — sa longueur dépasse de 517 mètres celle du souterrain de Blaisy, et, comme ce dernier, il a coûté 10 millions, — mais on a construit dans ces dernières années, sur le tronçon de Roanne à Tarare, un nouveau tunnel dont la longueur est de 6,000 mètres! A quoi bon, dès lors, parler des tunnels de Rolleboise et de Beauvoisine, sur la ligne de Paris à Rouen et au Havre; de celui du Credo, sur le chemin de Lyon à Genève; de Rilly, sur la ligne de

Reims; de Hommarting, de Hauenstein, de Giovi et de tant d'autres, puisque leurs dimensions sont toutes inférieures à celles des souterrains que nous venons de citer, et puisque, au point de vue technique, leur construction n'a rien fourni d'exceptionnel[1].

Mais puis-je passer sous silence le tunnel percé à travers les flancs du col de Fréjus et connu sous le nom de tunnel du mont Cenis? Cette immense et difficile entreprise, aussi savamment conduite que courageusement terminée, mérite certes de notre part un moment d'attention. D'ailleurs la méthode adoptée pour son exécution se distingue des moyens employés jusqu'ici : disons donc un mot qui puisse, à cet égard, satisfaire la légitime curiosité du lecteur.

Il s'agissait d'ouvrir entre Modane et Bardonèche une galerie souterraine qui, partant de la vallée de l'Arc, allât déboucher en Italie, sur le versant opposé, dans la vallée de la Dora. 12,220 mètres à franchir, voilà pour la longueur du tunnel; une épaisseur de 1,800 mètres de roches, voilà pour la profondeur. Vous rendez-vous compte, maintenant, des difficultés de tous genres que rencontre le per-

---

[1] Le tableau suivant donnera une idée de l'importance de quelques-uns de ces ouvrages sur les chemins de France et de l'étranger :

	Longueur en mètres	Nom du chemin de fer
Souterrain de Bon-Secours	1055	Rouen au Havre.
— de Foug	1120	Paris à Strasbourg.
— de Culmont	1520	Paris à Mulhouse.
— de Hauenstein	2500	Central suisse.
— entre la Sarre et le Rhin	2778	Strasbourg.
— de Hommartin	2880	Id.
— des Apennins	5100	Turin à Gênes.
— de Giovi	5255	Id.
— de Billy	5500	Reims.
— du Credo	5900	Lyon à Genève.
— de Blaisy	4100	Paris à Lyon.
— de la Nerthe	4060	Avignon à Marseille.
— ...	6000	Roanne à Tarare.
— du mont Cenis	12250	Victor-Emmanuel.
— du Saint-Gothard	14900	Saint-Gothard.

cement? Comment songer à creuser, dans la neige, dans le roc, sur une pareille longueur, des puits d'une telle dimension? Et cependant, jusqu'ici, vous avez vu que les puits sont nécessaires, à la fois, comme points de départ pour attaquer le terrain, et comme tuyaux d'aérage. Avant que les deux têtes du souterrain puissent être reliées par une galerie de 12,000 mètres et qu'un courant d'air s'y établisse, l'air pur manquera mille fois aux ouvriers, dans un milieu vicié tout à la fois par leur respiration, par la combustion des lampes et par celle de la poudre. Emploiera-t-on la vapeur pour abattre plus rapidement les 60 mètres cubes de roches que la section du tunnel donne pour chaque mètre courant? C'est également impossible, puisque la fumée continue des machines viendrait s'adjoindre encore aux causes d'asphyxie que nous venons d'énumérer.

En un mot, comment, à de telles profondeurs et à de telles distances, fournir aux ateliers la provision d'air respirable dont ils ont besoin? Telle était la première difficulté.

Ce n'est pas tout. Le terrain qu'il s'agissait d'entamer est généralement composé de roches dures, soit de roches quartzeuses, soit de calcaires schisteux : percer une galerie dans de tels blocs est une opération longue et dispendieuse. Vingt ans et un nombre de millions proportionné à cette durée n'y eussent pas suffi. Percer des trous de mines et faire sauter le roc est assez expéditif; mais on vient de voir que la combustion obligée de la poudre en rend l'emploi impossible. Agir directement sur la roche, telle est donc la nécessité à laquelle on s'est trouvé réduit.

Il a fallu chercher une force considérable, tout en rejetant les puissances explosives et la vapeur. C'est à l'air comprimé qu'ont eu recours les ingénieurs distingués chargés de diriger cette œuvre gigantesque. Je vais essayer de donner une idée de leurs remarquables procédés.

On a commencé par ouvrir, au moyen des procédés or-

dinaires, environ 1,200 mètres de tunnel, partie du côté
de la France, partie sur le versant italien, et à revêtir le
tout de maçonnerie. Puis, on s'est mis à attaquer le roc
au moyen de machines à air comprimé. Imaginez d'immenses chaudières communiquant avec un réservoir d'eau
situé au-dessus d'elles, à une grande hauteur — 50 mètres
à Modane — et renfermant, à leur partie supérieure, une
certaine quantité d'air. On sait qu'alors la pression subie
par cet air clos est proportionnelle à la hauteur du réservoir : dans le cas dont il s'agit, c'est cinq atmosphères environ, puisqu'une hauteur de 10 mètres d'eau équivaut, à
fort peu près, à une atmosphère. Veut-on des chiffres plus
aisés à saisir? C'est, en poids, une pression d'environ
50,000 kilogrammes par mètre carré. Voilà donc une
force disponible considérable, alimentée par des cours
d'eau voisins, et qui se renouvelle à volonté, à mesure
qu'on l'emploie; il s'agit seulement de la conduire à des
distances croissantes, à mesure qu'avancera l'opération
du percement. Des tuyaux en fonte remplissent cet office.

Que cette force agisse maintenant sur les pistons de
cylindres munis de tiroirs, et le mouvement de va-et-
vient des machines est obtenu, absolument comme avec
la vapeur. Mais, avantage immense, cet air comprimé,
dont la force élastique produit le mouvement, n'est pas
perdu pour cela : au sortir des machines, il se répand
dans la galerie, en renouvelle l'air à mesure que ce dernier se vicie, et le difficile problème de l'aérage est du
même coup résolu.

Je n'ai rien dit encore de la manière dont les machines
attaquent le roc; en deux mots, le voici. Dans la galerie
provisoire déjà percée, en face de la roche à entamer,
et se mouvant sur des rails, est placé un chariot en
fonte, muni de fleurets destinés à percer les trous de
mine. Ces appareils sont disposés de telle sorte, que les
fleurets peuvent prendre à volonté un mouvement de

Fig. 31. — Perforateur du tunnel du mont Cenis.

torsion et un mouvement d'avancement longitudinal,
tout en frappant sur le roc pour l'entamer. Des tuyaux
en caoutchouc relient le chariot aux conduits d'air comprimé.

La roche, une fois les trous percés, est abattue à l'aide
de la poudre; mais les inconvénients de la combustion
ont disparu, par le fait du renouvellement continu de
l'air de la galerie. Enfin, l'aérage n'est obligé que pour
moitié de la longueur totale, puisque les travaux marchent de deux côtés à la fois.

On avait craint, un instant, que la force de l'air comprimé ne se transmît point, sans une grande perte, des
chaudières aux diverses distances où le chariot devait se
porter progressivement. Les rapports des ingénieurs dé-
montrent que cette crainte était illusoire, et, en effet, le
percement a marché sans encombre, jusqu'au jour de son
complet achèvement, qui eut lieu le 15 du mois de septembre 1871. Le 17 septembre, l'inauguration solennelle
de ce gigantesque travail a donné raison aux savants et
aux ingénieurs qui ont concouru à la conception et à
l'exécution d'une œuvre que beaucoup regardaient comme
impossible. Commencé à la fin de l'année 1857, le tunnel a exigé quatorze ans de travaux continus; mais aujourd'hui, l'expérience acquise dans ce mode de percement en rendrait certainement l'exécution plus prompte.

A l'heure où nous écrivons, une œuvre pareille, plus
considérable même, est commencée. C'est aussi par l'emploi de l'air comprimé qu'est creusée la galerie du Saint-
Gothard, dont la longueur totale ne sera pas moindre
de 14,900 mètres. Les entrepreneurs se sont engagés à
terminer en huit années l'immense souterrain.

Le jour où le tunnel du mont Cenis a été terminé, où
cette immense trouée a permis aux locomotives de franchir la barrière naturelle qui sépare les peuples de
France et d'Italie, on a pu dire, en parodiant le mot de

Louis XIV : « Les Alpes n'existent plus ! » Les deux nations qu'aujourd'hui ces colossales montagnes séparent,
unies toutefois comme elles le sont déjà par les liens, sinon de la politique, du moins de la sympathie artistique et
intellectuelle, et par de vieilles affinités de race, le devien-
dront-elles plus encore, grâce à l'accroissement inévitable des relations commerciales et industrielles ? Espé-
rons-le.

Voilà pour le côté technique de l'entreprise.

Les touristes se réjouiront-ils de même de la façon
un peu cavalière avec laquelle on leur fait franchir
ce col de Fréjus ? Le passage de la sombre galerie, au
point de vue purement pittoresque, ne leur offrira-t-il pas
moins de charmes que le voyage à ciel ouvert, dans les
zigzags de la route actuelle du mont Cenis ? C'est possible ; mais le reproche qu'on peut faire, à cet égard,
à la nouvelle œuvre industrielle, s'applique avec la même
force aux nombreux souterrains que traversent prosaïque-
ment les convois de nos lignes de fer.

La rapidité du trajet ne compense-t-elle pas d'ailleurs,
à la satisfaction de tous, cet inconvénient obligé ? Et s'il
reste çà et là quelques partisans opiniâtres du mode de
voyager d'autrefois, rien ne les empêche de laisser là
chemins de fer, locomotives et tunnels, et de reprendre
bonnement la *diligence*, dont le nom nous semble aujourd'hui jurer si fort avec sa tranquille allure [1].

Extérieurement, les tunnels offrent l'aspect d'une ca-
verne qui engloutit et vomit les trains. Le plus souvent, la
décoration de l'entrée est simple ; mais cette simplicité

[1] Londres possède aujourd'hui une voie ferrée souterraine, qui relie au cœur de la Cité deux grandes gares, celles du *Great Western* et
celle du *North Western* : elle passe sous les rues les plus populeuses
sur une longueur de plus de 4000 mètres, et sert principalement au
transport des personnes ; celui des marchandises se fait pendant la
nuit.

ne laisse pas de produire un heureux effet pour peu que
le paysage environnant s'y prête.

Si ces tours, percées de meurtrières, ces créneaux, ces

Fig. 52. — Entrée d'un tunnel.

mâchicoulis donnent au tunnel ci-dessus l'aspect rébar-
batif d'un fort — application d'un goût douteux, et au
moins singulière dans la circonstance, de l'architecture
d'un autre âge — on ne peut nier que la vue de cet autre
tunnel, percé d'une façon rustique dans des masses

de roches abruptes, n'offre, au contraire, une apparence
grandiose. C'est un exemple, entre mille, de la possibilité

Fig. 55. — Tunnel entre Plombières et Dijon.

de concilier l'utile et le beau, et de marier harmonieuse-
ment les œuvres de l'art avec les beautés naturelles.

PONTS ET VIADUCS

On peut écrire un gros livre sur toutes les choses curieuses qu'on voit en chemin de fer : mais on pourrait en
outre, je le répète, faire un volume de tout ce qu'on n'y voit
pas, comme aussi de tout ce qu'on y voit mal. Mon but
dans cet ouvrage, vous le pensez bien, est d'essayer de les
résumer l'un et l'autre.

Quand un train vous emporte dans sa course rapide, il
ne vous est pas tout à fait impossible d'examiner un remblai, grâce à l'inclinaison de ses talus ; au risque d'un mal
de tête, il vous est pareillement loisible, en traversant une
tranchée, de regarder passer devant vous ces files de raies
de toutes couleurs, brunes, jaunes, vertes, sombres et
lumineuses, qui zèbrent alors votre horizon. Enfin, un
tunnel vient-il à vous engloutir, l'écho des voûtes, l'obscurité qui succède à la lumière, le sifflement de la vapeur
suffisent à vous avertir que, comme les taupes, vous
voyagez sous terre.

Mais si, grâce à de magnifiques constructions architecturales, vous franchissez les vallées, les canaux, les routes
et les fleuves, parfois même jusqu'à des bras de mer, que
pouvez-vous voir, du haut de votre wagon, de ces intéressants travaux? Rien. Voilà pourquoi c'est plus que jamais

de mon devoir de cicerone de vous les faire connaître,
pourquoi je vous invite à venir, en simple piéton, les visiter avec moi.

Ce sont d'ailleurs les *ouvrages d'art de la voie* qui vont
faire de notre ligne en construction, avec les remblais,
tranchées et tunnels, un champ de traction ininterrompu.
Une fois ces travaux terminés, nous pourrons, d'un bout
à l'autre du chemin, circuler sans encombre, pour ainsi
dire à pied sec.

Tout le monde sait que les ponts et les viaducs, d'origine aussi ancienne que les routes elles-mêmes, ont pris
sur les chemins de fer une importance exceptionnelle.
Pourquoi? Rien n'est plus facile que de s'en rendre
compte.

D'abord, les voies ferrées, comme les routes de terre,
doivent laisser le passage libre aux rivières, aux canaux,
aux fleuves, que dis-je? aux moindres filets d'eau. Autant
de cours d'eau, autant de ponts. N'a-t-il pas fallu, sur
certaines lignes, franchir le bras de mer qui séparait
les deux tronçons du rail-way?

Viennent maintenant les routes, les chemins, les rues
des villes traversées. C'est un viaduc à construire, toutes
les fois qu'une de ces voies de communication rencontre
et coupe le tracé, à moins que les deux chemins ne se
trouvent de niveau. Dans ce cas, relativement plus rare,
on établit un passage spécial dont il sera question plus
loin.

Enfin, la ligne de fer traverse-t-elle une vallée, une
gorge profonde, on ne peut songer à édifier un remblai,
dont la hauteur et la largeur énormes rendraient la construction difficile et coûteuse. C'est alors que les viaducs
prennent des proportions gigantesques, et que les longues files de hautes arcades remplacent, heureusement
pour le paysage, les lourdes et disgracieuses masses de
terre.

Ce sont là autant d'exigences auxquelles ne sont point soumises les simples routes. Libres dans leurs allures, comme les véhicules et les voyageurs dont elles sont sillonnées, elles savent, par une habile combinaison de pentes et de courbes, se plier à tous les accidents du terrain.

Toutefois, n'oublions pas que ces conditions, particulières aux voies ferrées, ont été, par leurs difficultés mêmes, une occasion de triomphe pour la science de l'ingénieur. L'art architectural n'y a pas moins gagné. A des problèmes nouveaux, il a fallu trouver des solutions nouvelles, et les constructions des chemins de fer ont reçu de la sorte un cachet d'originalité bien tranchée. De nouveaux types, des procédés spéciaux, des méthodes jusqu'alors inconnues, voilà pour les moyens. Une physionomie monumentale, dépendant à la fois de la nature des matériaux employés et de la grandeur des proportions métriques, voilà pour la question d'art.

Mais arrivons aux exemples.

Je ne ferai que signaler les travaux de peu d'importance, petits ponts traversant un ruisseau, aqueducs en maçonnerie ou en fonte, passerelles légères qu'on rencontre à chaque instant, qu'il est aisé au voyageur d'examiner en voyage. Les types très-variés de ces constructions secondaires se distinguent en général par une véritable élégance, qui n'exclut point la solidité.

Quant aux ouvrages de dimensions supérieures, il est une façon commode, sinon savante, de les classer : c'est de les ranger en trois catégories, selon la nature des matériaux qui les composent. On rencontre ainsi, dans la première, les ouvrages entièrement construits en maçonnerie, pierres de taille, meulières, ciments et briques ; dans la seconde, les ponts ou estacades en charpente ; tous ceux enfin dans lesquels le fer, la tôle ou la fonte jouent le rôle de matière principale, forment la troisième.

Que dire des ponts en bois, sinon qu'ils ne sont plus guère en usage aujourd'hui, du moins en Europe? En France, ils ne servent plus que d'estacades provisoires, destinées à être remplacées un peu plus tard par des ouvrages plus solides, ou, si l'on veut, plus durables.

L'art de la charpente n'en joue pas moins un rôle important dans le cintrage des arcades en pierre ou en fer; et voici un fait curieux qui témoigne du degré de perfection où cet art est parvenu.

Fig. 54. — Pont biais près la gare de Rambouillet.

On cite plusieurs exemples, en France, comme en Angleterre, de ponts provisoires en charpente, à l'intérieur desquels on a construit les ponts définitifs, en maçonnerie et en tôle. Eh bien, on a pu démonter ces ouvrages, sans que le service des convois ait eu à souffrir un seul jour d'interruption pendant toute la durée des travaux. Ne dirait-on pas, au mystère près, voir un papillon sortir étincelant de la chrysalide où la chenille rampante s'est enfermée, et se débarrasser du cocon provisoire qui a servi à sa métamorphose?

L'établissement des voies ferrées a été pour l'art de la construction des ponts l'occasion de progrès réels, soit au point de vue de la disposition des matériaux, soit à celui de la rapidité de l'exécution. Comme les chemins de fer rencontrent souvent les routes ou les rivières sous des angles très-aigus, les ponts en pierre ou en briques, construits en ces points, offrent une direction oblique qui les a fait nommer *ponts biais*. La construction de ces sortes d'ouvrages a reçu notamment de grands perfectionnements des ingénieurs.

Fig. 55. — Viaduc de l'Yvette.

Plus hardie que la vieille Europe, plus pressée surtout de construire force lignes de fer à peu de frais, l'Amérique laisse là le plus souvent, au contraire, les ponts et viaducs en maçonnerie pour les ponts en charpente. Au risque d'accidents souvent terribles, ses rails-ways franchissent les plus larges et les plus rapides courants, comme les plus dangereux marécages, sur des constructions à peine terminées, sans parapets, sans tabliers. Une catastrophe arrive ; qu'importe ? L'Américain pousse, sans y songer plus, son « *go a head !* » reconstruit sa charpente : et la locomotive de siffler de plus belle, au-dessus du lieu du sinistre !

En Europe, les ouvrages d'art sont la plupart de véritables monuments. Qu'il s'agisse de viaducs d'une faible importance, comme ce pont voisin de la gare de Rambouillet, ou d'une œuvre un peu plus considérable, comme

Fig. 56. — Pont sur le Rhône entre Beaucaire et Tarascon.

le pont à trois arches sur lequel le chemin d'Orléans franchit à Grand-Vaux la rivière de l'Yvette (un viaduc tout semblable vient d'être construit à Orsay sur la même rivière); ouvrages en maçonnerie ou ponts métalliques sont également construits avec soin, toutes les fois surtout qu'ils ont à porter la voie ferrée et avec elle les lourds convois.

Voyez maintenant (*fig.* 56) ce beau pont qui relie, entre Tarascon et Beaucaire, les deux rives du Rhône. Il donne passage à l'embranchement de Nîmes, avec la ligne de Lyon à la Méditerranée.

C'est ce qu'on pourrait appeler un point mixte, à piles et culées en pierres, et à tabliers de fer ou de fonte. Ces sortes de ponts sont aujourd'hui fort nombreux en Europe, aussi bien à l'étranger qu'en France. Citons seulement le pont du Rhône, à Lyon, et le grand viaduc de Newcastle, en Angleterre.

Quelques détails maintenant sur le viaduc de Beaucaire. Sept arches en fonte, de forme circulaire et de 60 mètres d'ouverture, reposent sur des piles colossales en maçonnerie. La base des piles est elle-même garantie contre la violence des eaux par un enrochement de pierres de taille, dont chacune pèse 6,000 kilogrammes. Quand deux convois, de charge moyenne, passent sur ce magnifique viaduc, chaque pile presse sur la base de sable située au-dessous du massif de béton, du poids énorme de 15,000 tonnes, 15 millions de kilogrammes. Arches, corniches, parapets sont entièrement en fonte, simples, mais élégants de forme. La construction de cet ouvrage a donné lieu à d'intéressantes recherches, qui font voir combien la théorie et la science pure, si dédaignées par la routine, sont devenues indispensables à l'ingénieur digne de ce nom. Ces recherches étaient relatives à l'influence des variations de la température sur les mouvements des pièces de métal ; elles ont permis au savant ingénieur [1] chargé de la direction des travaux de déterminer les conditions qui régissent l'emploi de la fonte et les garanties de solidité qu'elle présente, quand on la coule en arcs de grandes dimensions. Chose curieuse ! l'action de la température, directement provoquée par les rayons solaires, varie sensiblement avec les genres de peinture dont les pièces de fonte sont extérieurement recouvertes.

Cinq années ont été nécessaires à l'achèvement du viaduc que je viens de décrire. Il a coûté 6 millions et demi.

[1] M. Desplace.

Ce que le tunnel est aux tranchées, on peut dire que le pont tubulaire l'est aux ponts et aux viaducs ordinaires, dont les arches sont en maçonnerie et en fonte. Faire passer un convoi, locomotives et wagons, à l'intérieur d'un vrai tube métallique, est une idée aussi hardie qu'originale qu'il a été donné à notre siècle, si fécond en découvertes, de réaliser avec un éclatant succès.

Qu'auraient dit nos *bons aïeux*, qu'auraient dit les Romains et les Grecs, si quelque utopiste de leur temps, prophétisant la société moderne, leur eût raconté cette curieuse histoire ?

« Un temps viendra où l'homme, las de marcher sur ses deux pieds, ou d'emprunter ceux d'un quadrupède quelconque, âne, bœuf, cheval, mettra au rebut les chars rapides et leurs coursiers, délaissera les muscles de chair, et leur substituera des chevaux aux muscles d'acier, nourris d'eau et de feu. Pareils alors aux dragons ailés, ces pégases de l'industrie franchiront les montagnes et les vallées, les fleuves et jusqu'aux bras de mer, traînant à leur suite un millier de voyageurs, et faisant retentir de leur brûlante et bruyante haleine les longues galeries d'airain suspendues dans les airs, au-dessus des flots. »

A coup sûr, on n'aurait eu garde d'écouter la vision d'un fou et sa prophétie pleine d'images : on l'eût mis aux *petites-maisons* de ce temps-là. Aujourd'hui, cependant, le fait existe, et ce sont les chemins de fer qui nous le montrent réalisé ; mais, blasés que nous sommes par le flux des inventions, nous ne nous étonnons plus de rien.

Qu'est-ce qu'un pont tubulaire ?

Imaginez quatre lames de tôle, rivées ensemble de manière à former un tube creux rectangulaire, et reposant par les deux bouts sur des culées et sur des piles en maçonnerie. Les trains passent dans ce tuyau métallique, sorte de tunnel suspendu, qui réunit une certaine légèreté à une solidité réelle.

Le *Britannia-Bridge*, sur le chemin de fer de Chester à Holyhead, étant, parmi les travaux de ce genre, un des plus remarquables, j'en donnerai une description sommaire :

Le rail-way avait à franchir le détroit qui sépare l'île d'Anglesey du comté de Carnarvon ; comme condition *sine qua non*, le niveau des rails devait atteindre 30 mètres au-dessus des plus hautes mers, afin de permettre aux navires de filer au-dessous avec toute leur mâture. En outre, le conseil de l'amirauté britannique exigeait que les ingénieurs ne se servissent, pour la construction, ni d'échafaudages, ni de cintres d'aucune sorte.

Nouvelles et graves difficultés, dont triompha le génie de Robert Stephenson.

Sur un rocher gisant au milieu du détroit, il fit d'abord construire une tour, haute de 50 mètres ; puis, sur chaque rive, deux tours de moindre hauteur, et enfin, deux culées adossées aux levées d'Anglesey et de Carnarvon. Alors, quatre tubes en fer laminé, longs chacun de 144 mètres, hauts de 9 mètres et larges de 4^m,50, furent hissés, au moyen de presses hydrauliques mues par la vapeur, au haut des tours sur les flancs desquelles ces tubes devaient reposer. Près de deux millions de kilogrammes montés ainsi à 100 pieds de hauteur ! La mise à flot et le transport de ces énormes masses n'avaient pas été moins curieux que leur pose. La double galerie qui donne accès aux deux voies de fer est longue de 460 mètres. Le pont tout entier a coûté 15 millions. Enfin, le poids seul des clous qui ont servi à assembler les feuilles de tôle est de 900 milliers de kilogrammes : ce détail statistique, à la façon anglaise, peut contribuer à donner une idée de la grandeur de l'œuvre.

Au nombre des ponts tubulaires que leurs dimensions ou des procédés nouveaux de construction signalent à la curiosité publique, il faut citer, en France, le pont de

Mâcon, sur la Saône, et, aux États-Unis, l'immense viaduc qu'on vient de construire sur le chemin de fer de New-York au Canada. Les travées du pont de Mâcon ont une largeur de 45 mètres, et les piles, entièrement en fonte, reposent sur des fondations de béton et de maçonnerie construites à l'aide de l'air comprimé ; j'aurai l'occasion tout à l'heure, en parlant du pont de Kehl, de donner une idée de cette ingénieuse méthode, d'ailleurs grandement perfectionnée.

Quant au viaduc américain que je viens de citer, les proportions en sont énormes. Il semble vraiment que les ingénieurs du nouveau monde aient voulu prouver à leurs confrères d'Europe qu'ils savent, au besoin, mettre leurs ouvrages d'art au niveau des nôtres. Vingt-cinq travées, dont la longueur totale dépasse 2 kilomètres, forment cet immense pont tubulaire, qui offre d'ailleurs une particularité curieuse : les piles, dont la portée est plus grande au milieu du pont, augmentent en même temps d'épaisseur, pendant que la hauteur du tube s'accroît dans une proportion pareille. Le poids du fer qui entre dans la composition de ce tunnel est de 10 millions et demi de kilogrammes.

Passons maintenant aux ponts à treillis, fort à la mode en Allemagne. Examinez ce spécimen (*fig.* 57).

C'est le grand pont qui relie, vis-à-vis de Kehl et de Strasbourg, le réseau des chemins de fer de l'Est français aux chemins badois. On comprend aisément, à la vue du dessin qui précède, le genre de tablier métallique qui constitue les ponts à treillis. Mais, comme je viens de le dire, la fondation des piles a nécessité l'emploi d'une méthode assez originale pour justifier les détails qui vont suivre.

Disons d'abord que la vitesse du courant des eaux du fleuve, la composition de son lit, entièrement formé de couches de graviers dont la profondeur dépasse 60 mètres, les affouillements considérables produits dans ce lit par des crues rapides, étaient autant d'obstacles à l'emploi des procédés ordinaires de fondation. Comment mettre les piles à l'abri de ces affouillements qui bouleversaient le gravier jusqu'à 18 mètres de profondeur? On décida que les fondations descendraient à 20 mètres au-dessous du lit normal. Mais alors comment creuser dans le gravier jusqu'à cette distance, comment édifier la maçonnerie, couler le béton, sous l'action de l'impétueux courant du Rhin? C'était là, on le conçoit, un problème d'une solution difficile.

'L'emploi de l'air comprimé, déjà utilisé dans d'autres ouvrages, mais ici modifié de la façon la plus heureuse, vint à bout de tous les obstacles. Bien qu'il n'entre pas dans le cadre de ce livre de décrire en détail les procédés de ce genre, je voudrais au moins vous en faire comprendre le principe. Imaginez des caissons en tôle, aux parois solidement boulonnées, renforcées, tant à l'intérieur que sur la face supérieure, au moyen de poutres et de contre-forts en fer. Ils sont ouverts à leur base inférieure, tandis que le plafond, percé de trois trous circulaires, est surmonté de trois cheminées aussi en tôle ; les deux cheminées latérales communiquent simplement avec l'intérieur du caisson, tandis que celle du milieu descend jusqu'au niveau de l'ouverture inférieure de cette sorte de chambre métallique. Supposez qu'on descende cet appareil jusqu'au fond du fleuve, de manière qu'il repose sur le lit de gravier : l'eau pénétrera toute sa capacité, et, en vertu d'une loi bien connue d'hydrostatique — celle des vases communiquants — elle s'élèvera dans les cheminées, précisément au niveau de l'eau du fleuve. Mais si, maintenant, à l'aide de machines soufflantes mues à la vapeur, on fait pénétrer de l'air dans les deux cheminées latérales, convenablement disposées à cet effet, qu'arrivera-t-il? Que la pression de plus en plus considérable

Fig. 37. — Pont de Kehl

du fluide, supérieure à la pression extérieure de l'atmosphère, refoulera peu à peu l'eau qui remplit le caisson,
la forcera à s'échapper par les fissures de ses bords inférieurs, et enfin mettra à nu, pour ne pas dire à-sec, le lit
de gravier sur lequel il repose. Seul, le cylindre du milieu, qui pénètre jusque dans le gravier, continuera à être
rempli d'eau.

C'est alors que les ouvriers descendent dans la chambre
d'air comprimé. Mais pour que la transition de l'atmosphère libre à cette atmosphère fictive ne donne lieu à
aucun accident, on a imaginé un système de chambres intermédiaires munies de soupapes, véritables écluses à gaz,
qui surmontent les cheminées latérales et donnent ainsi
passage aux ouvriers. L'opération est maintenant aisée à
comprendre. Sous la protection d'une pression de deux
ou trois atmosphères, pression qui les garantit contre l'en-
vahissement des eaux du fleuve, nos hommes fouillent le
gravier, qu'ils rejettent vers la partie centrale. Une dra-
gue, dont les godets remontent le long de la cheminée
pleine d'eau, déverse à l'extérieur dans un bateau les déblais des fondations. Peu à peu donc, le caisson descend,
pressé d'ailleurs par le poids de la maçonnerie qu'on
construit à mesure, à l'air libre, sur son plancher supérieur : des engins spéciaux le guident dans sa descente.
Arrivés à la profondeur voulue, chaque caisson et ses
trois cheminées sont remplies de béton : les fondations
sont ainsi terminées.

Le pont de Kehl est formé de deux culées et de quatre
piles, dont les deux extrêmes ont des dimensions plus
fortes que les deux autres ; aussi, tandis que les fondations de ces dernières reposent sur trois caissons, les piles
extrêmes sont fondées sur quatre.

Il ne faut pas croire que le travail, dans des cavités
remplies d'air à une telle pression, s'exécute sans peine
ou même sans danger. Pour un grand nombre d'ouvriers,

le passage trop rapide de cette atmosphère artificielle à l'air libre a été la cause soit d'affections passagères, soit de maladies qui ont profondément altéré leur constitution. Des soins spéciaux, des précautions louables avaient sans doute été prises, à la décharge des entrepreneurs et des ingénieurs chargés de cette belle construction. Mais, sans vouloir rien ôter à la légitime admiration que nous inspirent les monuments du génie industriel, ne faut-il pas déplorer le sort de ces victimes obscures du travail?

Le pont de Kehl a coûté 8 millions. C'est aux ingénieurs français qu'est due la construction des piles ; les ingénieurs badois ont eu en partage la construction des tabliers et des ponts tournants. On peut voir sur le dessin qui précède, comment le pont tubulaire, dont les deux galeries, avec leurs trottoirs latéraux pour les piétons, ne règnent, à vrai dire, qu'entre les piles extrêmes, est relié de chaque côté à la terre ferme. Deux ponts tournants en fonte, dont les axes de rotation sont adhérents aux culées, permettent d'interrompre ou de rétablir à volonté sur chaque rive du Rhin la circulation des voies. L'un d'eux est ici représenté dans sa position normale : c'est-à-dire qu'il donne accès aux convois. L'autre, au contraire, interdit l'entrée du pont.

Avant de livrer à la circulation ce remarquable ouvrage, on lui a fait subir en présence des ingénieurs une épreuve solennelle. Les deux ponts tournants ont obéi, malgré leur masse, à l'action de quatre hommes; alors un train de cinq locomotives, suivies de leurs tenders, du poids total de 175,000 kilogrammes, s'est avancé sur la première travée du milieu ; un autre train, composé de quinze wagons, a pris l'autre voie, puis cinq locomotives sur chaque voie ont marché de front, stationnant sur divers points. Enfin, quatorze locomotives et quatre-vingts wagons, formant un poids total de 960,000 kilogrammes — c'était 8,000 kilogrammes par mètre courant — n'ont

7

pu faire fléchir le tablier que de 12 millimètres, et cela pendant une journée d'essais.

Je laisse au lecteur le soin de juger de la forme architecturale adoptée par les ingénieurs allemands. Il ne m'pppartient pas de dire si des pastiches de l'art des quatorzième et quinzième siècles sont bien adaptés à une œuvre moderne, et si l'aspect extérieur du pont de Kehl est en harmonie avec le caractère de précision qui semble devoir appartenir au style de l'architecture industrielle.

Parmi les ponts à treillis, je citerai encore, avant de passer aux ponts et viaducs en maçonnerie, celui qui traverse l'Aar ; long de plus de 160 mètres, il supporte au-dessous de la voie ferrée un passage destiné aux piétons et aux voitures. Il a coûté 1,100,000 francs environ.

De tous les ouvrages d'art de la voie, les ponts et viaducs en pierre, en moellons ou en briques, sont certes les plus imposants, sans doute même les plus durables. Mais aussi, il faut avouer qu'ils semblent empreints d'une originalité moindre que celle des ponts métalliques. Les anciens nous ont laissé des modèles si grandioses, qu'il ne manquera pas de gens tout prêts à rabaisser au profit des œuvres de l'antiquité les constructions modernes.

Parle-t-on, devant ces fanatiques d'archéologie, d'une œuvre nouvelle, vite ils vous citent les dimensions d'un monument égyptien, romain ou grec : les Pyramides d'Égypte, le Colisée, le pont du Gard et *tutti quanti*, voilà les objets de leur admiration exclusive. Nous n'avons aucune envie de ressusciter, si peu que ce soit, la vieille querelle du parallèle entre les anciens et les modernes, pas plus que de dénigrer les magnifiques constructions dont les ruines offrent un si réel prestige. Mais il faut être juste : il faut convenir que les Pyramides sont des masses fort inutiles, dont les dimensions font toute la grandeur, et où l'art a peu de chose à voir ; que le Colisée était un monu-

Fig. 38. — Viaduc de Nogent-sur-Marne

ment bien fastueux pour les horribles spectacles auxquels
il était réservé ; que si le pont du Gard enfin a pour lui le
mérite de l'utilité et des proportions colossales, le moderne aqueduc de Roquefavour ne lui cède, sous ces deux
rapports, d'aucune façon. Si les voyageurs qui parcourent
nos lignes de fer pouvaient contempler à leur aise les ouvrages d'art, ponts, viaducs, que franchissent les convois,
ils seraient persuadés que notre âge n'a pas déchu au
point de vue de la grandeur des constructions de cet ordre.

Mais quelques exemples, quelques chiffres, s'il est besoin, achèveront de les convaincre.

Les viaducs en maçonnerie remarquables par la grandeur de leurs dimensions, comme par l'élégance et la
hardiesse de leurs proportions, sont nombreux sur les
chemins de fer d'Europe. Passons vite sur celui du val
Fleury, connu depuis longtemps des nombreux prome-
neurs qui, chaque année, parcourent par centaines de
mille le chemin de Paris à Versailles (rive gauche). Du
haut de ces arcades on ne peut se lasser d'admirer le
charmant vallon qu'elles dominent. Mais ce qu'ignorent la
plupart des curieux qui le traversent, c'est que la masse
des maçonneries enfouies dans le sol est au moins aussi
considérable que la partie visible. La nécessité de trouver une base solide pour l'énorme poids a forcé de descendre les fondations jusqu'à la rencontre du banc de
craie qui s'étend au-dessous du sol. Le viaduc du val
Fleury a sept arches, comme celui de Tarascon, mais la
longueur en est moindre. A sa base, les piles sont reliées
par un autre rang de sept arcades, qui servent à consolider l'ouvrage.

Uue visite que je conseille aux Parisiens amoureux des
jolis sites et admirateurs des grands travaux de l'industrie
humaine — l'un n'exclut pas l'autre — est celle du viaduc
de Nogent, sur la Marne, à quelques kilomètres de Paris.
Le chemin de fer de Mulhouse, celui de Vincennes, con-

Fig. 59. — Viaduc de Secrettown (Californie).

duiront nos touristes en quelques minutes aux charmantes
îles que la Marne entoure de ses méandres. Ils verront là,
par la même occasion, l'un des plus longs viaducs connus,
et l'un des ponts en maçonnerie les plus hardis qui existent. Pont et viaduc dessinent une ligne courbe, sur une
longueur de 700 mètres. 20 mètres de hauteur, 50 mètres
d'ouverture, voilà pour les dimensions de chacune des
quatre arches qui franchissent la rivière en ce point.
Trente arcades, de dimensions plus petites, achèvent de
relier cet ouvrage aux remblais qui portent de côté et
d'autre la voie ferrée. La figure 38 donne une vue générale du viaduc, dont les lignes sévères forment la plus heureuse diversion avec le riant paysage qui l'entoure.

Il faudrait citer encore le beau viaduc de Chaumont, si
remarquable par l'élévation de ses arches, et qui, long de
600 mètres et cubant 60,000 mètres de maçonnerie, n'a
exigé cependant qu'une année pour son complet achèvement, véritable chef-d'œuvre de l'art de construire ; le
viaduc de Barentin, qu'il a fallu rebâtir après un écrou-
lement complet, et dont les vingt-sept arches, de 15 mètres d'ouverture, mesurent une longueur totale d'un demi-
kilomètre : celui de la Goltzsch, en Saxe, long de 580 mètres, d'une hauteur maximum de 80 mètres, et qui a
coûté près de 7 millions de francs ; enfin celui qui traverse la vallée de l'Indre, entre Tours et Monts, le plus
bel ouvrage de la ligne de Paris à Bordeaux, dont les cin-
quante-neuf arches, en plein cintre, ont 10 mètres environ d'ouverture, 22 mètres de hauteur moyenne, et 750
mètres de longueur. Il a coûté 2 millions. En voici deux
vues (*fig.* 40 et 41), qui donneront à la fois une idée de
l'ensemble du viaduc et de sa forme architecturale.

Mais le plus gigantesque ouvrage de ce genre est sans
contredit le pont en bois, avec piles cylindriques en fonte,
qu'on voit sur la ligne de Montgomery à Mobile (États-Unis).
Il n'a pas moins de 24 kilomètres de longueur, a coûté

7 millions et demi de francs, et sa construction a exigé trois années.

Les travaux d'art terminés, vient le quart d'heure de Rabelais ; ce n'est pas mince affaire, croyez-le bien. Pour vous en donner une faible idée, je vous dirai que la moyenne du prix de revient kilométrique de ces ouvrages

Fig. 40. — Vue générale du viaduc de l'Indre.

est de 22,000 francs environ. Et notez que dans ce chiffre sont compris les seuls travaux courants, c'est-à-dire que les grands souterrains, les grands viaducs, dont les prix se comptent par millions, n'entrent pas dans cette évaluation moyenne. Avec cette restriction, les dépenses pour travaux d'art n'équivalant guère qu'au treizième de la dépense totale, du moins sur les chemins de fer de France; cette proportion deviendrait notablement plus forte sur tous les tronçons où se rencontrent ces grands ouvrages.

Je ne puis, avant de finir, résister à la tentation de faire

voir, par un ou deux exemples, que les chemins de fer ne
sont pas, comme on s'est plu à le répéter sur tous les tons,
ennemis de l'art et du pittoresque dans le paysage. Il me
semble que ces beaux viaducs, leurs longues files de
blanches arcades, *tour à tour masquées par des rochers*

Fig. 41. — Viaduc de l'Indre ; traversée de la rivière.

ou des massifs de verdure, sont d'un effet décoratif à la
fois très-simple et très-heureux. Voyez plutôt ce charmant
croquis, si spirituellement dessiné par Thérond. Pensez-
vous qu'un peintre de paysage eût fait un choix de mauvais goût en prenant ce point de vue pour le sujet d'un de
ses tableaux? Ne trouvez-vous pas aussi que les lignes un
peu fermes de cet autre viaduc dont le double rang d'arcades franchit la Combe-de-Fain, près de Dijon, for-

ment avec la nature aride d'alentour un harmonieux ensemble ?

Mais il est temps de songer à terminer la voie. Laissons donc là les ponts suspendus que le hardi Yankee jette avec une incroyable hardiesse au-dessus des larges et ra-

Fig. 42. — Les viaducs et le paysage.

pides cours d'eau du continent américain, témoin l'immense ouvrage de ce genre sur lequel les trains franchissent aujourd'hui le Niagara à toute vapeur. Laissons là ces constructions dangereuses qu'on commence à abandonner, même sur les routes ordinaires, pour peu que la circulation y soit active. Enfin mentionnons au même titre, mais sans nous y arrêter davantage, les ponts tournants, autres ouvrages d'art, qui ne paraissent pas offrir une

sécurité suffisante, et qu'il est facile aux ingénieurs d'é-
viter en adoptant pour le tracé une inclinaison convenable.

Fig. 43. — Viaduc de la Combe-de-Fain.

VII

POSE DE LA VOIE

En vous faisant assister à toutes les opérations de la construction d'un chemin de fer, et en particulier à celle de la voie, j'ai choisi l'ordre qui m'a paru le plus naturel ; mais je n'ai pu avoir la pensée de présenter cette succession de travaux, terrassements, tunnels, ouvrages d'art, pose de la voie, comme invariablement soumise à l'ordre chronologique. Souvent il arrive que tel tronçon est achevé quand tel autre en est aux terrassements ; qu'un viaduc est aux trois quarts construit, terminé même, avant l'achèvement des remblais qui le relient au reste de la chaussée.

En réalité, tandis que notre armée de terrassiers était à l'œuvre, tranchant ici dans le vif du terrain, là élevant des massifs énormes, renversant, coupant, démolissant sans pitié arbres, rochers, maisons, collines ; pendant que les mineurs perforaient le sol et fonçaient dans les ténèbres les galeries des tunnels, les ouvriers en maçonnerie et en charpente édifiaient les travaux d'art. Au fur et à mesure des besoins, une légion de dessinateurs habiles traçaient, sous les ordres des ingénieurs, les plans, coupes, profils et élévations de ces ouvrages.

De même aussi, loin des chantiers de la ligne, il faut se

figurer les usines métallurgiques, forges, fonderies, les carrières de matériaux de toute sorte, en plein mouvement, en pleine activité. Ne faut-il pas s'occuper de la fabrication du matériel de la voie, de la fourniture des wagons et des machines dont les ateliers de construction emploient même déjà un certain nombre ? Des agents expérimentés, envoyés sur place par les compagnies, procèdent soit à la conclusion des marchés, soit à la vérification et à la livraison des objets. Pierres, briques, pièces de bois, de fer, de fonte et d'acier sont taillées, fondues, façonnées suivant les formes voulues par la géométrie savante dont Monge fut l'inventeur. Physique et chimie, mécanique et procédés des arts, fournissent également leur concours à cette œuvre. Certes, ce n'est pas une des moindres merveilles d'une industrie qui en compte tant d'autres, que la précision avec laquelle des travaux si complexes et si divers convergent vers le but commun.

A mesure que nous avançons, remarquez, du reste, que les opérations relatives à la construction deviennent de plus en plus spéciales aux chemins de fer : elles en constituent davantage l'originalité propre. De temps immémorial, on a creusé des tranchées, élevé des remblais, construit des ponts : c'est seulement depuis l'invention des voies ferrées qu'il s'agit de rails, de coussinets, de traverses. Permis à des érudits, qui aiment à cultiver le paradoxe, de commenter à leur manière le dicton d'Horace : *Nil novi sub sole.* C'est bien vraiment quelque chose de nouveau sous le soleil que ces trains pesamment chargés franchissant en une heure, sous l'impulsion de la vapeur d'eau, la distance qu'une demi-journée permettait à peine autrefois de parcourir.

Je reviendrai plus loin sur ceux des travaux d'art qui n'ont pas un rapport direct avec l'établissement de la voie, gares, stations, ateliers, entrepôts, etc. A cette heure, il me tarde de vous montrer la voie terminée, de vous décrire la puissante machine qui lui donnera le mouvement et la vie, d'en étudier enfin avec vous le mécanisme et la manœuvre.

Retournons donc sur le terrain. D'un coup d'œil vous voyez ce qu'il reste à faire : ici des terres raboteuses, inégalement tassées, çà et là des flaques d'eau et des crevasses ; plus loin, des argiles détrempées et un sol mouvant. Sous peine de dégradations plus considérables, la voie ne peut rester dans cet état, et les gelées, les dégels, toutes les intempéries des saisons, en achèveraient bientôt la ruine.

Qu'on envoie donc au plus tôt des ouvriers munis de pioches, de pelles et de tous les outils propres au nivellement des terres, afin d'obtenir une surface uniforme. Uniforme, mais non pas pour cela horizontale. Comme il est en effet fort important de faciliter l'écoulement des eaux de pluie, ils donneront à la voie une légère inclinaison de chaque côté à partir de l'axe du chemin jusqu'aux fossés latéraux ; inclinaison plus prononcée dans les tranchées que sur les remblais, où la pente s'est déjà produite d'elle-même par le tassement naturel des matériaux, et où les eaux s'écoulent toujours du côté des talus.

Le nivellement de la chaussée terminé, il faut encore la protéger contre les détériorations ultérieures : c'est ce qu'on fait, en la recouvrant, comme d'un manteau, d'une couche de matériaux perméables auxquels les gens du métier donnent le nom de *ballast*. Les eaux traversent cette couche, puis s'écoulent de chaque côté, sur le sol incliné qui forme la chaussée. Mais ce n'est pas seulement sur le sol que le ballast est utile, c'est aussi sur les ouvrages d'art, en bois, en maçonnerie ou en fer. Sans cette couche protectrice, les convois, en traversant à toute vitesse les ponts et les viaducs, en ébranleraient par leur poids énorme les différentes parties : la trépidation causée par ce pas-

sage, directement transmise, disloquerait à la longue ces
ouvrages, détériorerait en outre le matériel roulant lui-
même, et, considération non moins importante, serait fort
désagréable aux voyageurs. La couche de ballast interposée fait l'office d'un matelas, qui répartit également la
secousse et lui ôte ainsi son caractère destructif.

Si vous ignorez comment on procède à l'opération du
ballastage, regardez et voyez. Rien n'est plus simple. Sur
une moitié de la chaussée, là même où sera établie l'une
des voies, on a posé des rails provisoires : des wagons
chargés de ballast y circulent, amenant et versant de côté
leur contenu sur l'autre moitié de la voie. Des manœuvres
l'étendent sur une épaisseur de 20 à 30 centimètres, puis
la dament ou la pilonnent avec soin. L'opération faite d'un
côté, on y pose la voie définitive, qui sert alors au ballastage de l'autre moitié : économie de temps, économie
d'argent.

Le dessin suivant représente une coupe faite perpendiculairement à l'axe de la voie : l'inclinaison du sol obtenue, je viens de le dire, par le nivellement, et qui de
chaque côté aboutit aux fossés latéraux, la couche de
ballast, les traverses que recouvre cette couche, et les
rails formant seuls saillie au dehors, y sont également
indiqués.

Mais je m'aperçois que je ne vous ai rien dit de la composition du ballast. C'est le plus souvent du sable de bonne
qualité, pas trop fin — le vent en soulèverait des parcelles,
au grand dommage des organes des machines, ou des
boîtes à graisses des essieux — mais aussi égal que possible. Quand le sable manque ou revient trop cher, on
emploie encore les pierres concassées, les briques pilées,
la menue houille, selon les pays. L'essentiel est que le
ballast, très-perméable, maintienne la voie dans l'état de
sécheresse le plus parfait possible. On en verra la raison
tout à l'heure quand nous parlerons des traverses.

L'épaisseur du ballast est-elle seulement de 20 à 50 centimètres? Non. Je n'ai voulu parler jusqu'ici que de la première couche, bien pilonnée, sur laquelle vont reposer les traverses qui portent les rails; mais les travers ses mises, les rails posés, une seconde couche de ballast est soigneusement étalée, de manière à enterrer complé-

Fig. 44. — Coupe transversale de la voie; nivellement et ballastage.

tement les traverses. L'épaisseur totale varie alors entre 45 à 60 centimètres. Dans les terrains humides et imperméables, on va jusqu'à 90 centimètres.

Enfin, si l'on rencontre des marécages, ce n'est plus de sable qu'il s'agit, mais de bons pilotis, de lits de pierres, ou mieux, de lits superposés de pierres et de fascines. Il arrive même qu'outre les fascines, on place en long de fortes pièces de bois, des *longuerines* en style de métier, sur lesquelles s'appuient les traverses. Trop heureux quand le marais n'engloutit pas, peu à peu, avec les constructions artificielles sur lesquelles on a posé la voie, les centaines de mille francs qu'elles ont coûté !

La figure 45 donne un exemple des travaux dispendieux nécessités par des circonstances heureusement exceptionnelles.

Maintenant, dire au juste à quel prix revient le ballast, par kilomètre courant, je suppose, est chose assez difficile, tant ce prix a varié et varie encore suivant les lieux, ou suivant la nature de la matière employée. S'agit-il de sable, celui qu'on payait 60 centimes le mètre cube à la

carrière revenait à 2 francs, rendu à la chaussée Saint-
Germain; à 5 francs, à celle de Versailles; sur d'autres
lignes, on l'a payé jusqu'à 10 et 12 francs.

Voici encore quelques chiffres. En joignant au prix de
premier établissement du ballast le prix du renouvellement et des réparations qu'exigera le tassement des premières années d'exploitation, on doit compter de 3 à 4
mètres cubes de ballast par mètre courant, sur les deux
voies. C'est 3,500 mètres cubes environ par kilomètre.
Or, sur le réseau de l'Est, le sable est revenu à 5 francs

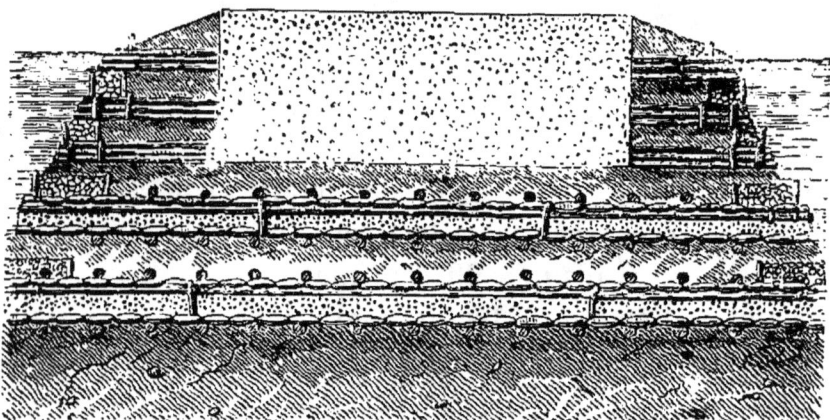

Fig. 45. — Travaux de consolidation de la voie.

le mètre cube, le gravier à 2 fr. 05 c., les pierres concassées mélangées de sable à 4 fr. 33 c.; cela fait en moyenne,
par kilomètre courant, 15,233 fr. 33 c. C'est, comme on
le voit, une fourniture assez importante, mais sur laquelle
il ne convient pas de faire porter des économies; là,
comme en beaucoup d'autres cas, ce seraient des économies
mal entendues. La bonne conservation des traverses en
dépend; par suite la durée de la chaussée, la stabilité des
rails, et, en dernière analyse, la sécurité des voyageurs.

Arrivons aux traverses. Tout le monde sait que les bandes de fer qu'on nomme les rails ne sont pas directement
posées sur le sol — la voie n'aurait ainsi aucune stabi-

lité, — mais bien, ordinairement du moins, sur des pièces de bois placées en travers sur le ballast, perpendiculairement à l'axe du chemin : ces pièces de bois sont les traverses. A l'origine, on a essayé de fixer les rails sur des dés en pierre, sortes de blocs cubiques enterrés de distance en distance dans le sol; mais si un tel système présentait des avantages au point de vue de l'économie, la pierre durant indéfiniment pour ainsi dire, il n'en était pas de même au point de vue de la stabilité. Les deux lignes de rails d'une même voie, que les traverses rendent solidaires, se déplacent aisément, s'écartent, lorsque les dés s'écartent et se déplacent eux-mêmes sous l'action des mouvements du sol ; de là des inconvénients graves, des dangers de déraillement pour les machines et pour les trains. Aussi les dés sont-ils abandonnés généralement.

Quant aux traverses, elles offrent de nombreux avantages, et n'ont guère qu'un inconvénient, celui de coûter fort cher à établir, tout en n'ayant qu'une durée trop limitée. Parmi ces avantages, citons celui de transmettre à la voie la pression du convoi et de rendre le mouvement des trains fort doux, et cet autre, non moins important, de maintenir le parallélisme des deux lignes de rails.

Le chêne, le hêtre, le sapin, le pin, voilà pour la nature des bois employés. Mais tous ne se conservent pas également bien, et il n'y a guère que le chêne dont on puisse se servir sans préparation : c'est le bois qu'on emploie le plus en Belgique et en France ; tandis qu'en Angleterre, en Allemagne, les traverses sont le plus souvent en bois de sapin ou de pin préparé. Des injections de sulfate de fer ou de cuivre, de créosote, de chlorure de zinc, voilà, en deux mots, la nature des préparations le plus généralement adoptées. L'expérience prouve que ces substances, en pénétrant à l'intérieur des fibres, et en

8

prenant la place de la séve, donnent au bois une plus grande durée. Mais s'ensuit-il qu'il y ait dans l'emploi de ces procédés une réelle économie? C'est un point sur lequel les hommes compétents ne paraissent pas encore suffisamment édifiés, quel que soit leur désir d'assurer, de la sorte le salut de nos richesses forestières.

Veut-on avoir une idée de la quantité de bois que nécessite l'emploi des traverses? Voici un calcul fort simple qui satisfera la curiosité du lecteur à cet égard. Les pièces de bois choisies pour cet usage doivent être équarries, de façon à conserver le moins d'aubier possible — l'aubier est la partie la plus promptement attaquée par la pourriture — et on leur donne une longueur de 2^m,70 environ, sur une épaisseur de 0^m,15 à 0^m,20, et sur une largeur de 0^m,30 à 0^m,35 ; il est aisé d'en conclure qu'elles cubent un peu plus d'un décistère, ce qui ne fait pas dix traverses par mètre cube. Or on compte, pour chaque longueur de rail de 6 mètres, sept traverses. Calculez maintenant ce qu'exigent de traverses les 50,000 kilomètres dont se compose aujourd'hui la longueur totale des voies [1] du réseau des chemins de fer de France; multipliez le nombre des stères de bois par 60, prix moyen entre les prix extrêmes de 75 fr. et de 45 fr., et vous trouverez, sauf erreur, le capital énorme de 300 millions de francs, enfouis dans le ballast, sous formes de traverses. Bien plus, comme la durée de ces pièces de bois varie entre douze et quinze années, c'est, à chaque période de cet intervalle, un capital à renouveler, déduction faite toutefois de la valeur intrinsèque des bois hors de service.

Pour en finir avec les traverses, ajoutons qu'on a essayé de la forme triangulaire, puis demi-cylindrique ; mais qu'on a renoncé à toutes deux : à la première, parce qu'elle per-

---

[1] Je dis *des voies*, non *des lignes*, comptant dans ce nombre, outre la longueur de la double voie, celle des voies de service, si multipliées dans les gares et stations de tout ordre.

met difficilement l'aplomb de la pièce de bois sur le ballast; à la seconde, parce que les rondins, débités en deux par la scie, pourrissent rapidement sur la surface inférieure exclusivement formée d'aubier. Divers systèmes, aujourd'hui encore à l'essai, ont pour objet de substituer aux traverses en bois des traverses en fer de formes variées. Le principal avantage, on le comprend, serait d'éviter la dépense coûteuse du remplacement de traverses à chaque période de douze ou quinze années.

Il faut maintenant parler du rail. C'est la pièce essentielle, pivotale de tout le système.

Fig. 45. — Ancien rail à champignon simple.

Le *rail*, comme on sait, est une bande de fer posée de champ sur la voie. Il s'adapte sur les traverses, par l'intermédiaire de pièces en fonte, les *coussinets*. Faut-il raconter par quelles variétés de formes le rail est passé, depuis les premiers chemins de fer, jusqu'à nous? Cela nous entraînerait trop loin. Mentionnons seulement les principales formes adoptées aujourd'hui, et, pour éviter les longues descriptions, mettons-en les types sous les yeux du lecteur. Je donnerai les coupes faites perpendiculaire-

ment à la longueur, dans l'épaisseur du rail, ainsi que le
mode d'assemblage de la pièce de fer avec la traverse.

Voici d'abord le rail à champignon simple, terminé à
sa partie inférieure par un bourrelet symétrique (*fig.* 46).

L'une des faces du rail — c'est la face tournée vers l'in-

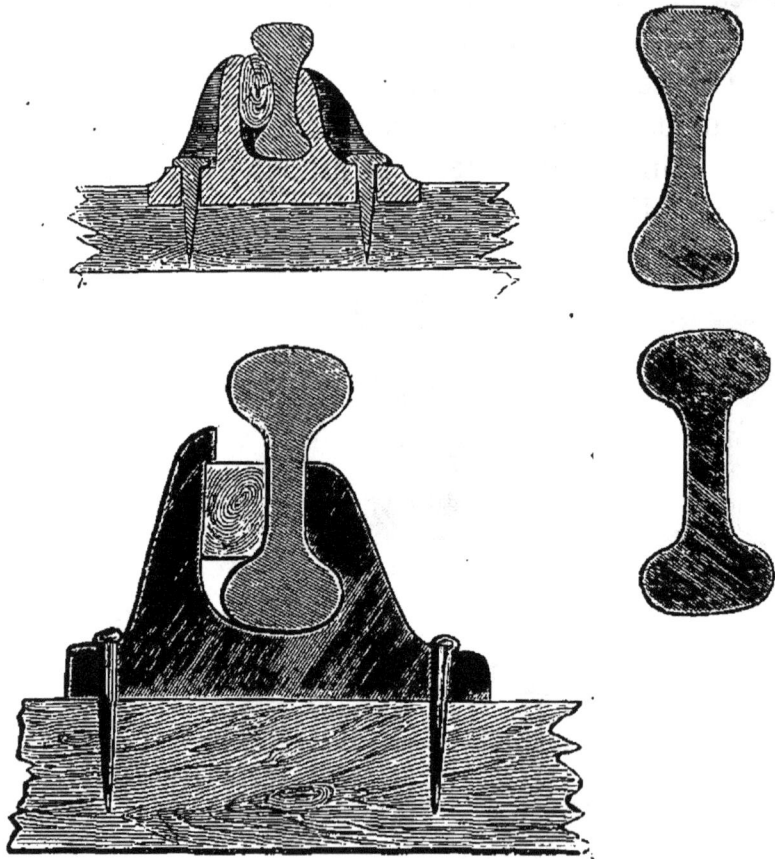

Fig. 47 et 48. — Rails à double champignon.

térieur de la voie — s'appuie exactement contre le coussinet, tandis que la face extérieure laisse, entre elle et le
coussinet, un jour dans lequel s'enfonce à frottement un
coin en bois. Ce dernier serre fortement les deux pièces
l'une contre l'autre. D'ailleurs le coussinet est fixé à la
traverse au moyen de deux chevillettes en fer. La forme
symétrique de cette espèce de rail permet de le retourner,

quand le frottement des roues a usé l'un des côtés du champignon.

Une autre forme a été généralement substituée à la première (*fig.* 47 et 48) :

C'est le rail à double champignon symétrique.

Le dessin précédent en fournit deux types, dont les profils diffèrent sensiblement, mais qui tous deux peuvent se retourner sens dessus dessous, de façon à substituer au champignon supérieur usé le champignon inférieur.

Nombre d'ingénieurs regardent aujourd'hui cet avantage comme fort problématique, et préfèrent le rail à simple champignon. Mais alors ils lui donnent différentes formes, ces deux-ci par exemple (*fig.* 49 et 50).

Le type dont la tige est la plus élancée — rail Vignole — offre une résistance à l'écrasement évidemment supérieure.

On les nomme rails *à patins*, parce qu'ils sont terminés à la partie inférieure, non

Fig. 49. — Rail à patin; type Vignole.

Fig. 50. — Rails à patins; type allemand.

plus par un bourrelet, mais par une semelle ou patin, qui permet de les appuyer sur les traverses sans l'intermédiaire du coussinet.

Des chevillettes en fer pénètrent par des trous pratiqués d'avance dans la semelle, et fixent le rail à la traverse; ou bien, des crampons également en fer maintiennent et serrent contre le bois la bande métallique. Ce dernier mode d'assemblage est préféré; vous devinez pourquoi : c'est que la traverse peut être fixée de la sorte en un point quelconque du rail, avantage que n'offre pas le premier mode[1].

Deux autres formes de rails ont été récemment l'objet d'essais importants. Le premier type — rail Brunel — supprime, comme le rail à patins, le coussinet; il se fixe à la traverse soit par des chevillettes, soit par des crampons. L'autre forme — rail Barlow — va plus loin; elle dispense de la traverse en bois, à laquelle on substitue une bande de fer, rivée aux rails par deux boulons. Dans ce dernier système, la double

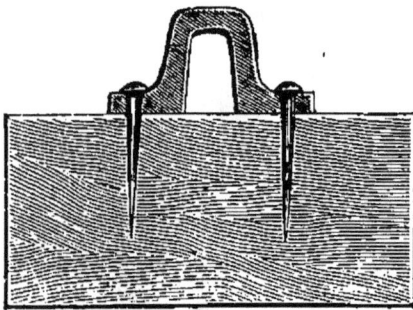

Fig. 51. — Rail Brunel.

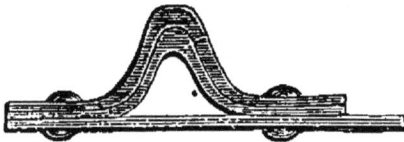

Fig. 52. — Rail Barlow.

semelle du rail repose directement sur le ballast. Ce dernier type est aujourd'hui à peu près abandonné.

Attendez-vous de moi maintenant que je discute les avantages et les inconvénients divers de ces systèmes? C'est affaire à de plus compétents. Chaque type a ses prôneurs et ses détracteurs[2] : c'est, il me semble, à l'expé-

---

[1] Aux crampons et aux chevillettes on préfère aujourd'hui des *tire-fonds*, sorte de chevillettes à vis, faciles à enlever en cas de réparations, et d'ailleurs très-solides.

[2] Disons cependant que le rail Vignole semble devoir se généraliser sur les chemins de fer de France : la suppression des coussinets,

rience de prononcer en souveraine ; ce qu'elle est en train de faire, car toutes les formes dont vous venez de voir l'image sont l'objet, non-seulement de nombreux essais, mais d'expériences sur une grande échelle, véritable condition d'épreuves réellement décisives. Les compagnies s'en occupent sérieusement. Il est probable que ces formes variées de rails, de coussinets et de leurs modes d'assemblage, trouveront suivant des circonstances diverses de sol, de climat, de matériaux, de circulation, leur emploi également rationnel.

Choisir un type de rail, l'adopter pour une ligne ou un tronçon de ligne, n'est pas la plus grosse affaire ; il faut procéder à la fabrication. Grave opération qui exige les connaissances les plus minutieuses en métallurgie pratique : l'industriel que la compagnie charge de cette fourniture importante est soumis à un traité dont les conditions sont stipulées avec la plus grande rigueur. Longueur, poids, profil, qualité de fer employé, section nette de la barre de fer, sont autant de points dont la surveillance est confiée à un agent spécial de la compagnie. C'est merveille de voir avec quelle minutie les cahiers des charges prévoient toutes ces circonstances.

La réception a lieu, en présence de l'agent dont nous venons de parler, et, aussitôt reçus, les rails sont marqués du poinçon de la compagnie. Une plaque d'acier, découpée selon la forme mathématique du type adopté, sert à la vérification du profil : c'est ce qu'en style d'ingénieur on nomme un *gabarit*.

Voici deux gabarits, l'un pour le rail à simple champignon, à bourrelet inférieur, l'autre pour le rail à patins que l'on a substitué, sur la ligne du Nord, au rail à double champignon (*fig.* 53 et 54).

---

la diminution des frais d'entretien, une traction plus douce, tels sont, paraît-il, les motifs de cette préférence.

Cette multitude de lignes ponctuées, droites et circulaires, que j'ai conservées à dessein, vous montrent avec
quelle précision toutes les parties du profil sont calculées. C'est après une série innombrable d'essais, de tâtonnements, d'expériences que le profil déterminé par ces
courbes géométriques a été enfin exécuté.

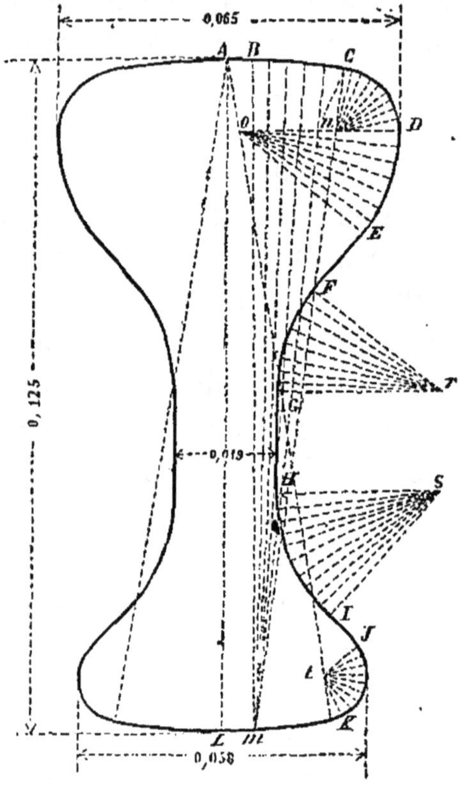

Fig. 53. — Gabarit d'un rail à simple champignon.

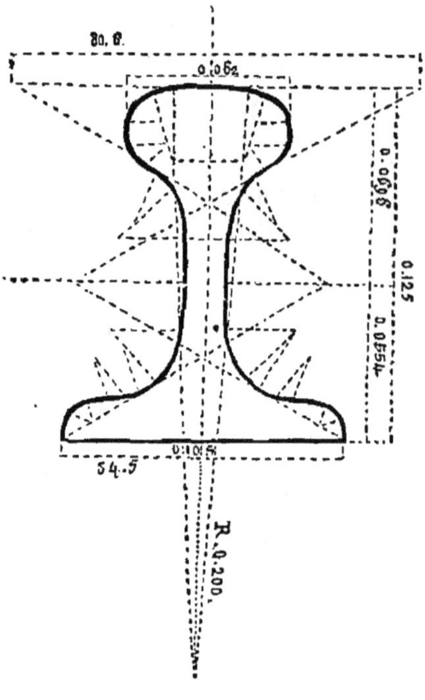

Fig. 54. — Gabarit d'un rail Vignole.

Croyez-vous que ces déviations, en apparence si minimes, soient réellement insignifiantes? Calculez. Un centimètre carré de plus ou de moins sur la section fait une
centaine de centimètres cubes par mètre courant de rail,
par kilomètre un dixième de mètre cube, en poids, 779
kilogrammes. Combien, sur 100,000 kilomètres de files de
rails? Près de 60,000 tonnes; et à 239 fr. la tonne, le
prix dépasse 17 millions de francs. Telle serait l'impor-

tance, pour le réseau français actuel, d'un aussi faible changement sur le gabarit du rail. Néanmoins on conçoit que de telles considérations ne sont pas les plus importantes parmi toutes celles qui dictent le choix de l'ingénieur : la résistance à l'écrasement, à la flexion, l'usure plus ou moins grande selon la surface en contact avec les roues, autant d'éléments dont le calcul fait pâlir sur le papier plus d'un chercheur.

La fabrication d'un rail à l'usine est une opération dont la description ne manquerait pas d'intérêt, mais nous entraînerait trop loin. Examinons seulement ce dessin :

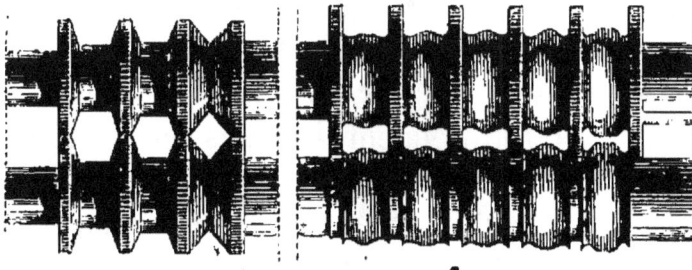

Fig. 55. — Trains lamineurs pour la fabrication des rails.

Voyez-vous les espaces, successivement plus étroits et plus allongés, compris entre les cylindres de ces deux trains lamineurs, et dont le dernier à droite a la forme du gabarit d'un rail à double champignon? cela vous représente les diverses formes par lesquelles passe la barre de fer qui devient un rail.

Je termine par la citation de quelques-uns des nombres adoptés pour la dimension et le poids des différents types. La longueur est généralement de 6 mètres, le poids varie de 36 à 37 kilogrammes par mètre courant. Au début, dans les premiers chemins, le poids était beaucoup moindre, mais aussi le matériel roulant, surtout les locomotives, était beaucoup moins pesant : on avait alors des rails pesant 13 à 17 kilogrammes par mètre. Puis, peu à peu, les machines employées devenant de plus en plus puis-

santes — traduisez de plus en plus lourdes, ce sont choses
corrélatives — les poids des rails ont peu à peu augmenté, jusqu'aux nombres actuels. Le rail Vignole à patin, dont vous avez vu plus haut le gabarit, pèse 222 kilogrammes : comme l'indiquent les chiffres du dessin, il
a 125 millimètres de hauteur totale, et son champignon
a 62 millimètres de largeur.

Nous devons ajouter ici un détail qui a son importance. Depuis quelques années, la fabrication de l'acier a
pris des développements si considérables qu'il y a une
tendance générale à substituer aux rails en fer les rails
en acier. Ainsi, en 1874, les diverses compagnies des lignes françaises ont reçu un total de 227,894,967 kilogrammes de rails : or, sur ce total, près de la moitié,
soit 102,257,760 kil. étaient des rails en acier. On conçoit la raison de cette préférence : les qualités de résistance de l'acier sont connues de tout le monde, et aujour-
d'hui il y a peu de différence entre les prix de l'acier et
du fer.

Il faut parler maintenant de la pose de la voie. S'agit-il
du système ordinaire, rails à double champignon, coussinets, traverse? alors, avant de placer les traverses sur la
voie, il reste à en faire le *sabotage*. Voilà encore un mot
nouveau, mis en circulation par le chemin de fer ; saboter
une traverse, c'est la munir de deux cousinets dans lesquels sont placés les rails. Chaque coussinet est fixé dans
une entaille, pratiquée dans les bois de la traverse, au
moyen d'un gabarit spécial, c'est-à-dire d'un modèle ainsi
composé : deux bouts de rails fixés aux extrémités d'une
barre de fer — à une distance telle que l'écartement soit
précisément égal à la largeur de la voie projetée — sont
placés dans deux coussinets et inclinés vers leur milieu
d'une façon convenable ; je dirai tout à l'heure pourquoi
cette inclinaison. Ce gabarit, placé sur chaque traverse,
sert à tracer les entailles. L'ouvrier chargé du sabotage

Fig. 56. — Fabrication des rails au Creuzot.

exécute l'entaille et, par des essais successifs du gabarit,
lui donne l'inclinaison voulue. Puis, il perce les trous destinés aux chevillettes, les enfonce et de la sorte achève la
pose du coussinet.

Voici une traverse munie de ses deux coussinets; les
rails y sont figurés par leur profil. Il importe que l'as

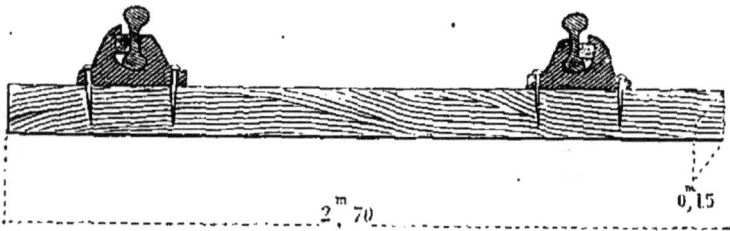

Fig. 57. — Assemblage d'une traverse et des coussinets.

semblage du coussinet et de la traverse ait la plus grande
solidité possible; ai-je besoin d'en dire la raison? Il faut
aussi qu'ils soient placés de telle sorte que l'inclinaison
des deux rails vers le milieu de la voie soit constante.
Voici pourquoi cette inclinaison : la poussée latérale des
roues tendrait, si le rail était posé verticalement sur la
traverse, à la faire céder vers l'extérieur de la voie, par
suite à le coucher dans ce sens. L'inclinaison est de 1/20
sur les parties droites d'une ligne; elle va jusqu'à 1/10
dans les parties courbes.

Dans le système de rails à patins, les traverses ne sont
point sabotées[1], par la raison fort simple que les coussinets sont supprimés. La figure 58 représente une traverse
de ce genre munie de ses deux rails.

Le sabotage terminé, les traverses sont posées sur le
ballast, à des distances de 90 centimètres, d'axe en axe;

[1] A moins qu'on entende par sabotage l'entaillage des traverses et le
percement des trous destinés à recevoir les tire-fonds : un ingénieur
distingué, M. A. Castor, s'est servi, pour cette double opération, d'une
ingénieuse machine mue par la vapeur, dont l'invention lui est due,
et qui a fonctionné sur les lignes de Soissons et de Chantilly.

sept traverses, nous l'avons déjà vu, pour un rail de 6
mètres. Les deux traverses entre lesquelles se trouvent les

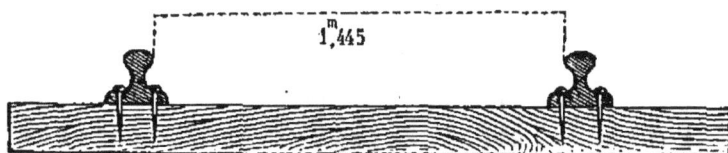

Fig. 58. — Assemblage d'une traverse de voie Vignole.

bouts de deux rails consécutifs sont dès lors distantes de
60 centimètres au lieu de 90. Mais voici d'une part un
plan, d'autre part une vue en perspective d'une portion

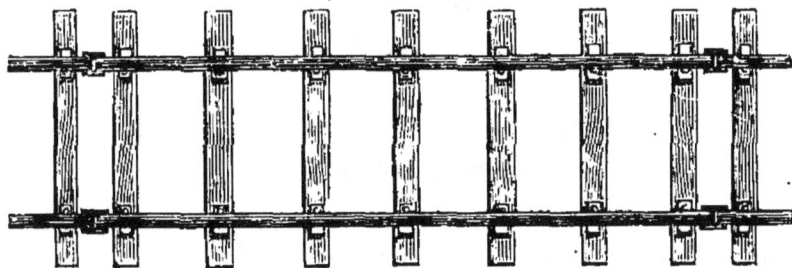

Fig. 59 et 60. — Vue et plan d'une portion de voie.

de voie, qui me dispenseront d'une plus longue description (*fig.* 59 et 60).

Comment sont réunis les deux bouts de rails? Dans le dessin qui précède, c'est par le moyen de deux pièces en fonte fixées latéralement dans les rainures des rails, et solidement unies par des boulons. Lorsqu'on ne se sert pas d'*éclisses*—c'est le nom de ces pièces—les abouts des rails portent sur une traverse et sont réunis dans un coussinet spécial. Si la pose des rails est bien faite, les joints sont tels, que les voitures, en passant d'un rail à l'autre, n'éprouvent qu'une très-faible secousse, condition aussi agréable au voyageur que favorable à la conservation du matériel. Je n'ai rien dit des précautions à prendre pour que la pose des traverses se fasse avec le niveau convenable, ni du bourrage du sable à ses extrémités, ni du redressement de la voie; mais je ne puis m'empêcher de mentionner ce qui concerne l'écartement des bouts des rails à leurs joints; car il ne faut pas croire que les rails se touchent bout à bout. La raison en est simple : comme le fer se dilate par la chaleur, et au contraire se contracte sous l'influence d'un abaissement de température, il faut de toute nécessité laisser à cette dilatation le jeu dont elle a besoin. La pose a-t-elle lieu en hiver, on laisse 4 millimètres d'espace; 2 millimètres seulement, si cette pose a lieu en été. Sans cette précaution qu'arriverait-il? Vous allez faire vous-même la réponse : Les rails, en s'allongeant se comprimeraient les uns les autres par leurs extrémités, le niveau de la voie s'infléchirait, et les coussinets pourraient sauter.

Pour terminer ce qui concerne la pose régulière de la voie, disons un mot de quelques systèmes récemment mis à l'essai.

Voici le plan d'une portion de voie d'après le système Pouillet (*fig.* 61) [1].

---

[1] Système adopté d'abord par le chemin de fer de Ceinture et la ligne du Nord.

Ici, les traverses n'ont plus que 2ᵐ,05 de longueur, 0ᵐ,16 de largeur, 0ᵐ,05 d'épaisseur moyenne ; mais elles reposent à leurs extrémités sur des tablettes en bois, nom-

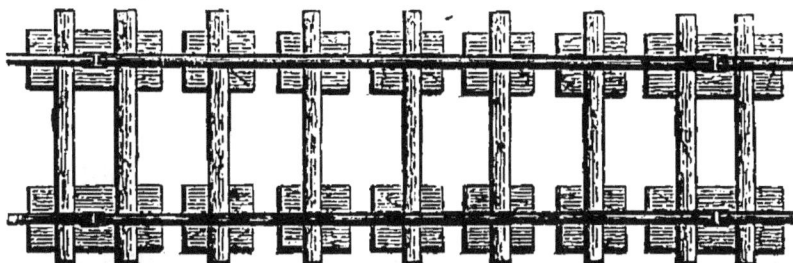

Fig. 61. — Pose de voie, système Pouillet.

mées *tables de pression*, auxquelles elles sont fixées par des boulons. Dans les joints, la table de pression, de dimension plus grande, réunit deux traverses. Ce mode de pose avait pour principal avantage de donner à la voie une grande stabilité, mais l'élévation des frais d'entretien, la

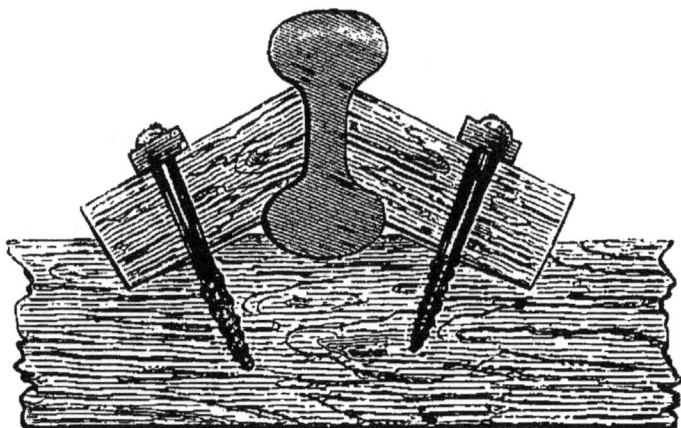

Fig. 62. — Serre-rails Barberot.

difficulté du bourrage du sable sous les tablettes, et divers autres inconvénients l'ont fait abandonner.

Il y a enfin le système Barberot, qui supprime le coussinet, et laisse le rail reposer directement sur la traverse. Le dessin ci-dessus en donnera une idée :

Deux cales en bois debout maintiennent de chaque côté le rail, dont elles épousent la forme, et sont elles-mêmes solidement fixées à la traverse par des tire-fonds. La pose des serre-rails Barberot exige évidemment que les traverses soient entaillées de chaque côté du rail, et en sens contraire. Enfin les deux tire-fonds passent dans deux brides en fer qui assurent la solidité des cales. L'emploi de ce système rend la voie très-douce et très-stable, mais à la condition de n'employer le serre-rails que pour les supports intermédiaires, et de réunir les joints par des éclisses.

Il est probable, comme nous l'avons dit plus haut, que les ingénieurs parviendront, par la substitution des traverses en fer aux traverses en bois, à modifier complètement les divers systèmes de pose de voie et d'attaches des rails. Les essais se font : c'est l'expérience qui prononcera.

J'aurai tout dit relativement à la pose de la voie, du moins dans les bornes que comporte cette description toute familière, si j'ajoute que, dans les courbes, le rail extérieur doit être placé à un niveau plus élevé que le rail de la partie concave, dans une proportion qui croît avec la diminution du rayon de courbure; que l'écartement extérieur des rails y varie pareillement; que la pose enfin doit être, sur les ouvrages d'art, l'objet d'un soin tout particulier. Il faut que la couche de ballast soit assez épaisse pour amortir les vibrations dues au passage des convois; cette couche sert en outre à préserver les ouvrages en bois des incendies que pourrait occasionner le contact des débris de coke enflammés dont les locomotives jonchent presque toujours leur route.

Il me reste à parler maintenant de ce qu'on a coutume d'appeler les *accessoires de la voie*, c'est-à-dire, pour être exact, de ce qui en constitue une partie essentielle.

VIII

LES ACCESSOIRES DE LA VOIE

Pour peu que vous ayez parcouru l'intérieur d'une gare
de premier ou même de second ordre, vous n'êtes pas
sans avoir été frappé de la multitude des voies de service
qui s'y croisent de mille manières, et sans vous être demandé comment les convois peuvent reconnaître leur
route dans cet écheveau en apparence si embrouillé. La
difficulté paraît d'autant plus sérieuse, que c'est là précisément que les mouvements des trains, des wagons de
voyageurs et de marchandises, des locomotives isolées
enfin est le plus considérable. Ici une voie se bifurque,
en traverse une autre, pour rejoindre une troisième ; là
une voie se divise en trois ou quatre directions différentes, traverse perpendiculairement des voies parallèles, etc., etc.

Comment les manœuvres qui résultent de ces changements divers s'exécutent-elles? C'est ce que nous allons,
si vous le voulez bien, examiner ensemble.

Deux cas se présentent que les ingénieurs ont dû tout
d'abord distinguer : celui où il s'agit d'une file de voitures,
d'un convoi qui doit marcher d'ensemble, locomotive en
tête; celui d'une voiture ou d'une machine isolée. Les
appareils qui servent aux manœuvres varient selon l'un

9

ou l'autre des deux cas dont nous parlons. Examinons-les successivement.

Une voie se bifurque : comment faire passer un train sur l'une ou l'autre branche à volonté ? Premier problème. L'appareil qui le résout se nomme un *changement de voie*. Le changement de voie peut être simple, double, triple, selon le nombre des branches de la voie principale. Le changement de voie est, dans ce cas, suivi d'une *traversée de voie*, l'une des branches rencontrant nécessairement l'autre, à une certaine distance du changement. Enfin deux voies peuvent se couper ; cela nécessite un nouvel appareil, qui a reçu le nom de *croisement de voie*.

La figure géométrique suivante donne un exemple de chacun de ces cas (*fig.* 63).

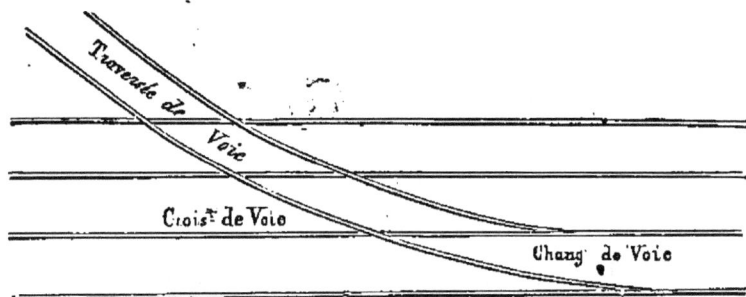

Fig. 63. — Changement, croisement et traversée de voie.

Arrivons maintenant aux appareils eux-mêmes.

Et d'abord, je n'ai pas besoin, je pense, d'insister sur la difficulté qui se présente et que vous avez comprise. Les roues des voitures, avec leurs rebords en saillie, seraient obligées de monter sur les rails d'une voie pour passer sur les rails de l'autre, ce qui amènerait presque infailliblement, outre une très-brusque secousse, un déraillement de tout le train. Il y a donc nécessité d'interrompre les voies aux points de traversée ou de croisement. Mais comme alors, la secousse ainsi évitée, le déraillement resterait encore à craindre, on prévient ce danger en pla-

çant vis-à-vis les points d'interruption des portions de
rails dont la longueur varie suivant les cas : ce sont les
contre-rails. Voici deux figures qui montrent comment on
dispose ces contre-rails, soit dans le cas d'un croisement,
soit dans celui d'une traversée de la voie :

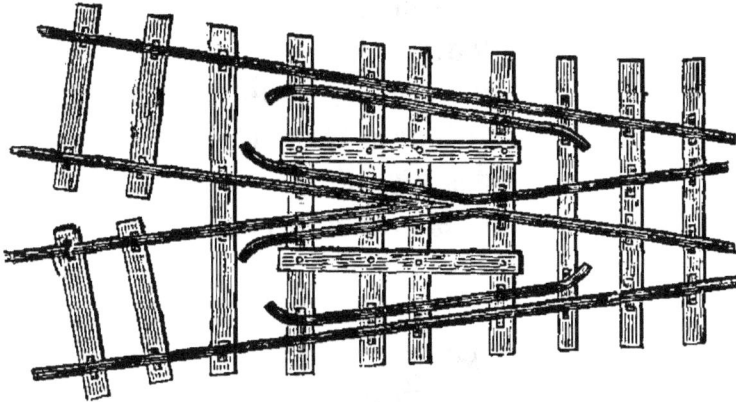

Fig. 64. — Appareil de croisement de voie.

Les traverses, qui portent les diverses portions de rails
dont se compose le croisement ou la traversée de voie,

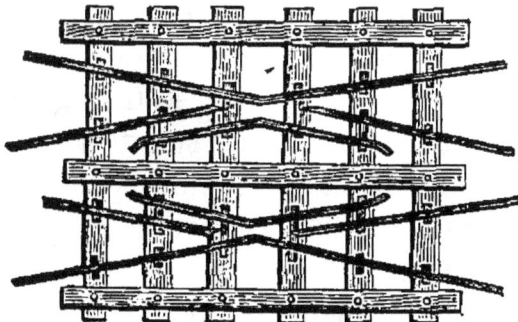

Fig. 65. — Traversée de voie.

sont toujours reliées
ensemble par des
pièces de bois longi-
tudinales ; l'ensem-
ble forme une sorte
de châssis. Inutile de
dire que le but de
cette disposition est
de maintenir l'inva-
riabilité du système.

Un mot maintenant des changements de voie qui exigent des appareils plus complexes. Le problème à résoudre était celui-ci : Comment un convoi, marchant sur la
voie principale, peut-il à volonté s'engager sur l'une ou
sur l'autre des deux ou trois voies de bifurcation ? On
s'est servi, pour la solution de ce problème, d'un grand

nombre d'appareils divers. Je vais me borner à vous faire
connaître l'un des plus généralement adoptés : quand vous
en aurez bien compris la manœuvre, il vous sera aisé de
saisir le mécanisme de tous les autres.

Au point de bifurcation des deux voies, deux portions
de rails, fixées à une *même traverse par une de leurs* extrémités, et pouvant tourner librement dans le plan horizontal, sont taillées en biseau, de manière à avoir la forme
d'aiguilles effilées par leur autre extrémité. Ces bouts de
rails, qu'on nomme des *aiguilles*, sont reliés latéralement
par deux tiges de fer, et dès lors se meuvent solidaire-
ment. A l'aide d'un levier établi près de la voie, et dont
la figure ci-dessus indique la situation, un employé, spécialement chargé de ce service, fait prendre aux deux aiguilles, soit la position marquée sur le plan en traits
pleins, soit la position qu'indiquent les lignes ponctuées.
Il est facile de voir alors que le convoi qui se meut sur
la ligne principale prendra tantôt l'une, tantôt l'autre des
deux voies de bifurcation. La forme en biseau de chaque
aiguille permet à celle-ci de se loger sous le rail voisin, ce
qui lui donne un aplomb que sa mobilité rend indispensable ; dans les systèmes où l'aiguille reste isolée au passage du convoi, elle est sujette à déverser, sous la pression
des voitures et surtout de la locomotive.

Pour achever l'explication du système d'aiguilles appliqué au changement de voie, j'ai joint au plan de l'appareil
une coupe verticale qui montre de quelle manière fonctionne le levier manié par l'aiguilleur. Ce levier occupe-
t-il la position que lui donne le dessin, l'aiguille de gauche
est ramenée sous le rail voisin, tandis que celle de droite
se sépare du rail correspondant : la voie libre est, dans ce
cas, celle qui est à droite, dans le sens du mouvement.
Le levier prend-il au contraire la position opposée, c'est-
à-dire vers la gauche, l'inverse a lieu : l'aiguille de droite
se loge sous le rail, celle de gauche s'écarte du rail

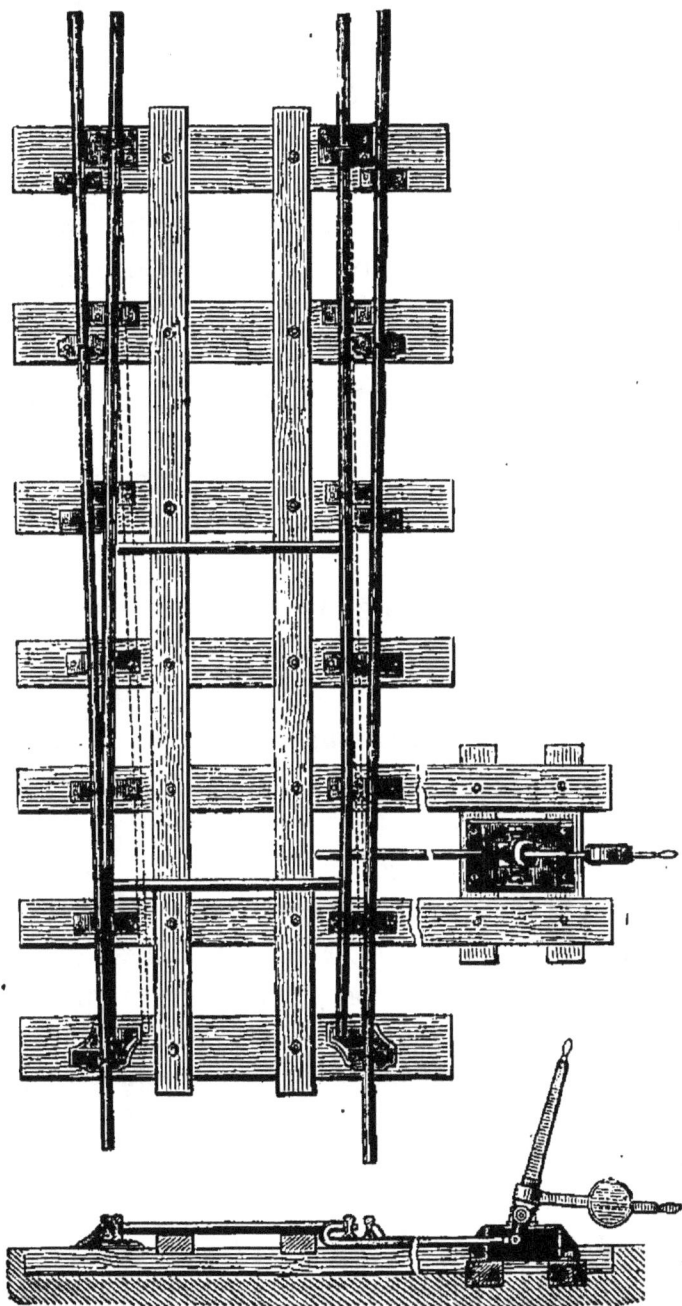

Fig. 66. — Aiguilles pour un changement de voie simple.

voisin, et la voie de gauche devient libre pour le train
en marche.

On peut voir que le bras du levier est muni d'un contre-
poids qui sert à le maintenir fixement dans l'une ou
l'autre des deux positions, sans que l'aiguilleur ait plus
à s'en occuper. Il ne s'agit pour lui, dans ce système, que
d'imprimer aux aiguilles le mouvement qui leur convient.
Cette manœuvre n'exige d'ailleurs qu'exactitude et sang-
froid. Elle demande à être confiée à des hommes sûrs,
éprouvés ; mais, une fois exécutée, l'appareil se maintient
de lui-même dans la position qu'il doit conserver pendant
le passage entier du train.

J'ai dit que les bouts de rails formant les aiguilles sont
tantôt de même longueur, tantôt inégaux. Quelle est la
raison de cette différence ? La voici : quand la voie principale se bifurque en deux autres voies, dont la courbure
à droite et à gauche est également prononcée, tout étant
dans ce cas parfaitement symétrique, on conçoit que les
aiguilles doivent être égales. Mais, si la voie principale
restant droite, l'autre affecte une courbure à droite ou à
gauche de la première, on risquerait, avec des aiguilles
égales, de faire engager les roues d'un même wagon sur
deux voies différentes ; cette circonstance se présenterait
toutes les fois que, le mécanisme fonctionnant imparfaitement, l'une des aiguilles ne viendrait pas se loger tout
à fait sous le rail. Il pourrait résulter de là un déraillement.

Voyez maintenant ce changement double (*fig.* 67), c'est-
à-dire à trois voies. Le système d'aiguilles est double,
mais à cela près il fonctionne comme l'autre, et l'inspection de la figure le fera comprendre. Qu'il me suffise de dire
que l'accès d'une des deux voies extrêmes, à droite ou à
gauche, est libre, quand les aiguilles d'un côté sont toutes
deux logées sous le même rail, et que les deux autres en
sont séparées ensemble ; tandis qu'en supposant libre la

voie intermédiaire, il y a, de chaque côté à la fois, une aiguille sous le rail et une aiguille écàrtée du même rail. Ce détail explicatif permettra de saisir du premier coup le mécanisme d'un changement à trois voies.

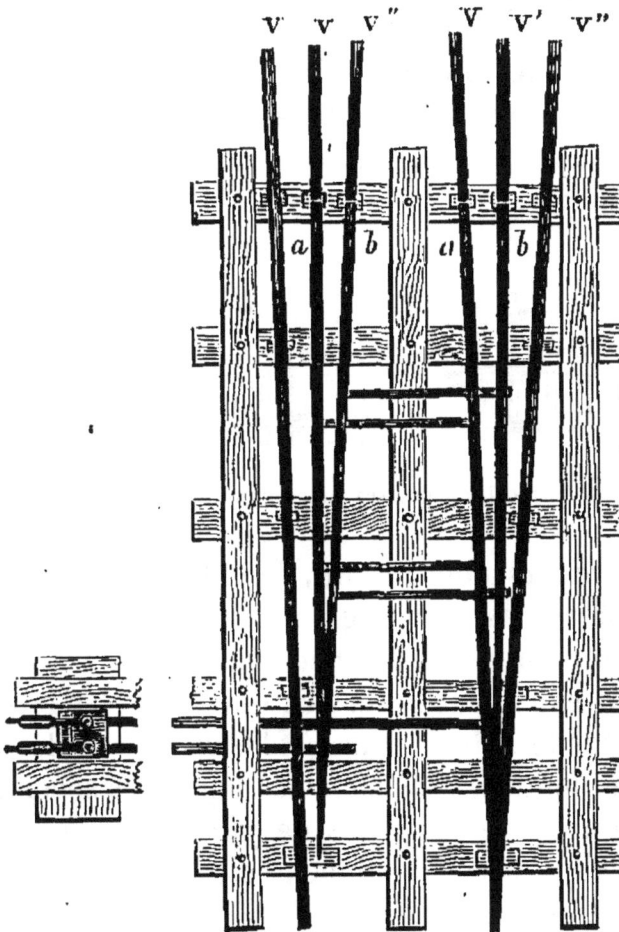

Fig. 67. — Aiguilles pour un changement de voie double.

Les contre-rails, les pointes et les coudes, dans les traversées et croisements de voie, et les aiguilles, dans les changements, se détériorent avec rapidité quand ils sont en fer ordinaire. Aussi emploie-t-on, soit du fer au bois de première qualité, soit de l'acier fondu proprement dit, ou de l'acier Bessemer [1]. En outre, il importe que tous ces appareils soient établis avec une grande solidité : on ne doit donc pas ménager, dans ces parties de la voie, le nombre et la qualité des traverses.

Avant de passer à la description des plaques tournantes, examinez ce dessin, qui comprend un changement et un croisement de voies; il vous donne une idée de la manière dont sont disposées les traverses aux points de jonction des deux voies, l'une rectiligne, l'autre oblique et courbe :

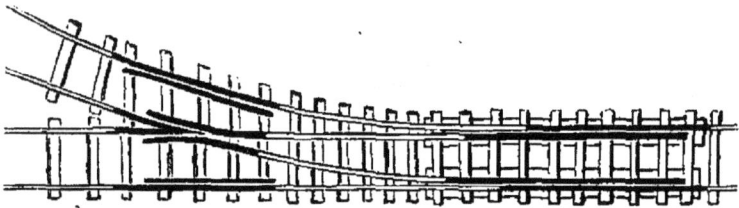

Fig. 68. — Disposition des traverses dans les changements de voie.

Il arrive à chaque instant, dans les gares, qu'on a besoin de faire passer d'une voie sur une autre, soit pour les remiser, soit pour les nettoyer, les réparer, les entretenir, soit enfin pour le service quotidien, les locomotives et leurs tenders, les voitures et les wagons isolés de toute sorte. On emploie à cet effet des appareils spéciaux, auxquels on a donné les noms de *plaques tournantes* et de *chariots de service*. Le moment est venu de dire un mot des uns et des autres.

Tout le monde a pu voir, à l'intérieur des gares, trois ou quatre hommes manœuvrer un wagon, qu'ils font tourner lentement au-dessus d'un grand disque, de diamètre variable, et mobile avec la voiture qu'il supporte. Ce disque est une plaque tournante. On a pu aussi, à l'arrivée dans une station un peu importante, ressentir une

---

[1] On avait d'abord adopté l'acier puddlé; mais sa qualité trop variable l'a fait généralement abandonner.

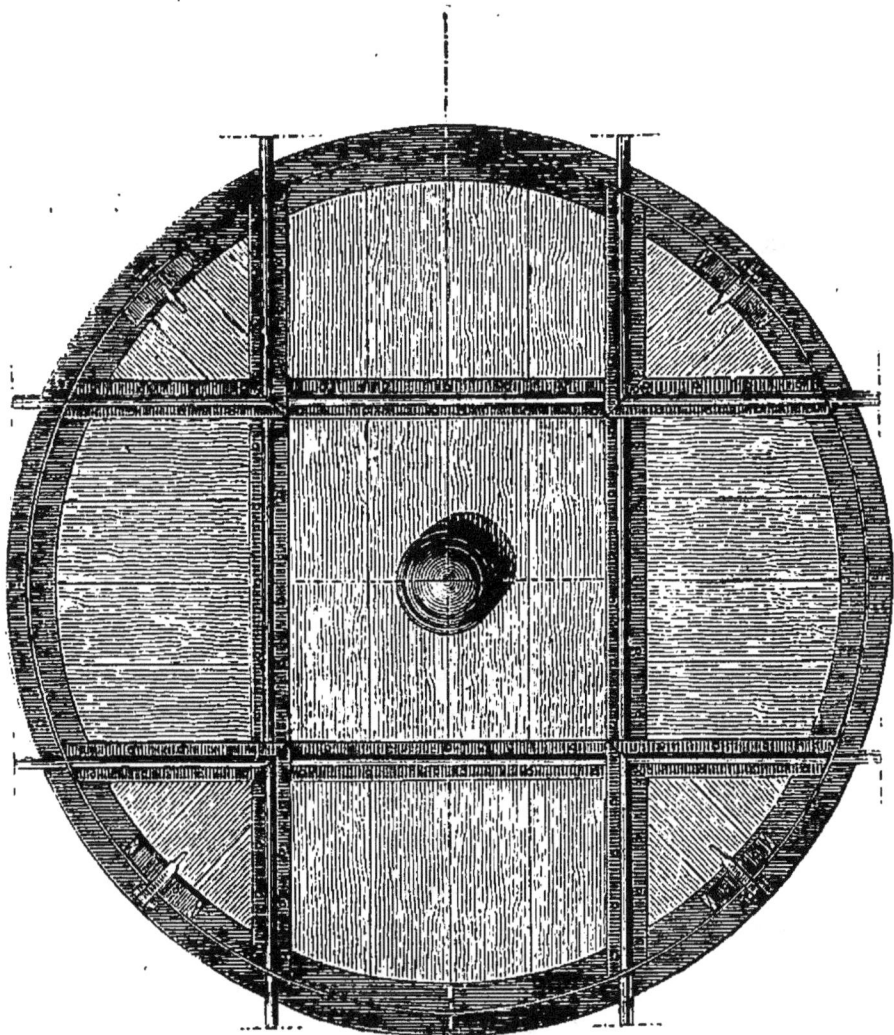

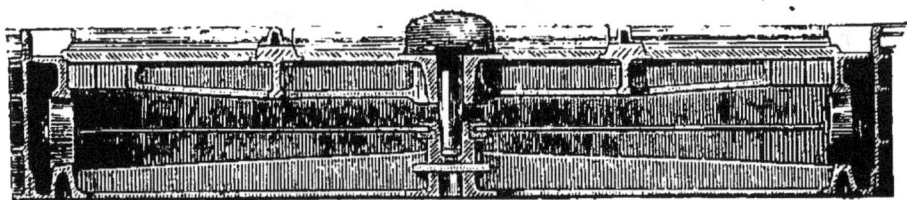

Fig. 69. — Plaque tournante rectangulaire; vue intérieure de la fosse.

secousse qui se répète à chaque voiture, en laissant entendre un son métallique. Cette secousse est produite par
le passage du train sur une ou plusieurs plaques. Le
mécanisme des plaques tournantes est aussi facile à
comprendre que leur emploi. En quoi consiste-t-il? Le
voici :

Sur le fond d'une fosse circulaire, de 80 centimètres
environ de profondeur, de diamètre variable, repose ce
qu'on nomme la partie fixe de la plaque. Elle se compose
principalement d'un cercle métallique, portant à sa circonférence un sorte de rail circulaire, dont la forme est
précisément celle du rail Brunel. C'est sur ce cercle que
roule le plateau mobile de la plaque. La surface de roulement en est tournée avec le plus grand soin.

La seconde partie essentielle d'une plaque tournante
est aussi composée, à sa partie intérieure, d'un cercle
de roulement, le plus souvent venu de fonte d'un seul
morceau, et relié à la partie centrale, comme le premier,
par des bras métalliques. Des galets roulent entre ces deux
cercles, comme sur les rails d'un chemin de fer, avec cette
différence, qu'il y a double ligne de rail au-dessus et au-
dessous et que les disques ont une forme conique qui facilite le glissement de la plaque mobile. Enfin, cette dernière repose sur un pivot en fer tourné, dont le sommet
arrondi est constamment lubrifié par l'huile d'un godet
situé au-dessous et au centre de la plaque; une cloche
en fonte recouvre ce godet, de façon à le mettre à l'abri
de la poussière.

Il est facile maintenant de concevoir comment le plateau mobile, portant sur sa surface supérieure des portions de voie qui forment entre elles un certain angle, peut
servir à faire passer un véhicule d'une voie sur une autre.
Donnons-en quelques exemples.

Voyez d'abord une plaque tournante, à voies rectangulaires (*fig.* 69) : quatre bouts de rails formant un carré, des

coins de même nombre faisant suite aux rails permettront évidemment à une voiture qui repose sur la plaque de passer d'une voie sur une autre qui coupe la première à angle droit. Il suffira de faire décrire au plateau mobile un quart de tour. D'ailleurs, la continuité des voies qui se croisent ainsi n'est pas interrompue. Le même dessin représente une vue intérieure ou coupe verticale de la plaque, et achève ainsi de faire comprendre la description qui précède.

Le plateau supérieur des premières plaques tournantes était le plus souvent en fonte ; mais on a reconnu l'inconvénient de ce mode de recouvrir la partie mobile, parce que la fonte se brise sous le choc d'un wagon qui vient à dérailler sur la plaque. On préfère aujourd'hui, du moins sur plusieurs lignes, les plateaux en bois [1].

Une série de plaques rectangulaires, placées en files, sur des voies parallèles, permet aux véhicules de passer d'une voie sur l'autre, sans qu'aucune d'elles soit interrompue. J'en donne un exemple pour trois lignes parallèles (*fig.* 72). Des bouts de rails, posés entre les plaques, rendent la voie transversale continue. Cette disposition nécessite qu'il y ait, entre les voies ainsi desservies, une distance assez grande, pour ne pas donner lieu à l'intersection des circonférences des plaques. Quand il en est autrement, on

---

[1] On a même construit des plaques tournantes entièrement en bois : de tels appareils sont beaucoup plus économiques, on le conçoit ; mais ils offrent l'inconvénient de se détériorer sous l'influence des variations hygrométriques, et d'ailleurs ne peuvent être placés, à cause de la pluie, que dans des magasins ou sous des halles couvertes.

Le choc des wagons sur les angles, ou *croisillons*, des voies établies sur des plaques, détériorant très-vite les rails en ces points, a suggéré l'idée de fabriquer ces croisillons en acier fondu.

Enfin on emploie beaucoup, depuis quelques années, des plaques en tôle dont la qualité principale est la solidité. Tous ces appareils, quelle qu'en soit la forme, demandent à être établis avec un soin particulier.

emploie des plaques à trois voies ou hexagonales, dont voici le modèle :

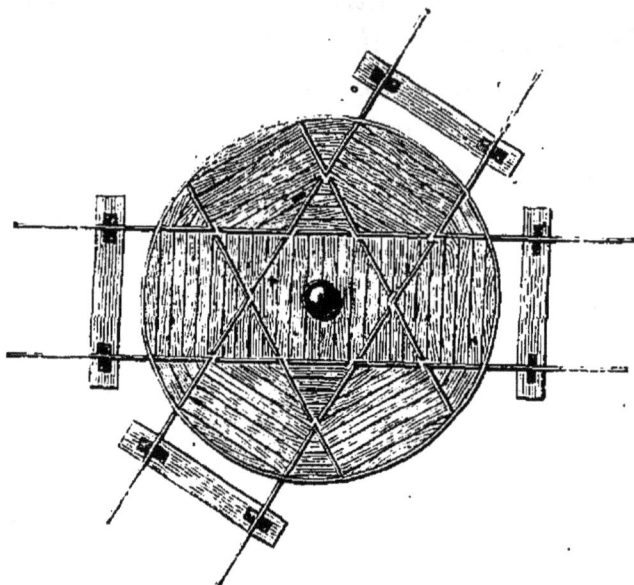

Fig. 70. — Plaque tournante hexagonale.

Ce genre de plaques, comme on peut le voir dans la figure 70, peut desservir deux voies qui se croisent sous un angle de 60°. Mais il s'agit de réunir deux voies parallèles, on leur donne la disposition de la figure 71, également adoptée pour un plus grand nombre de voies.

A l'origine, le diamètre des plaques tournantes variait entre 3^m,40 et 4^m,80. Aujourd'hui le minimum de cette dimension est 4^m,80, et l'on en fait un grand nombre, alors destinées au mouvement des locomotives et de leurs tenders, dont le diamètre mesure plus de 12 mètres. Cette augmentation est corrélative d'un accroissement dans les dimensions des véhicules, et permet de pourvoir largement à toutes les modifications futures.

Un mot maintenant sur le prix de revient des plaques tournantes.

Une plaque de 3^m,40 de diamètre coûte — nous pre-

nons le chiffre dans des documents officiels — 2,321 fr.
85 c., sans la pose, qu'on évalue à 55 fr. Le prix d'une
plaque de 4^m,20 est de 3,535 fr. 38 c. et, avec la pose,
de 3,605 fr. 38 c. Mais si, des plaques pour wagons et

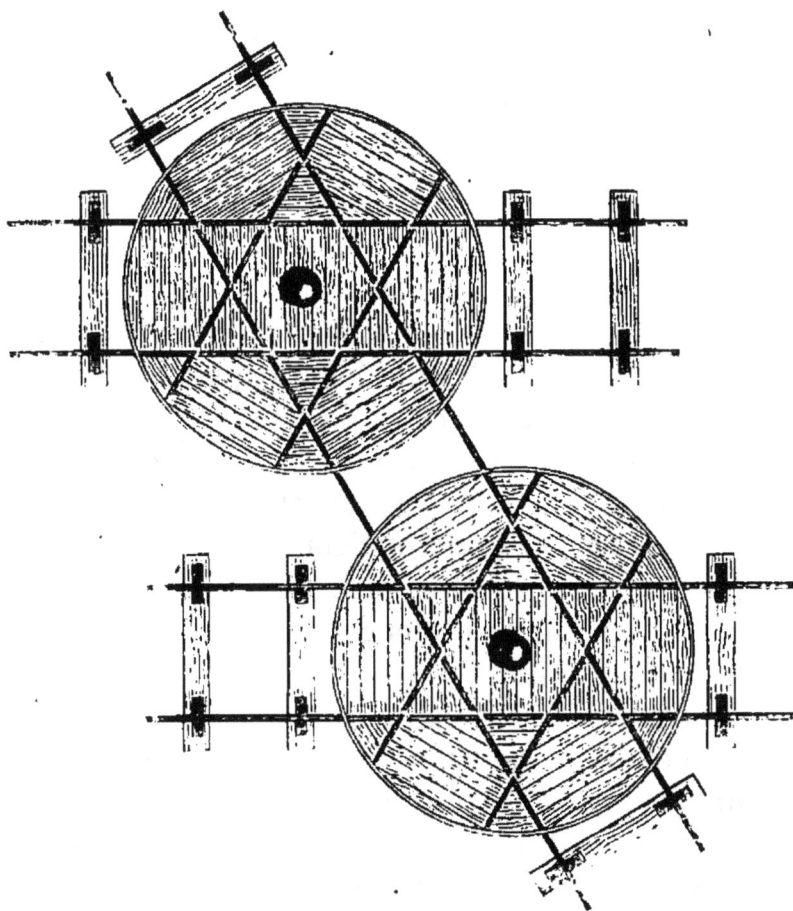

Fig. 71. — Système de plaques hexagonales pour voies parallèles.

voitures, on passe à celles de 10 à 12 mètres, pour locomotives avec leurs tenders, le prix de revient augmente au
moins à proportion de la surface. Ainsi le prix d'une plaque de 12 mètres du chemin du Nord monte à 29,475 fr.
77 c., sans compter la pose et le montage.

Sur ce chapitre, du reste, comme sur bien d'autres, on

en est toujours aux expérimentations. Les plaques anciennes en fonte sont remplacées par des plaques en fonte et en tôle ; les détails en sont modifiés de manière à obtenir un fonctionnement meilleur. Mais aussi il est à noter que de telles modifications se traduisent invariablement par des appareils plus coûteux, au moins quant à la dépense de premier établissement.

Ceci nous amène à dire un mot des chariots de service.

Le prix considérable des plaques tournantes a décidé la plupart des compagnies de chemins de fer à employer, pour le service des gares, des appareils d'une autre nature. Ce sont des chariots circulant sur des voies transversales, établies en contre-bas des voies parallèles, qu'elles doivent desservir. Ces chariots portent, sur leur plancher supérieur, une voie dont le niveau est le même que celui des rails de ces voies. Un véhicule placé sur ce chariot peut donc passer sur l'une quelconque d'entre elles : il suffit pour cela de le faire mouvoir jusqu'à ce que les rails se trouvent sur le prolongement exact des rails de la voie dont il s'agit.

L'inconvénient de ces engins est d'interrompre les voies qu'ils ont pour objet de desservir. Aussi est-on parvenu à leur substituer des chariots qui circulent sur des rails de même niveau. Des pompes, faisant partie d'une sorte de machine hydraulique, permettent de hisser les voitures sur le chariot, qui se trouve alors placé à l'intersection de la voie transversale et de la voie sur laquelle repose la voiture. Roulant alors le chariot jusqu'à la ligne qu'on veut faire prendre au véhicule, on supprime le jeu de l'appareil hydraulique, et la voiture est déposée sur les rails de la nouvelle voie.

D'autres systèmes de chariots, dont la description m'entraînerait trop loin, fonctionnent aussi sur plusieurs lignes françaises et étrangères. J'ajouterai seulement que

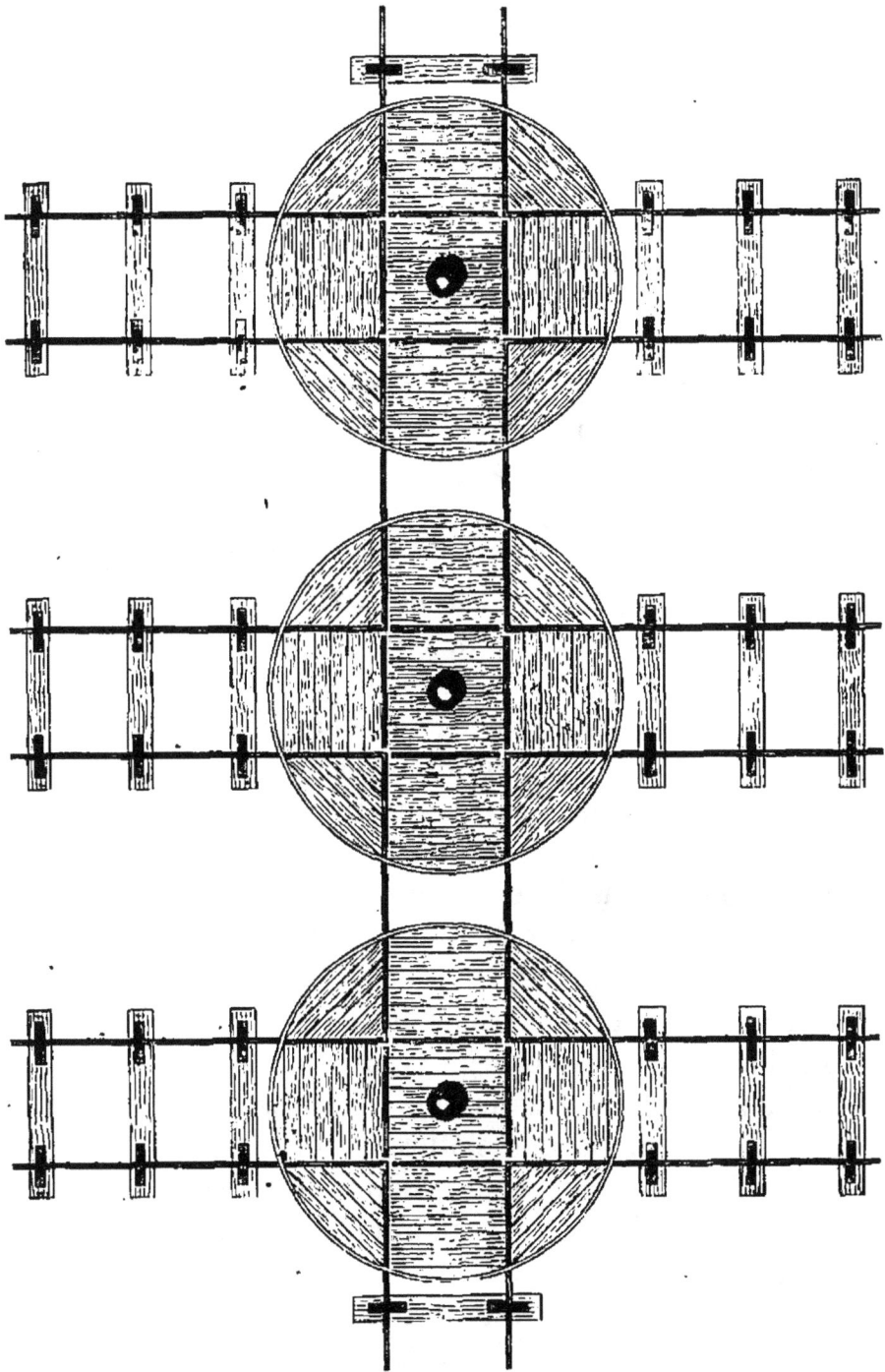

Fig. 72. — Système de plaques rectangulaires pour voies parallèles.

j'ai vu manœuvrer dans les ateliers de la Chapelle, sur la ligne du Nord, un chariot mû par une petite locomotive que surveillait et manœuvrait un ancien ouvrier du chemin. C'était merveille de voir avec quelle précision ce moteur en miniature conduisait le chariot en face des voies parallèles : la consommation de la petite machine est d'ailleurs si faible, qu'il y a une réelle économie à employer un système aussi commode.

Il me reste encore, pour terminer ce qui concerne le matériel fixe de la voie, à dire un mot des passages à niveau, c'est-à-dire des points de la ligne de fer que traversent des routes ordinaires, au niveau même de la voie. Pour empêcher que la saillie des rails ne soit un obstacle au passage des voitures, la voie est pavée dans toute la largeur de la route, au niveau même des rails. Seulement comme il faut donner passage au bourrelet des roues, on établit des rainures le long du rail à l'intérieur de chaque voie ; puis on borde d'un contre-rail l'autre côté de ces rainures. Ce n'est pas tout. Comme il serait dangereux au passage des trains, aussi bien pendant le jour que pendant la nuit, de laisser la route libre aux piétons et aux voitures, il y a toujours, aux deux côtés de la voie, deux barrières qui peuvent fermer au besoin le passage à niveau. Un gardien est chargé de ce service.

Qui ne sait, enfin, que la voie de fer est protégée dans toute sa longueur par une clôture, le plus souvent formée d'un treillage de bois, quelquefois en fil de fer? Sans cette précaution, la ligne resterait librement ouverte, en une foule de points non surveillés, au passage des piétons, et, qui pis est, des bestiaux. Il est avantageux de garnir extérieurement ces clôtures de haies vives, qu'il suffit d'entretenir une fois poussées.

SURVEILLANCE, ENTRETIEN ET RÉPARATION DE LA VOIE

La voie entièrement terminée, il reste une formalité à remplir; que dis-je? une formalité! une réelle et minutieuse vérification faite par l'ingénieur qui procède alors à la réception de la voie. En transcrivant ici simplement les conditions de cette opération importante, dans les termes mêmes où nous les lisons dans un recueil spécial[1], ce sera une bonne occasion de récapituler ce que nous venons de voir en détail.

« L'ingénieur qui reçoit la voie doit s'assurer que les pentes ont été rigoureusement observées et que les courbes ont été bien tracées;

« Que les traverses sont, dans les lignes droites, perpendiculaires, et, dans les courbes, normales à l'axe de la voie;

« Qu'elles sont convenablement espacées;

« Que la largeur de la voie est partout la même;

« Que l'inclinaison des rails est constante;

« Que l'espace laissé entre les extrémités de deux rails consécutifs n'est ni trop grand ni trop petit;

« Que dans les lignes droites, les surfaces de roule-

[1] *Portefeuille de l'ingénieur des chemins de fer.*

10

ment des rails, des deux côtés de l'axe de la voie, sont
bien exactement de même niveau ;

« Que dans les courbes, les rails de la courbe extérieure sont plus élevés de la hauteur qu'exigent le rayon
de la courbe et la vitesse des convois ;

« Que les coins serrent bien le rail, et ne pénètrent pas
trop avant dans le coussinet, en sorte qu'on puisse les
enfoncer davantage, lorsqu'ils viendront à se dessécher ;

« Que les chevillettes ne se sont pas détachées lorsqu'on a damé les traverses ;

« Que l'ensablement est suffisant. »

Est-ce tout? A peu près ; n'oublions pas, toutefois, que
les mêmes minutieuses vérifications ont dû se faire pour
chaque ouvrage d'art, qu'il a dû en être aussi de même
pour les changements, croisements et traversées de voie,
pour les plaques, pour les signaux ; tant il importe que
tout soit en ordre dans la grande machine avant de la
livrer au mouvement. Il y va de la sécurité, de la vie
des voyageurs et des employés : sans compter que tout
cela intéresse fort la bourse de la compagnie.

Rien n'empêche plus maintenant de fixer le jour de
l'inauguration de la ligne.

Dispensez-moi seulement de la description de ces fêtes,
qui ressemblent plus ou moins à toutes les fêtes, et que
d'ailleurs vous connaissez sans doute, soit pour y avoir
assisté, soit pour en avoir lu dans les journaux la pom-
peuse narration. J'aime mieux vous faire le récit d'une
visite et d'une conversation qui se rapportent l'une et
l'autre à l'un des plus importants chapitres de cette description des chemins de fer.

Nous venions d'assister, mon frère et moi, à l'inauguration du tronçon de Dijon à Dôle. C'est une petite ligne
sans doute, si l'on en mesure l'importance aux dimensions kilométriques ; mais on en apprécie mieux la valeur

commerciale, industrielle et stratégique, quand on songe qu'elle relie à la grande voie de Paris à Marseille, la Franche-Comté et la Suisse.

Il nous semblait d'un bon augure pour la fusion, imparfaite encore, des provinces de l'Est, de voir marier de la sorte les vignobles de la Côte-d'Or aux coteaux du Jura, et rapprocher tout ensemble les tonneliers bourguignons des vignerons franc-comtois, les fabriques de Mulhouse des forges et des houillères du Creusot.

Nous avions été, la journée entière, sous l'influence de ces idées, qui formèrent, on le devine bien, le thème de tous les discours officiels ; notre pensée était pleine des promesses de la haute prospérité dont la nouvelle route de fer devait combler les pays qu'elle traverse. Et cependant, tout en applaudissant, dans une certaine mesure, à cette transformation si radicale des modes de transport et de locomotion qui contribueront à préparer un nouvel avenir social, malgré moi, je songeais au passé.

La poésie des vieux souvenirs, évoquée par une de ces belles et mélancoliques soirées, qu'un demi-clair de lune rendait plus calme encore et plus touchante, retraçait à mon esprit l'image tantôt gaie, tantôt sérieuse, des vieilles coutumes du pays. « Adieu ! pensais-je, les longues routes poudreuses bordées de hêtres ou de peupliers, et dont les zigzags, d'un blanc jaunâtre, ici longeaient les rivières, là côtoyaient et gravissaient les collines, ailleurs faisant leurs trouées dans les bois ou descendant au fond des vallées ! adieu les lourdes diligences, d'où l'on sortait les jambes engourdies, cuisant de chaleur, ou les pieds gelés ! Je voyais passer devant moi, pour la dernière fois, les longues files de chars franc-comtois et leurs rouliers, crânement coiffés sur l'oreille de leurs bonnets multicolores ; je m'arrêtais avec eux au *Lion d'or* ou au *Cheval blanc*, dans une de ces bonnes grosses auberges où fumait l'omelette au lard sur les tables luisantes... — C'en est fait de vous, m'écriais-je, la civilisation impatiente vous met au rebut, sans vous jeter seulement un regard de compassion... »

A cet instant, je fus tiré de ma rêverie par l'obligation où nous fûmes de traverser un passage à niveau : les barrières venaient de s'ouvrir après le passage d'un train ; les lignes des deux voies semblaient des rubans d'un gris noir, rayant la chaussée blanchie par la lumière de la lune.

Il était impossible de ne pas admirer comme nous avions pu le faire dès le matin, en côtoyant la chaussée, d'une part la propreté de la voie, la netteté, la régularité du ballastage, de l'autre les ouvrages d'art immaculés, les bâtiments lustrés et coquets, surtout les machines et les voitures étincelantes sous leur vernis nouveau. C'était bien là un chemin vierge encore. Mais bientôt les rails devaient se polir et s'user sous le frottement et la charge des trains, la voie se noircir du coke que laissent tomber les locomotives, le matériel entier se ternir enfin sous les empreintes impitoyables du service.

C'est qu'une fois livrée à la circulation, une ligne de fer est le théâtre d'un mouvement continuel, d'un va-et-vient sans relâche. Sans songer à conserver l'intégrité première, soit du matériel fixe, soit du matériel roulant, soit des bâtiments, magasins et ouvrages d'art, il s'agit toutefois de les maintenir dans de bonnes conditions d'entretien, de les renouveler, en outre, s'il est utile. C'est là une indispensable garantie de régularité pour le service, et de sécurité pour les employés et les voyageurs.

Nous voilà passés, vous le voyez, des considérations artistiques au point de vue positif et utilitaire. Tel fut aussi le cours de mes pensées, et j'arrivai ainsi à me poser l'une des plus importantes questions de l'exploitation d'un chemin de fer, à savoir la surveillance, l'entretien et la réparation de son matériel.

J'interrogeai à ce sujet mon frère, alors absorbé de son côté par l'examen d'un pont biais, sous lequel venait de passer, après une pente sinueuse, le chemin que nous suivons en ce moment.

— Pour te donner, me dit-il, une idée bien saisissante de l'importance de la question que tu me poses, je pourrais me dispenser d'entrer dans des explications techniques. Quelques chiffres en diront aussi long que tous les discours ! En voici dont la mémoire m'est restée : un des derniers budgets de la Compagnie du Nord porte, pour la dépense annuelle d'entretien et de surveillance de la voie, trois millions cent quatre-vingt-dix mille francs [1] ; la Compagnie d'Orléans, trois millions quatre cent mille francs [2] ; celle de l'Est, trois millions cent cinquante mille francs [3] ; enfin, les dépenses annuelles de la ligne de Paris à Lyon et à la Méditerranée, tant pour le matériel que pour les appointements du personnel, bureaux, piqueurs, surveillants, gardes et ouvriers employés à l'entretien et à la surveillance de la voie, dépassent cinq millions sept cent cinquante mille francs [4]. Si l'on voulait y joindre celles relatives à l'entretien des machines et tenders, des wagons et des voitures, ce serait une somme totale de plus de onze millions ! Mais ce qui t'intéresse, je le sais, n'est pas tant le *combien* que le *comment*.

— Au point où j'en suis de mon étude, repris-je, je désire particulièrement connaître ce qui est relatif à l'entretien et à la réparation de la voie et de son matériel, des rails, des traverses, de l'ensablement, des ouvrages

---

[1] 3,190,926 fr. 05. Ce chiffre ne concerne que la voie; il a été dépensé la même année, pour entretien et grosses réparations des machines, des voitures et wagons de marchandises, la somme de 3,661,554 fr. 05. La longueur exploitée était de 817 kilomètres.

[2] 3,899,529 fr. 22. Longueur exploitée, 1,362 kilomètres.

[3] 3,144.969 fr. 61 pour 973 kilomètres exploités.

[4] 5,750,508 fr. 47 pour une exploitation de 1,231 kilomètres.

d'art. Plus tard, je te prierai de me dire un mot du matériel roulant, locomotives, wagons et voitures.

— Volontiers. Suppose donc, pour plus de simplicité, qu'il s'agisse d'une ligne récemment ouverte à la circulation. Je devrais dire, pour plus de méthode ; car, en ce cas, contrairement à ce que tu pourrais croire, l'entretien exige souvent plus de soin et de travaux que pour les lignes depuis longtemps exploitées. Tu vas en comprendre la raison. Dans un chemin nouveau, où les remblais sont d'une grande hauteur, où, par conséquent, les mouvements de terrains ont été considérables, l'inégal tassement des terres donne lieu, pendant les deux ou trois premières années, à des déformations presque journalières de la voie. La nature du sol influe beaucoup sur leur intensité, mais les causes en sont aisées à imaginer ; par exemple : pressions exercées par le passage des trains, action des intempéries, brusques variations des phénomènes météorologiques, pluies, sécheresse, froids, dégels, etc. Avec le temps, l'équilibre s'établit.

. J'imagine donc que l'ingénieur qui a reçu la voie a examiné, vérifié, inspecté dans tous ses détails l'état de la ligne qu'on vient, sur son rapport, de livrer à la circulation. Par hypothèse, parmi tant et de si minutieux détails, tous importants pour la marche du service, aucun n'a échappé à son œil scrutateur, à sa sévère vigilance : on serait tenté de croire à la perfection de l'œuvre.

Eh bien, tout n'est pas dit ; et c'est vraiment le cas d'appliquer le précepte de Boileau — à supposer que Boileau, vivant à notre époque, eût cru devoir consacrer sa droite raison à rimer les règles de l'art du constructeur de chemins de fer :

> Cent fois sur le métier remettez votre ouvrage.
> Polissez-le sans cesse et le repolissez.

La voie n'est pas plutôt livrée à la circulation, que

commence une surveillance de tous les instants, et qu'un service et un personnel spéciaux, sans cesse occupés à la recherche des points défectueux, fonctionnent partout régulièrement. Ces points défectueux, la marche même de ce grand organisme les met en évidence. C'est un rail qui se brise sous l'énorme pression d'un convoi ; des traverses qui se dérangent, des coins qui se desserrent, des chevillettes qui sautent... et plus tard, comme je te l'ai dit tout à l'heure, toutes les déformations que peuvent subir les remblais ou les parties de rails qui traversent des régions marécageuses.

— Et qui charge-t-on du soin de reconnaître et de réparer ces accidents ?

— C'est toute une hiérarchie : *gardes-voie*, pour la surveillance journalière et les menues réparations ; des *cantonniers poseurs*, pour les réparations urgentes, qui exigent un outillage spécial et l'habitude de ces sortes de travaux ; des ateliers de *démontage*, de *pose* et de *substitution*, pour les remaniements qui se font sur une grande échelle ; des *conducteurs*, à qui est confiée la surveillance des gardes-voie et des cantonniers, la visite de la voie et l'exécution des réparations indispensables à la sécurité des convois. Enfin dominant tout ce personnel, vient l'*ingénieur de la voie*. Une fois par mois, au moins, ce fonctionnaire doit inspecter la ligne entière, s'assurer de l'observation des règlements, prendre note de travaux extraordinaires, en rédiger les projets, et les faire exécuter après autorisation de la direction.

Tel est le personnel attaché à la surveillance et à l'entretien de la voie.

Tu as pu remarquer, tout le long du chemin de fer, et de distance en distance, ces modestes employés, le plus souvent vêtus d'une blouse bleue et coiffés d'un chapeau de cuir bouilli, sur le front duquel se détachent ces mots découpés dans une bande de cuivre : *Chemin de fer* ; postés près des passages à niveau, un petit drapeau roulé à la main, ils indiquent au chef de train que la voie est libre, quand ils tendent le bras dans une direction parallèle à la voie [1]; le drapeau déployé, vert ou rouge, en travers du chemin, est au contraire un signal de ralentissement ou d'arrêt. Ce sont les *gardes-voie*.

Enlever de la voie — du moins dans la partie qui leur est confiée — tous les objets qui pourraient entraver ou seulement gêner la marche des trains, donner ou transmettre les signaux, ouvrir et fermer les barrières, écarter les bestiaux, nettoyer à fond les rainures sous les passages à niveau, constater les ruptures de rails, les éboulements, donner, s'il y a lieu, le signal de ralentissement ou d'arrêt, ramasser avec soin le coke tombé sur leur triage, les effets, les ballots échappés des wagons et des voitures, tel est le service assigné aux gardes-voie. Les règlements les rendent responsables des retards occasionnés par un embarras qu'ils n'auraient pas fait disparaître, ou au moins signalé.

Voyageurs, chaudement renfermés dans vos voitures bien closes, à l'abri du mauvais temps, songez quelquefois à ces vigilants gardiens, dont l'active surveillance est la sauvegarde de votre sécurité. Une pauvre guérite, voilà tout ce qu'ils ont pour se garer des plus violentes bourrasques... Lisez l'article 16 du règlement de la ligne de Strasbourg à Bâle : « La pluie, la neige ou autre intempérie ne peut être un prétexte d'absence pour les gardes, et ils ne peuvent s'éloigner du chemin de fer en aucun instant de la journée, sous peine de renvoi immédiat. »

Lorsque les compagnies, pour récompenser des services si pénibles, donnent au garde-voie, pour lui et sa famille, la jouissance d'une maisonnette et d'un coin de jardin

---

[1] Les gardes de station se placent au contraire à angle droit sur la voie, annonçant ainsi au train qu'il doit s'arrêter.

qu'il cultive à ses rares moments de loisirs, songez que
ce n'est pas générosité, mais justice.

— Tous ne sont pas aussi heureux, dis-je. Je me rappelle avoir vu, le long des solitudes pierreuses de la *Crau
d'Arles*, de pauvres femmes en guenilles remplir les fonctions de gardes-voie, loin de toute maison, de tout abri.
Depuis, on aura fait construire quelques maisons, je pense,
pour loger ces pauvres gens.

— Il faut l'espérer, reprit mon frère. Quelques outils,
marteaux, pelles, pioches, râteaux, des coins, des che-
villes, pour les menues réparations ; un cornet, des dra-
peaux et des lanternes pour les signaux, un exemplaire
du règlement qui concerne le garde-voie, un autre pour
le service spécial des signaux : tels sont à peu près les
objets dont le garde est pourvu et qu'il dépose dans sa
guérite. Le nombre des gardes-voie varie avec le nombre
des passages à niveau : dans certains cas, le même garde
a la surveillance de plusieurs passages, et, lors de l'arrivée d'un convoi, il se tient au plus fréquenté d'entre
eux, d'après l'indication du directeur de la division.

Les gardes-voie n'exécutent que les moins importantes
des réparations : les autres sont l'affaire des cantonniers
poseurs, répartis par brigades le long du chemin. Quatre
ouvriers poseurs et un chef, voilà la brigade. Ils redressent
la voie, remplacent les rails brisés ou hors de service,
nivellent la chaussée, complètent le ballast. Leur nombre,
ai-je besoin de le dire, varie aussi avec les lignes, avec les
tronçons d'une même ligne : le plus ou moins d'ancienneté
de la voie, l'étendue des remblais, et aussi le nombre et
la charge des convois mis en circulation déterminent,
sur un chemin de fer, le nombre plus ou moins grand de
ces brigades.

— Mais n'y a-t-il pas, dis-je, certaines époques plus
spécialement consacrées aux travaux de réparations générales ?

— Sans doute. Comme la température exerce une influence continue très-marquée sur le matériel des voies,
on a dû choisir les époques qui précèdent les périodes
extrêmes de chaleur et de sécheresse, de grands froids ou
d'humidité. Le sable, dans les temps secs, perd sa consistance ; il devient mobile comme un fluide et le moindre
ébranlement le fait fuir sous les traverses. Pendant les
fortes gelées, les terres sont assez dures pour rendre le
travail fort difficile : comme cette dureté tient à une circonstance exceptionnelle, elle disparaît avec elle, et les
parties réparées du terrain s'effondrent avec le dégel.

Que ces détails aient une grande importance, tu le com-
prendras aisément. Les plus petites négligences finissent
par entraîner des réparations coûteuses, tant sur la voie
même que dans les machines et les voitures, dont les
moindres chocs peuvent détériorer les organes. Bien plus,
des déraillements, des accidents presque toujours fu-
nestes peuvent en résulter pour les trains. On ne saurait
donc trop veiller à la stricte exécution de ces mesures
de prudence.

Un rail est-il cassé, le cantonnier se hâte de faire glisser
la traverse la plus voisine de la cassure, de façon que
celle-ci corresponde au milieu du coussinet. Donnant alors
le signal du ralentissement, il s'occupe du remplacement
du rail brisé. Un fait assez curieux, c'est que le nombre
des rails cassés est toujours plus grand sur les pentes et
sur les rampes que sur les parties horizontales de la
voie ; le nombre des ruptures n'est pas moitié moindre
dans ce dernier cas. Nouvelle raison pour éviter les pentes.

Veux-tu monter un échelon, c'est maintenant le tour
des conducteurs, qui ont sous leurs ordres un ou deux
surveillants, plus particulièrement chargés de veiller à
l'observation rigoureuse des règlements par les cantonniers et par les gardes-voie. Le conducteur visite cinq ou
six fois par mois ses gardes et ses cantonniers ; il signe

leurs carnets, s'assure de l'état de la voie, des barrières, des ouvrages d'art, vérifie les travaux et fait exécuter ceux dont l'urgence importe à la circulation. Chaque jour, chaque semaine, chaque mois enfin, il adresse à l'ingénieur des rapports spéciaux, des plus minutieux, sur tous les points confiés à son inspection.

Enfin, comme je te l'ai dit tout à l'heure, au-dessus de toute cette hiérarchie, domine l'ingénieur : c'est lui qui donne l'unité à tout cet ensemble de travaux divers, et qui, dans les cas extraordinaires, décide des mesures à prendre. Régler la transmission des signaux, constater l'état des approvisionnements de matériaux indispensables à l'entretien, veiller à ce que ces approvisionnements soient toujours maintenus au complet, vérifier et arrêter le payement des dépenses relatives à son service, tout cela entre pareillement dans ses attributions.

Ainsi fonctionne l'important service de la surveillance et de l'entretien. Mais revenons, si tu le veux bien, aux travaux eux-mêmes. Nous n'avons parlé jusqu'ici que de réparations isolées, de points défectueux particuliers, provenant, par exemple, d'accidents imprévus. Or, indépendamment de ces causes de dégradations, il y en a d'autres qui font insensiblement subir leur influence, sur toute la ligne à la fois, à l'ensemble complet du matériel : telle est l'action des éléments et du temps comme celle du mouvement incessant des trains. Le frottement des roues sur les rails altère les surfaces de roulement : les trépidations qui en résultent modifient la composition moléculaire du métal, changent sa texture fibreuse, et de flexible qu'elle était, la rendent grenue et cassante. Peu à peu les coussinets, les chevillettes, les traverses se détachent, se brisent, se pourrissent.

Aussi, au bout d'un temps donné, variable sans doute avec les diverses lignes et les divers systèmes qu'elles ont adoptés, faut-il renouveler le matériel de la voie. C'est ce qu'ont dû faire déjà plusieurs de nos grandes lignes.

La Compagnie du chemin de fer du Nord, notamment, a procédé, à plusieurs reprises, à la substitution de nouvelles voies aux anciennes; elle a même profité de cela pour faire de sérieux essais des nouveaux systèmes et pour modifier ses modèles de rails.

Te dire au bout de combien d'années ce renouvellement devient nécessaire est chose fort difficile, et d'ailleurs tu conçois que cette durée est extrêmement variable. Ici les rails sont légers, là beaucoup plus lourds : telle ligne emploie un système, telle autre en emploie un tout différent; le poids des locomotives, celui des voitures et des wagons, le nombre et la charge des trains, tous ces éléments influent sur la plus ou moins grande durée du matériel, j'entends surtout des rails.

D'après un récent rapport, les premières voies d'établissement du chemin de fer de Paris en Belgique n'ont fait qu'un service moyen de neuf années. Le nombre des trains de marchandises et de voyageurs qui ont, pendant cet intervalle de temps, parcouru la voie dans ses deux sens, a été d'environ 340,000, c'est-à-dire d'environ 38,000 trains par an. Des ingénieurs ont calculé une durée moyenne de quinze années, à raison de 18,000 trains par an; mais énoncer de telles lois sans rien préciser sur les circonstances multiples qui les rendent si variables, c'est rester dans un vague dont l'intérêt est fort contestable.

— Je suis de ton avis; mais comment procède-t-on au remplacement des voies sans interrompre le service, sans nuire tout au moins à sa régularité?

— Par une organisation toute spéciale, dont tu vas sans peine comprendre les voies et moyens...

Mon frère se mit alors à m'expliquer la marche et la distribution du travail, dans les *ateliers de substitution* — tel est le nom technique donné aux brigades d'ouvriers chargées de cette opération. — Ce n'est pas en quelques jours, ajouta-t-il, qu'elle se termine : la ligne de Paris en Belgique, par Lille et Valenciennes, n'a pas mis moins de trois ans à faire remplacer 650,000 mètres courant de voies anciennes.

Mais comme je fus bientôt témoin moi-même d'une opération de ce genre, dont la précision m'émerveilla, je terminerai ce chapitre par le court récit de ma visite aux ateliers de substitution d'une de nos lignes françaises.

J'étais à C... Mettant à profit huit jours de loisir et la rencontre fortuite d'un ami de collége, que j'avais perdu de vue depuis son entrée à l'École centrale, je l'accompagnai un matin, dans une tournée de surveillance que son service l'appelait à faire sur la voie. Nous prîmes ensemble un train qui nous déposa à 20 kilomètres de la station, et nous suivîmes ensuite la chaussée. Nous arrivâmes bientôt aux ateliers de substitution.

Tout le long de la voie, les nouvelles traverses, sabotées à l'avance, et munies de leurs coussinets, étaient placées sur le ballast, vis-à-vis les points où elles devaient être employées. Une partie de la voie était déjà dégarnie de son sable, et les anciennes traverses dégagées.

Aussitôt reparti le train par lequel nous venions d'arriver, le chef d'atelier, chargé du démontage, donna l'ordre de procéder à l'enlèvement des rails et des traverses. Cette opération terminée, ce fut le tour des ouvriers poseurs, qui placèrent les nouvelles traverses aux positions marquées d'avance sur le ballast par le chef de leurs brigades. D'autres alignèrent ensuite, à l'aide de grosses pinces, les traverses de joint, et les rails furent posés dans leurs coussinets. Marquer alors avec de la craie l'exacte position des coussinets intermédiaires entre ceux de joint, distribuer les coins auprès des traverses, soulever ou déplacer ces dernières, de façon à faire porter le rail sur la semelle à point marqué, poser les coins, les introduire et les frapper, toujours dans le sens de la mar-

che des trains, enfin garnir le dessous des traverses du
ballast nécessaire et serrer à fond les éclisses, furent autant d'opérations qui se succédèrent et s'accomplirent avec
une remarquable rapidité.

Pendant ce temps, mon ami me montra du doigt un
homme posté à 800 mètres environ en arrière de l'atelier. Cet employé maintenait un signal d'arrêt jusqu'à ce
que la continuité de la voie fût rétablie.

J'appris, en outre, qu'à la même distance, et toujours
en arrière, un signal de ralentissement serait maintenu
nuit et jour, jusqu'à ce que la partie remaniée de la voie
fût mise en parfait état d'entretien.

Tant de précision et d'habileté m'étonna. En songeant
alors à la multitude de travaux analogues et au nombre
considérable d'ateliers de cette sorte, organisés par toute
la France, grâce au réseau de nos voies ferrées, je ne pus
m'empêcher de les regarder comme autant d'excellentes
écoles industrielles. Sans aucun doute, la contagion de
l'exemple, répandue jusque dans nos villages par la construction et l'entretien des chemins de fer, finira par réa-
gir sur toutes les industries privées, surtout sur notre
grande industrie nationale, l'agriculture, et portera partout l'habitude de l'activité et de la précision dans la
main-d'œuvre. Fait considérable, aussi bien au point de
vue de la production générale que de l'instruction pratique et professionnelle.

DEUXIÈME PARTIE

LA LOCOMOTIVE

X

QU'EST-CE QU'UNE LOCOMOTIVE?

Maintenant, lecteurs, que ne suis-je un tant soit peu poëte !

J'invoquerais la Muse de l'industrie, muse sévère, aux doigts noircis par le charbon ou tachés d'encre, entourée d'un arsenal d'outils, de cornues, de machines ; tantôt la plume à la main, méditant et calculant, tantôt de son bras vigoureux forgeant le fer, coulant la fonte, le bronze ou l'acier. Je lui dirais de me prêter le secours de son inspiration pour chanter en strophes sonores le chef-d'œuvre de la mécanique moderne, la locomotive.

Mais non. La science, de nos jours, s'accommode peu de poétique enthousiaste : elle a appris plus d'une fois, à ses dépens, combien elle doit s'en défier. Et d'ailleurs, je n'ai moi-même à votre service que la prose sèche et décolorée d'un cicerone, préoccupé avant tout de donner à son récit le cachet d'une description claire et compréhensible. Il ne me reste donc qu'un vœu à faire : c'est que la beauté de l'invention supplée à l'insuffisance de l'interprète.

La locomotive !... combien parmi nous se rappellent l'époque, encore récente, de son définitif triomphe ! C'était il y a quelque trente ans : la diligence, la chaise de poste, le roulage offraient aux voyageurs de grande et de moyenne fortune, ainsi qu'au transport des marchandises, un triple service, d'une régularité et d'une fréquence que nombre de gens considéraient comme le *nec plus ultra* de l'industrie voiturière. *Trente-six heures pour le trajet direct de Paris à Lyon*, tels étaient les mots magiques qui resplendissaient, au grand étonnement du public, sur cent affiches rouges et jaunes bariolant les murailles. C'était le dernier mot de la vitesse pour les entreprises publiques de transport. La poste aux chevaux permettait plus encore, il est vrai, mais Dieu sait à quel prix ; quant au roulage, sa régularité, son bon marché, sa vitesse relative semblaient défier les efforts de la concurrence.

Jamais cependant, hélas ! la décadence n'avait été si proche. Rails, locomotives, chemins de fer eurent fait à peine leur apparition, qu'en peu d'années, diligences, chaises de poste et roulage furent relégués au second plan ; non pas détruits, je l'ai dit ailleurs. Mais dès lors la route de terre tendit de plus en plus à devenir la succursale du railway, et son règne appartiendra bientôt à l'histoire.

Les anciens modes de transport pouvaient aisément pressentir leur fin prochaine. Déjà le dernier siècle avait vu le triomphe de la vapeur dans la grande industrie. Le moteur nouveau était donc trouvé.

Mais la lourde chaudière restant immobile et comme fixée au lieu même de son travail, l'application aux transports en parut d'abord impossible, du moins en ce qui concerne les routes de terre. Après une série de remarquables progrès, les premières années du dix-neuvième siècle furent témoins d'une nouvelle conquête qui installa la puissante machine sur une demeure mobile : Fulton réalisait dans le bateau à vapeur le rêve de Papin. C'était un premier pas vers la solution du problème. Quel autre pas restait-il à faire? Il fallait rendre le moteur lui-même automobile; il fallait employer ce mouvement même à remorquer la charge qu'on veut transporter au loin.

Ce pas fut fait, et la locomotive inventée.

Sous la pression de quelles exigences s'est accomplie cette décisive réforme dans l'industrie des transports, c'est ce que je n'ai point mission de dire. Qu'on songe seulement à l'immense développement du commerce et des arts industriels, en Amérique comme en Europe, depuis la fin du dix-huitième siècle, et l'on comprendra que les sociétés modernes ne faisaient qu'obéir à une nécessité chaque jour plus pressante, celle de traduire en faits matériels et pratiques la grande pensée révolutionnaire qui a fait éclosion dans le monde, il y a quatre-vingts ans.

C'est à ce mouvement qu'on doit rattacher, ce me semble, les progrès de la locomotion, ceux de la télégraphie, et bien d'autres encore.

Comme la plupart des grandes inventions mécaniques, la locomotive n'est point venue tout d'une pièce. Informe à l'origine, c'est grâce aux efforts de cent hommes de génie ou de talent, grâce au concours de la théorie et de la pratique, qu'elle est devenue la merveilleuse machine que vous savez. Aussi est-ce bien à la locomotive qu'on pourrait appliquer aujourd'hui la comparaison d'un maître ès arts du dernier siècle, qui s'écriait, en parlant de la simple machine à vapeur :

« Voilà la plus merveilleuse de toutes les machines; le mécanisme ressemble à celui des animaux. La chaleur est le principe de son mouvement; il se fait, dans ses

différents tuyaux, une circulation comme celle du sang
dans les veines, ayant des valvules qui s'ouvrent et se
ferment à propos ; elle se nourrit, s'évacue elle-même
dans des temps réglés et tire de son travail tout ce qu'il
lui faut pour subsister[1]. »

En continuant la métaphore, ne pourrait-on pas encore
ajouter : « Cette admirable machine va, vient, se meut
avec une aisance et une docilité sans pareille. Sa force
musculaire est prodigieuse, et sa rapidité atteint, pour
ainsi dire, celle du vent le plus impétueux. La noble bête
consomme beaucoup sans doute, mais sa nourriture est
prise aux entrailles de la terre ; elle respire, mais l'air
qu'exhalent ses poumons est une vapeur embrasée ; elle
boit, mais l'eau qu'elle engloutit dans son vaste estomac
de bronze sort de son corps en fumée ; ses muscles sont
de fer et d'acier, ses jambes des cercles aux cent pattes
mobiles ; sa voix est tantôt le sifflement du serpent, tantôt
l'âpre rugissement du tigre. Quand, après avoir dévoré
l'espace, elle a fourni sa course rapide, elle rentre comme
un coursier fatigué de son écurie, où l'attend un court
repos. Nettoyée, alimentée, embellie, elle en sort bientôt
étincelante, prête à recommencer le jour et la nuit ses
utiles travaux. »

Les premiers essais de voiture mue par la vapeur d'eau
remontent à l'ingénieur français Cugnot, qui, en 1769,
conçut et fit exécuter à Paris un chariot destiné à se mouvoir sur les routes ordinaires, sous l'action de la vapeur.
Vint plus tard Olivier Évans, qui construisit, à Philadel-
phie, en 1804, la première voiture de ce genre qu'on ait
vue en Amérique. A la même époque, une machine locomotive circula sur le chemin de fer de Merthyr Tydwil,
en Angleterre : elle était due — j'ai eu plus haut l'occasion
de le dire — aux ingénieurs Trewitick et Vivian.

---

[1] Belidor, *Architecture hydraulique*

Les essais qui suivirent furent tous basés sur la fausse idée qu'on s'était faite de ce qu'on a appelé à tort — l'expression inexacte a prévalu — l'adhérence des roues sur les rails. Cette prétendue adhérence n'est autre chose que la résistance au glissement sur place, c'est-à-dire une variété de frottement. Une fois qu'on eut démontré que ce frottement peut fournir aux roues un point d'appui suffisant[1], les progrès devinrent continus, et les noms des deux Stephenson, d'Hackworth, de Seguin aîné, de Clarke, et d'autres encore, marquèrent cette période, si féconde pour le futur développement des voies ferrées.

Arrivons à la locomotive, telle que l'ont faite aujourd'hui peu à peu tous ces progrès.

Pour en bien saisir le mécanisme, il importe qu'on ait présents à la mémoire les principes sur lesquels repose la théorie de toute machine à vapeur. On me permettra donc de les rappeler brièvement.

Qu'arrive-t-il lorsqu'on chauffe dans un vase librement ouvert une certaine quantité d'eau ? Tout le monde en a fait l'expérience : l'eau se vaporise. Mais le fluide gazéiforme, insaisissable, va se rendre dans l'air ambiant, sans produire aucun effet mécanique sensible. Fermez hermétiquement, au contraire, le vase qui contient l'eau et ne donnez aucune issue à la vapeur formée : si vous chauffez au delà d'une certaine limite, le vase, malgré sa solidité, éclatera en morceaux, expérience dangereuse qu'il n'est pas bon de tenter. La température de l'eau chauffée reste-t-elle au-dessous de cette limite, il est aisé de reconnaître que la vapeur emprisonnée agit comme un ressort, tant sur le liquide que sur les parois du vase. Rien d'ailleurs n'est plus facile que de mettre cette force d'élasticité en évidence. Supposez votre vase muni d'un tube à robinet, adapté en un point quelconque, et ou-

---

[1] Cette démonstration est due à Blakett /1813

vrez. Un jet de vapeur sortira bruyamment, doué d'une force suffisante pour soulever un certain poids.

Tel est le premier phénomène, le premier principe de toutes les machines dites à vapeur : tension ou force élastique de la vapeur d'eau, croissante avec la température[1].

Le second phénomène, non moins important, est celui-ci : Refroidissez subitement la vapeur élastique contenue dans un récipient soit par l'injection d'un peu d'eau froide, soit par la projection de cette même vapeur dans l'atmosphère : soudain la vapeur se condense, repasse à l'état liquide, perdant ainsi, avec la chaleur qu'elle avait absorbée, la force même qu'elle en avait reçue.

Ces principes posés, nous pouvons aborder la description d'ensemble de la locomotive.

Trois parties principales la composent :

La *chaudière*, qui est l'appareil générateur de la vapeur ;

La *machine* proprement dite, appareil récepteur de la vapeur et producteur du mouvement ;

La *voiture*, ou le *train de roues*, destiné à produire le

---

[1] Il reste à dire comment se mesure cette énergie motrice. Eh bien, on prend d'ordinaire pour terme de comparaison la pression exercée à la surface de tous les corps terrestres par le poids de la colonne atmosphérique correspondante. Comme la vapeur, à la température de l'eau bouillante, c'est-à-dire à 100° du thermomètre centigrade, a une force élastique précisément égale à la pression atmosphérique, il faut en conclure qu'elle presse de 10,333 kilogrammes sur chaque mètre carré de surface. Pour abréger, les physiciens et les mécaniciens disent que cette pression est d'une *atmosphère*. Mais la température de la vapeur croît-elle de 10,20... degrés du thermomètre, sa force élastique va suivre une progression beaucoup plus rapide. A 150°, elle a déjà une valeur de cinq atmosphères ; à 180°, elle équivaut à dix atmosphères : cela revient à dire qu'elle écrasera chaque mètre carré d'une surface résistante, du poids énorme de 103,400 kilogrammes, plus de *cent trois tonnes !* Des instruments spéciaux nommés manomètres servent à obtenir la mesure de cette force.

déplacement de la locomotive, sous l'action de la force motrice, transmise par le mécanisme.

Cette triple disposition est facile à démêler au premier coup d'œil.

Variées sont les formes des différents types de locomotives — nous aurons bientôt l'occasion d'en juger, — mais examinons-les les unes après les autres : dans toutes vous voyez d'abord une forme cylindrique horizontale, de même longueur à peu près que la machine entière ; le foyer la termine à l'arrière ; à l'avant, la cheminée : c'est la *chaudière*. Pareillement, il est aisé de reconnaître tout l'appareil du mécanisme moteur, les cylindres, les tiges métalliques et leurs manivelles fixées aux essieux ou faisant partie des essieux mêmes. Quant aux roues, au châssis, à toutes les pièces dont l'ensemble forme la voiture sur laquelle repose la machine, il n'est pas besoin d'être versé dans la science du mécanisme pour les reconnaître : un regard suffit.

Ainsi, l'extérieur seul nous révèle l'existence des trois parties principales qui composent ce tout organisé qu'on nomme une locomotive. Pour en savoir plus long sur chacune de ces parties, je ne vois qu'un moyen : procéder comme les anatomistes aux prises avec un cadavre, c'est-à-dire exécuter une dissection en règle.

Donc, fendons en deux — par la pensée bien entendu — de l'avant à l'arrière et verticalement, notre animal... je veux dire notre machine. Nous pouvons maintenant examiner l'intérieur à notre aise. Laissons d'abord de côté les menus détails : attachons-nous à l'ensemble. L'appareil qui sert à la production de la vapeur, nous avons dit la chaudière, occupe la plus grande partie de la coupe longitudinale que vous avez sous les yeux (*fig.* 73) ; elle se subdivise d'ailleurs en trois capacités particulières :

A l'extrémité d'arrière, le foyer, ou *boîte à feu ;*

Au milieu, le corps principal de la chaudière, renfermant la plus grande partie de l'eau que l'action du foyer doit réduire en vapeur : cette capacité a reçu, à cause de sa forme, le nom de *corps cylindrique* ;

Enfin, à l'extrémité d'avant, la *boîte à fumée*, où se rendent les gaz produits par la combustion ; cette troisième capacité est surmontée par la cheminée de la machine.

La forme générale du foyer est rectangulaire : grâce à une double enveloppe, que notre coupe laisse voir, le combustible, coke, charbon de terre ou bois, se trouve en contact direct avec l'eau de la chaudière par cinq des six faces du foyer. La sixième, c'est-à-dire le fond intérieur, est formée d'une grille à barreaux mobiles, sur laquelle repose directement le combustible. L'eau qui enveloppe la boîte à feu reçoit la première l'action de la chaleur rayonnante ; c'est elle, dès lors, qui la première se vaporise. Aussi la force élastique de la vapeur, s'exerçant ainsi directement sur des parois planes, les aurait bientôt déformées sans un système de solides armatures qui servent à relier les deux enveloppes intérieure et extérieure de la boîte à feu[1].

— Mais alors, dira-t-on, pourquoi n'avoir pas donné au foyer la forme cylindrique ? Ne sait-on pas que les parois courbes offrent à la pression de la vapeur une résistance plus grande ?

Vous allez comprendre la raison de cette préférence.

[1] Les parties latérales de ces enveloppes sont consolidées par des *entretoises* en cuivre rouge rivées, tandis que la face supérieure, ou *ciel du foyer*, est munie d'armatures du même métal, fixées de champ, et de forme parabolique. On a préféré le cuivre rouge au fer, parce que la destruction de ce dernier est plus rapide et qu'il faut démonter le foyer pour en vérifier l'état.

Veut-on avoir une idée de l'effort qu'exerce la pression de la vapeur ? En supposant la pression de sept atmosphères, et les entretoises espacées d'un décimètre, chacune d'elles doit exercer, pour résister à cette pression, un effort de 720 kilogrammes ; chaque armature du ciel, de 7,200 kilogrammes.

Fig. 73. — Coupe longitudinale de la locomotive; vue intérieure de la chaudière.

L. GUIGUET.

A capacité et à hauteur égales, les parois d'un foyer rectangulaire ont une surface totale plus considérable que celles d'un foyer cylindrique. Supposons la base carrée : cet excès de surface est au moins d'un quart, comme le démontre un calcul géométrique fort simple. Or augmenter la surface de chauffe, c'est accroître la quantité de vapeur produite en un temps donné, c'est accroître la puissance de la machine.

Arrêtons-nous un instant à cette dernière idée. C'est elle, en effet, qui a décidément élevé la locomotive au rang supérieur qu'elle occupe aujourd'hui dans la hiérarchie des machines.

Préoccupé de la solution de cet important problème — *augmenter la surface de chauffe,* — l'ingénieur français Seguin a transformé la chaudière cylindrique simple en chaudière tubulaire. Cela nous amène à examiner la disposition particulière du corps cylindrique.

Voyez-vous ces longs tubes qui en occupent à peu près la moitié inférieure ? Enveloppés d'eau de toutes parts, ils font communiquer le foyer avec la boîte à fumée ; et comme, en passant dans ces tubes, les gaz incandescents lèchent — pardonnez-moi l'expression — leurs parois intérieures, ils abandonnent de la sorte à l'eau de la chaudière leur haute température. Ingénieuse disposition, qui, dans un espace limité, donne réellement à la chaudière une capacité énorme !

L'eau du corps cylindrique doit baigner tous les tubes, et son niveau dépasser aussi de quelques centimètres le ciel du foyer ; mais elle ne remplit jamais complétement le corps cylindrique lui-même. Vous comprenez pourquoi : il faut à la vapeur incessamment formée un réservoir qui la reçoive avant qu'elle se rende aux organes du mouvement.

Voyons maintenant comment s'opère cette distribution de la vapeur.

Toute la longueur du réservoir est occupée par un tube horizontal, percé à sa partie supérieure d'ouvertures où se précipite incessamment le fluide gazéiforme, au fur et à mesure de sa production. C'est le *tuyau de prise de vapeur*.

Quel est le rôle de ce tube?

C'est d'éviter l'entraînement des particules liquides, par suite de l'ébullition tumultueuse qui agite l'eau au-dessus du plafond du foyer : ces particules, en arrivant jusqu'aux cylindres, finissent par être projetées hors de la cheminée sous forme de pluie et nuisent dans leur trajet à l'action mécanique de la vapeur.

Du tuyau de prise de vapeur le fluide moteur passe dans la capacité d'un petit dôme voisin de la cheminée, et de là enfin, par l'intermédiaire de deux tubes latéraux, descend jusqu'aux cylindres, c'est-à-dire jusqu'aux organes où sa force élastique engendre le mouvement. C'est là que nous allons en étudier l'action.

Voyez-vous à l'avant de la machine, un peu au-dessous de la boîte à fumée, une capacité de forme cylindrique, à l'intérieur de laquelle se meut un piston muni de sa tige? Si, par un mécanisme particulier, la vapeur est alternativement introduite dans l'une ou dans l'autre des deux chambres qui séparent le piston, si elle en sort successivement et par un mouvement inverse, qu'en résultera-t-il? Un mouvement de va-et-vient du piston et de sa tige, mouvement en ligne droite qu'il s'agit de transformer en un mouvement circulaire.

Vous devinez déjà comment on y parvient : la vue de l'appareil moteur, que vous offre notre coupe longitudinale, achèvera d'éclaircir ce qui pourrait encore vous sembler obscur.

La tige du piston est reliée à une bielle, barre métallique rigide, doublement articulée, d'une part à cette tige, d'autre part au bras d'une manivelle formée par un double coude de l'essieu. La bielle, alternativement poussée et tirée, joue le rôle d'un bras faisant tourner à la fois la manivelle, l'essieu, et les roues que l'essieu porte à chacune de ses extrémités.

Chaque locomotive possède deux cylindres, qui agissent simultanément sur deux coudes du même essieu, mais de telle façon que l'un des coudes occupe la position horizontale, quand l'autre occupe au contraire la position verticale : vous verrez plus loin la raison qui a fait ainsi disposer ces coudes à angle droit, au lieu de leur donner une position parallèle.

Pour terminer cette première et sommaire description, disons que la vapeur, au sortir des cylindres, s'échappe par un double tuyau dans la boîte à fumée; de là par la cheminée elle se répand dans l'atmosphère, sous la forme d'un nuage blanchâtre que sa couleur empêche de confondre avec la noire fumée du combustible.

Quelle est la disposition d'ensemble de la chaudière, c'est-à-dire de l'appareil générateur de la vapeur;

Quel chemin suit celle-ci, pour se rendre du réservoir aux cylindres ;

Comment enfin le mouvement de va-et-vient des pistons se transmet sous forme de mouvement circulaire à l'essieu des roues motrices ;

Voilà ce que vient de nous apprendre le premier coup d'œil jeté dans les entrailles de la locomotive. Mais notre machine mérite un examen plus minutieux, plus approfondi. En procédant à la manière des dessinateurs, qui jettent d'abord sur le papier les contours principaux, puis des lignes plus étudiées, pour terminer par les traits de détail et les dernières nuances d'ombre et de lumière, nous arriverons, je l'espère, à la claire et complète intelligence de son mécanisme.

Reprenons d'abord l'étude de la chaudière.

Peu de chose nous reste à dire du foyer. Nous verrons tout à l'heure que la porte servant à l'introduction du combustible est pratiquée sur la face d'arrière, à la portée du chauffeur. La grille, à barreaux indépendants, est horizontale dans les machines où l'on brûle du coke, et à gradins inclinés, quand le combustible est de la houille. Dans tous les cas, il importe que le mécanicien puisse renverser une partie de la grille, si les circonstances l'obligent à jeter le feu.

Au-dessous de la grille, on dispose le plus souvent une caisse en tôle, ayant pour objet de recueillir les fragments du coke enflammé, les escarbilles que pourraient rejeter au loin les roues de la machine en mouvement. C'est le *cendrier :* à l'avantage de prévenir les incendies cet appareil joint malheureusement l'inconvénient de nuire au tirage.

Un mot maintenant des tubes. Ce sont eux, je l'ai dit, qui constituent l'originalité de la chaudière[1].

Ils sont en laiton laminé de premier choix, de 4 à 5 centimètres de diamètre extérieur, et leur nombre varie entre 100 et 300, selon les machines. Celle que nous sommes en train de disséquer en possède 180. Grâce aux tubes, on est parvenu à obtenir une surface de chauffe totale d'au moins 100 mètres carrés[2]. Notre coupe longitudinale per-

---

[1] Seguin et Stephenson se partagent, dit-on, la gloire d'avoir substitué à l'ancienne chaudière à capacité cylindrique simple le corps cylindrique tubulaire, qui augmente dans une proportion si remarquable la surface de chauffe, et, comme on l'a vu plus haut, la puissance de la locomotive. Toutefois, dès 1825, la chaudière tubulaire de Marc Seguin fonctionnait dans les premiers bateaux à vapeur qui naviguaient sur le Rhône; en 1827, il l'appliquait aux locomotives circulant sur le chemin de fer, récemment construit, de Lyon à Saint-Étienne. La chaudière de Stephenson ne fit son apparition qu'en 1829.

[2] Nous verrons même que, dans les machines les plus puissantes, on est parvenu à atteindre, sans agrandir outre mesure la chaudière, l'énorme surface de 196 mètres carrés. Veut-on une preuve frappante de l'immense avantage offert par la disposition tubulaire de la chau-

met de voir comment les tubes sont encastrés, d'une part
à l'une des faces de la boîte à feu, de l'autre à la face pos-
térieure de la boîte à fumée. Mais le dessin suivant vous
fera mieux voir leur disposition habituelle (*fig.* 74).

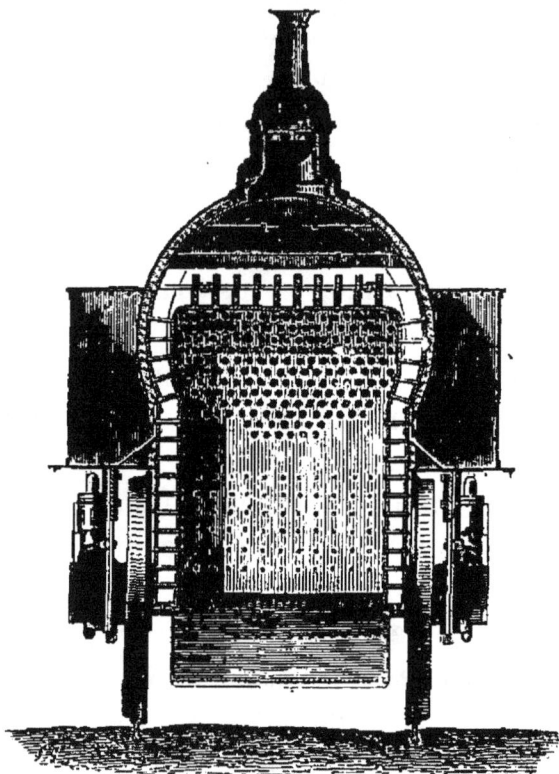

Fig. 74. — Coupe de la boîte à feu; vue intérieure du feu.

La double enveloppe de la boîte à feu, les entretoises
et armatures, la grille, le cendrier, le réservoir de vapeur
surmonté d'une sorte de petit dôme, dont la fonction sera
plus loin indiquée, le niveau de l'eau dans la chaudière,
la position qu'occupe le tuyau de prise de vapeur, voilà

dière, la voici : tandis que la surface intérieure de l'enveloppe cylindrique ne donnerait, même en l'utilisant tout entière, chose d'ailleurs
impossible, que 13 mètres carrés environ, la surface des tubes renfermés dans cette enveloppe est de plus de 93 mètres carrés, c'est-à-
dire *sept fois plus considérable!* L'exemple est pris sur une machine
Crampton.

autant de détails dont notre première coupe vous a déjà fait saisir un aspect. Cette seconde coupe, en vous les montrant sous une autre face, vous permettra de les mieux comprendre encore.

Autre avantage des tubes, qu'il ne faut pas oublier : ils rendent en réalité la chaudière inexplosible. Que la vapeur vienne, en effet, à acquérir une pression dangereuse, ce n'est pas l'enveloppe extérieure qui cédera la première, mais bien les tubes, dont la faible épaisseur relative ne peut résister à cet excès de force élastique. Les tubes crèvent alors, et l'eau, pénétrant dans le foyer en même temps que la vapeur, éteint le feu, et du même coup signale et prévient le danger.

Laissons pour le moment la boîte à fumée, et d'autres détails de la chaudière, qui trouveront plus loin leur place, et donnons au mécanisme moteur toute l'attention qu'exige son importance.

Rappelons-nous que, du réservoir de vapeur, le fluide élastique descend par des tuyaux latéraux jusqu'aux cylindres, et arrêtons-nous à ees organes producteurs du mouvement.

Examinez d'abord les deux figures de la page suivante. Elles suffiront, je crois, à vous donner une idée nette du principe de distribution de la vapeur : je vous demanderai seulement, pour cette fois, la permission d'employer quelques lettres pour abréger notre description. Vous voyez en O O l'intérieur d'une capacité qui reçoit la vapeur par le tuyau I : c'est en I que vient aboutir l'une des branches du prolongement du tuyau de prise de vapeur, dont il vient d'être question un peu plus haut. Cette boîte à vapeur fait partie intégrante du cylindre, je veux dire est venue de fonte avec ce dernier ; deux ouvertures, ou *lumières d'introduction i i*, permettent à la vapeur d'entrer dans le cylindre ou d'en sortir, suivant la position d'une pièce spéciale *t t*, qu'on nomme le *tiroir*.

Figurez-vous une caisse rectangulaire, creuse et renversée, qui s'applique par sa base sur la surface bien dressée

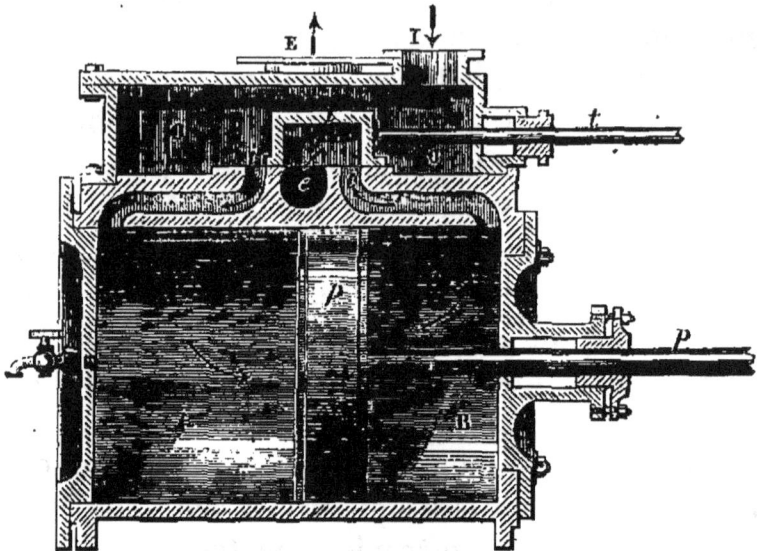

Fig. 75. — Mouvements corrélatifs du piston et du tiroir
première position.

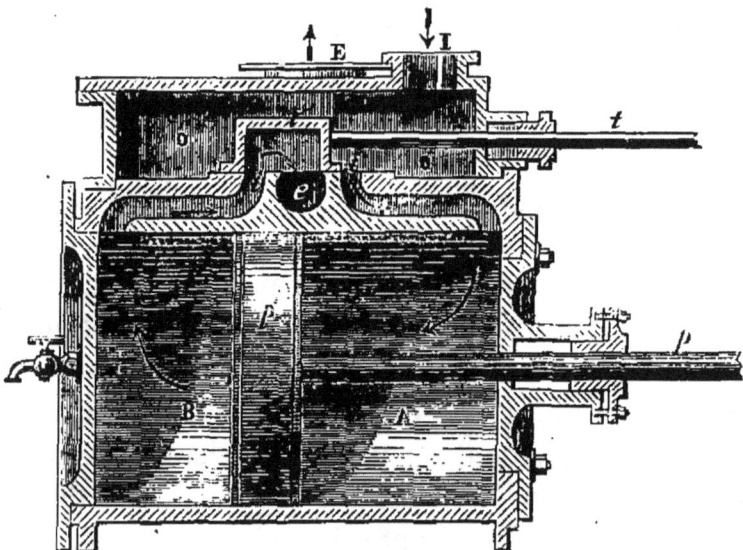

Fig. 76. — Mouvements corrélatifs du piston et du tiroir ;
seconde position.

du cylindre où aboutissent les lumières d'introduction,
et qui est mobile sur ce plan. Une tige, qui pénètre à frot-

tement dans la boîte à vapeur, communique au tiroir un
mouvement de va-et-vient : c'est le mouvement qui, faisant
successivement pénétrer la vapeur soit d'un côté, soit de
l'autre du piston du cylindre, détermine le propre mouvement de ce dernier. Le tiroir occupe-t-il la position
qu'indique la première figure, la vapeur passe de la boîte
O O dans le côté A du cylindre, comme le montrent les
flèches, et par sa force élastique pousse le piston $p\,p$ de
droite à gauche. Le fluide moteur qui, d'ailleurs, remplis-
sait le côté B du cylindre, s'échappe par la lumière de
gauche dans le tiroir, et de là, par la lumière d'échappement e, dans un tuyau E, qui se rend dans la boîte à fumée,
c'est-à-dire dans l'atmosphère ; il perd ainsi toute sa force
élastique. Le piston a jusqu'ici parcouru, dans un sens,
toute la capacité du cylindre. Mais un mécanisme particulier lie précisément le mouvement de la tige t du tiroir à
celui de la tige p du piston. Et cette liaison est telle, que
la première marche dans le même sens que l'autre, pendant la première moitié de la course du piston, et en sens
contraire pendant l'autre moitié ; ce qui revient à dire que
le tiroir est à moitié de course, pendant que le piston est
à bout de course, sur l'un ou sur l'autre fond du cylindre.
Peu à peu donc le tiroir a pris la position qu'il occupe
dans la seconde figure, c'est-à-dire une position justement
inverse de la première. Aussi qu'arrive-t-il alors ?
Suivez par les flèches le mouvement de la vapeur et vous
comprendrez que le piston a marché de gauche à droite.
Ai-je besoin de dire que cette course alternative dans les
deux sens opposés va se continuer dans le même ordre,
tant que la vapeur arrivera dans la boîte qui recouvre le
tiroir ?

Chaque locomotive a deux cylindres, symétriquement
placés par rapport à l'axe de la machine. Ce que j'ai dit
de l'un s'applique à l'autre. Seulement, par une disposition particulière, les deux pistons occupent à chaque

instant des positions opposées, et leurs mouvements sont toujours de sens contraire dans les deux cylindres. On en va voir la raison dans un instant.

Telle est la partie principale de l'appareil moteur : je laisse pour le moment beaucoup de détails.

Le mouvement produit, mouvement en ligne droite et alternatif, vous avez déjà vu comment la locomotive l'utilise pour la rotation de ses essieux et de ses roues. La tige du piston, dirigée dans sa course par une sorte de cadre métallique appelé *glissière,* s'articule avec une tige ou bielle, dont l'autre extrémité est adaptée à l'essieu, ou, pour mieux dire, à un coude de l'essieu. Le coude forme manivelle, et la bielle est comme un bras faisant tourner la manivelle, l'essieu, et les roues que l'essieu porte à chacune de ses extrémités. Ajoutons à cette explication quelques détails importants.

Quand le piston se trouve à l'une ou l'autre des extrémités de sa course, son axe et celui de la bielle motrice forment une même ligne droite : on dit alors que la manivelle est à un *point mort.* Que signifie cette expression ? Le voici :

Théoriquement, la manivelle semble pouvoir, en ce moment, aussi bien continuer son mouvement que prendre le mouvement contraire. Qui l'en empêche ? D'abord la vitesse acquise, — cette vitesse seule suffirait à continuer le mouvement; — puis la disposition à angle droit des deux manivelles du même essieu; de sorte que, si d'un côté le piston est au bout de sa course, dans l'autre cylindre le piston est au milieu. Il est donc impossible que le mouvement ne soit pas continu; comprenez-vous maintenant la raison des positions opposées qu'occupent à chaque instant les deux pistons ?

Jetez les yeux sur la coupe longitudinale qui nous a servi tout à l'heure à examiner la chaudière : vous y verrez le mécanisme de l'appareil moteur, ou mieux, des parties

de cet appareil que nous venons d'étudier ensemble.
Comme le cylindre est placé, dans la locomotive que nous
avons prise pour exemple, à l'intérieur des roues, la tige
du piston que guide la glissière, la bielle motrice et le
coude de l'essieu se trouvent également à l'intérieur. Le
cylindre, au contraire, est-il extérieur, l'essieu est droit;
mais alors on adapte au moyeu des roues motrices, et à
une distance de l'axe de l'essieu égale au bras de la manivelle — ce qui équivaut à dire, à la demi-course du
piston, — un bouton en fer auquel vient s'enchaîner la
bielle motrice. Vous verrez un exemple de cette disposition dans les machines Engerth et Crampton, représen-
tées plus loin.

Dès maintenant, nous pouvons nous rendre compte de
la façon dont agit la vapeur pour produire le mouvement
de rotation des roues motrices, et par suite de la machine.
Mais de quelle façon se distribue cette vapeur de chaque
côté du cylindre? Comment le tiroir exécute-t-il le mouvement alternatif nécessaire à cette distribution? C'est
ce qu'il nous reste à voir.

Toute la question, je le répète, est d'expliquer le mouvement de va-et-vient du tiroir dans la boîte à vapeur. Eh
bien, sachons d'abord que ce mouvement, pris sur l'essieu
moteur lui-même, se communique à la tige du tiroir par
l'intermédiaire d'un *excentrique* et de sa *bielle*. Ce qu'est
une bielle, nous l'avons déjà vu tout à l'heure; mais
comme je ne parle point à des mécaniciens, bon nombre
de mes lecteurs me sauront gré, je pense, de leur dire
ce qu'on entend par un excentrique.

Concevez un disque métallique circulaire, solidement
fixé à un arbre cylindrique — c'est ici l'essieu moteur
— mais fixé de telle sorte, que son centre ne coïncide
point avec l'axe de rotation. Imaginez maintenant ce disque entouré également d'un collier circulaire, mais mobile autour de lui et muni d'une barre rigide. Vous aurez

ainsi ce qu'on nomme un *excentrique,* son *collier* et sa *bielle.*

L'essieu moteur vient-il à prendre un mouvement de rotation, l'excentrique tournera avec lui ; mais, en raison de l'inégale largeur qui provient de sa position et de sa forme, il écartera et rapprochera progressivement le collier de l'axe de l'essieu. De là résulte un mouvement de va-et-vient de la barre d'excentrique, puis de la bielle articulée à la tige du tiroir, et enfin de cette tige elle-même.

S'il ne s'agissait jamais que de marcher en avant, un seul excentrique suffirait à produire indéfiniment ce mouvement d'une façon continue, tant du moins que la vapeur affluerait dans la boîte du tiroir. Mais il est souvent utile de rebrousser chemin et de substituer à la marche en avant la marche en arrière : c'est ce que le mécanisme d'un excentrique ne saurait produire seul. Nous aurons bientôt l'occasion de jeter un coup d'œil sur la disposition extérieure de notre locomotive. Je profiterai de la circonstance pour essayer de vous faire comprendre comment a été résolu ce problème du changement de marche, au moyen d'un mécanisme particulier, celui de la coulisse.

Achevons maintenant l'examen intérieur de notre machine. Faisons pour cela une nouvelle coupe en travers ; mais cette fois suivant l'axe même de la cheminée, c'est-à-dire dans la boîte à fumée (*fig.* 77). Examinons la figure qui en résulte. Qu'y voyons-nous ?

D'abord sur la plaque tubulaire d'avant de la chaudière, les orifices des tubes, par où les gaz de la combustion s'échappent de la cheminée, puis au-dessous les deux cylindres, munis latéralement de leurs tiroirs. Les deux tuyaux d'échappement viennent se réunir en un seul, à la base de la cheminée ; mais, comme une telle disposition produit un étranglement nuisible au tirage, la base de la cheminée a été évasée dans le but de prévenir cet effet.

Puisque je viens de prononcer le mot de tirage, c'est l'occasion de parler de cette importante fonction, qui donne à la combustion l'énergie, la vivacité nécessaires. C'est à la fois par l'insuffisance du tirage et par la faiblesse

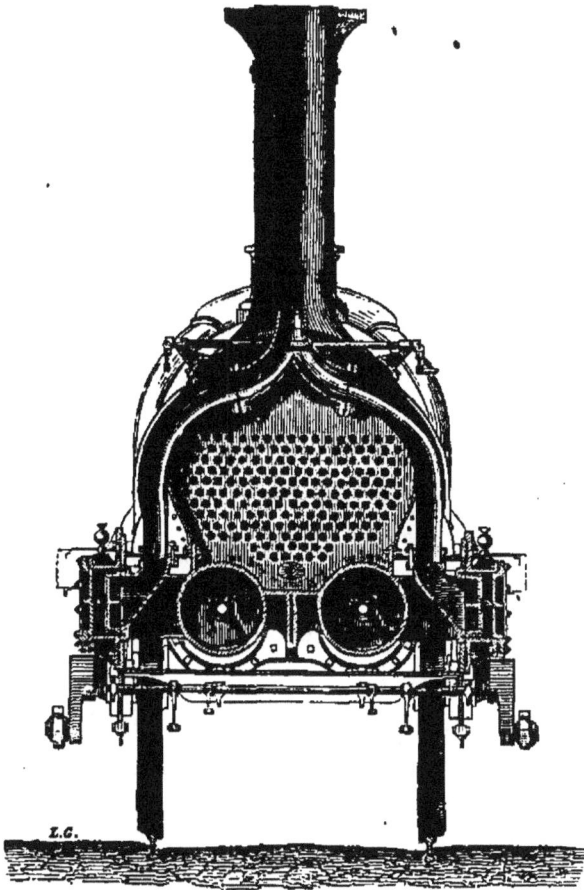

Fig. 77. — Coupe transversale de la boite à fumée ; cheminée et tuyau d'échappement.

de la surface de chauffe que péchaient les premières machines. Vous avez vu comment l'invention de la chaudière tubulaire a remédié à ce dernier défaut. Les mêmes inventeurs trouvèrent le moyen, chacun de son côté, de détruire le premier. Voici comment ils y parvinrent :

L'appel de la cheminée, surtout à travers les tubes étroits de la nouvelle chaudière, donnait un tirage trèsimparfait. Pour y suppléer, ils songèrent à utiliser l'action de la vapeur à sa sortie des cylindres, en faisant déboucher les tuyaux d'échappement vers la partie inférieure de la cheminée. Que résulta-t-il de cette disposition? La soudaine dilatation du fluide élastique détermina à la fois dans la cheminée un rapide courant d'air ascensionnel, puis une série de vides alternatifs. Ce double phénomène devait, dans la pensée des inventeurs, activer puissamment le tirage : c'est aussi ce que l'expérience est venue confirmer.

Il y avait bien un autre moyen de produire un fort tirage, c'était de donner à la cheminée une hauteur considérable; mais la dimension des ouvrages d'art, ponts et tunnels, ne permettait pas à cette hauteur, on le conçoit, de dépasser une certaine limite. Voilà pourquoi on a dû recourir à l'appel de vapeur.

Disons encore que la cheminée porte d'ordinaire à la partie supérieure et en avant de la machine un écran qu'on peut lever ou rabattre à volonté. Plus la vitesse de la marche est grande, plus cet écran fait du vide derrière lui, plus il facilite le tirage[1].

Enfin, il ne suffit pas d'obtenir un maximum de tirage, il faut encore pouvoir le ralentir à volonté. On y parvient en faisant varier les dimensions de l'orifice d'échappement, au moyen de deux valves mobiles, qu'une tringle, à la portée du mécanicien, permet à ce dernier d'ouvrir et de fermer à sa guise.

S'il est très-important de régulariser le tirage, il ne l'est pas moins de régulariser l'admission de la vapeur. De là un nouvel organe essentiel de la machine, qui tire

[1] Le diamètre de la cheminée n'est pas non plus sans influence : l'expérience a prouvé qu'il fallait donner à la section de la cheminée une surface égale aux trois quarts environ de celle que forment les sections réunies des tubes, pour obtenir le maximum d'effet utile, au point de vue du tirage.

son nom de sa fonction même : le *régulateur*. Il y en a de plusieurs sortes : contentons-nous d'en prendre deux pour exemples. Parlons d'abord du régulateur à papillon, que vous allez voir de face et de profil. Dans certaines machines, le tuyau de prise de vapeur qui longe la partie supérieure du corps cylindrique se recourbe verticalement au-dessus du foyer, et débouche dans une sorte de dôme,

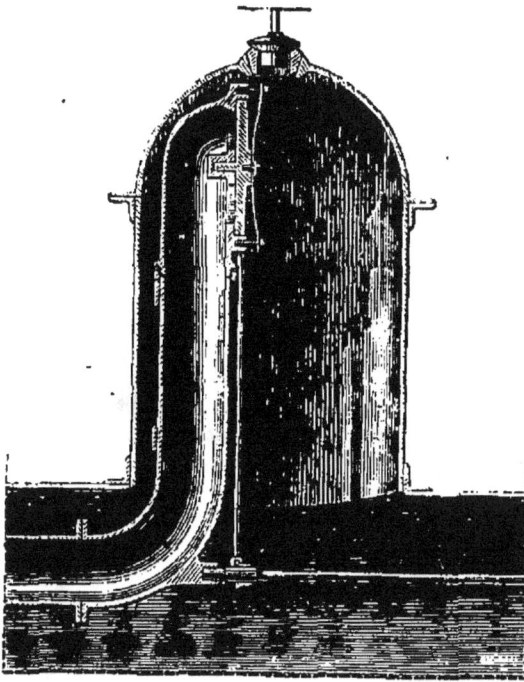

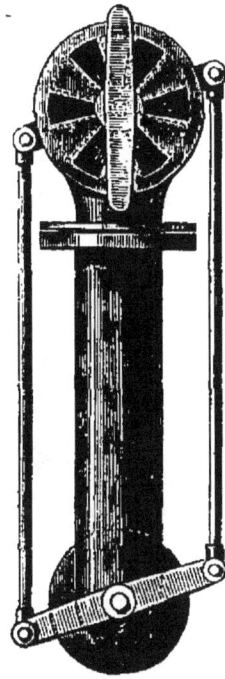

Fig. 78. — Régulateur à papillon ; coupe de profil.   Fig. 79. — Vue de face.

de forme et de dimensions variables. Cette disposition, presque généralement abandonnée dans les machines nouvelles, avait pour objet d'éviter l'entraînement des particules liquides par la vapeur. Le régulateur à papillon est adapté à l'orifice même du tuyau de prise de vapeur. En quoi consiste-t-il ? En un disque circulaire, percé d'ouvertures qui rayonnent de son centre et se mouvant en face d'ouvertures pareilles, pratiquées dans un disque immobile derrière lui. Selon que les ouvertures des deux

disques sont ou non correspondantes, on conçoit que le
passage de la vapeur sera libre, ou complétement fermé.
Dans les positions intermédiaires, c'est une fraction plus
ou moins grande de ces ouvertures qui donnera passage ,
à la vapeur.

La vue de face vous montre les deux bielles latérales
articulées à une tige, que met en mouvement le mécanicien par l'intermédiaire d'une tringle à manivelle ; et
vous comprenez comment, dans ce système, on peut régler à volonté, et supprimer au besoin l'admission de la
vapeur [1].

Voyons maintenant le régulateur de la machine que
nous avons examinée ensemble :

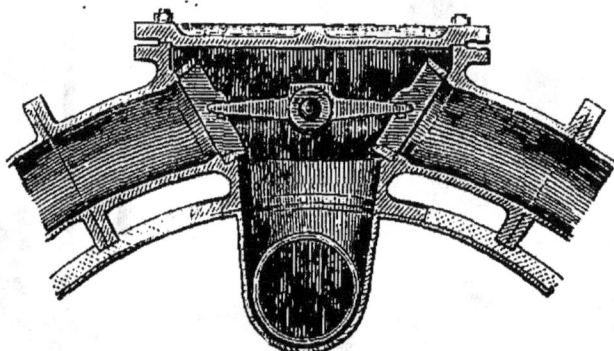

Fig. 80. — Régulateur à tiroir ; coupe transversale.

La figure ci-dessus en est une coupe, faite transversa-
lement à la machine, par le milieu du petit dôme ou
boîte en fonte, que nous avons déjà signalé en arrière de
la cheminée. A droite et à gauche, débouchent les deux
tuyaux qui conduisent la vapeur aux cylindres ; au milieu et un peu en bas, l'orifice du tuyau de prise de vapeur. Deux tiroirs obliques, percés de lumières et reliés
par une tige transversale, glissent dans le sens de la lon-

---

[1] Au lieu d'un disque à papillon, on emploie aussi un tiroir rectangulaire percé de lumières. Le principe est toujours le même.

gueur de la machine, sous l'action d'une tringle mue par le mécanicien.

De la position des tiroirs par rapport aux ouvertures des tuyaux d'échappement résulte soit l'admission intégrale de la vapeur, soit la fermeture complète, soit un passage proportionné aux ouvertures laissées libres.

Nous connaissons maintenant, dans ses dispositions essentielles, l'intérieur de la locomotive. Si vous voulez que nous en examinions ensemble la configuration externe, nous arriverons de la sorte à une intelligence à peu près complète de ce merveilleux moteur.

XI

QU'EST-CE QUE LA LOCOMOTIVE? *(Suite.)*

Je ne sais ce qu'on doit le plus admirer quand on se donne la peine d'étudier la locomotive, de la complexité des organes qui concourent à produire ce résultat, en apparence si simple, le mouvement, ou de l'incomparable harmonie de l'ensemble. Certes, il y a loin de ce mécanisme automatique à l'être organisé, à la vie ; mais on a peine à se défendre d'une comparaison, où d'ailleurs les analogies abondent, entre l'animal et la machine, et l'on arrive de la sorte à se faire une haute idée de l'intelligence qui a su combiner dans un tout harmonieux les lois de la physique, les données de l'expérience et les conceptions abstraites de la mécanique et de la géométrie.

Les deux points importants dont il me reste à vous entretenir achèveront, s'il en est besoin, de vous convaincre. Je veux parler, et du mécanisme qui permet à la locomotive d'avancer ou de rebrousser chemin à volonté, et de celui qui sert à l'alimentation continue de la chaudière. Tous les deux se voient extérieurement sur notre machine ; c'est ce dont vous allez pouvoir vous assurer en jetant les yeux sur le dessin de la page 185.

La forme extérieure de la chaudière accuse nettement les trois parties principales qui la composent : boîte à feu,

Fig. 81. — Vue extérieure de la locomotive; mécanisme de la distribution; pompes alimentaires, etc.

corps cylindrique et boîte à fumée. En avant, et légèrement incliné à la hauteur du châssis de la machine, ap-
paraît le tiroir avec sa tige ; un peu au-dessus, une portion du tuyau d'échappement, et, dans une direction oblique à celle de ce dernier, l'un des deux tuyaux d'admission. A la partie supérieure du corps cylindrique, vous
apercevez la tringle du régulateur, qui se perd dans la
boîte en fonte où se loge ce dernier. Une seconde tringle
se voit un peu au-dessous : elle sert à régler le tirage en
ouvrant ou fermant les valves mobiles dont nous avons
parlé plus haut. Quant au cylindre, à la tige du piston et
à la bielle motrice, comme ils sont placés à l'intérieur des
roues, on ne peut s'attendre à les trouver ici ; mais notre
coupe longitudinale nous les a déjà fait connaître.

Des trois paires de roues de la machine, c'est celle du
milieu qui reçoit ici directement l'action de l'appareil
moteur : de là leur nom de *roues motrices;* les roues
d'avant, accouplées à celles-ci par des bielles horizontales
qui les rendent solidaires, ont un diamètre pareil, tandis
que les roues d'arrière sont indépendantes et d'un plus
petit diamètre. Les roues accouplées permettent d'utiliser
pour l'adhérence une plus grande partie du poids de la
machine.

Voyons maintenant le mécanisme de la coulisse, dont
les pièces sont visibles entre l'essieu moteur et le tiroir.

L'essieu dont il s'agit, au lieu de porter de chaque côté
un seul excentrique, en possède deux, juxtaposés, dont
les barres font entre elles un certain angle et sont articulées aux extrémités d'une pièce métallique de forme circulaire : c'est à cette pièce qu'on donne le nom de *coulisse.*
La coulisse est ici fixée par son milieu au bâti de la locomotive; elle reçoit, dans une rainure qui court dans toute
sa longueur, l'extrémité mobile de la bielle du tiroir.
Dans le mouvement de rotation de l'essieu, que devient la
coulisse? Il est clair que chaque bielle d'excentrique con-

court à la faire osciller autour de son point milieu ; mais il est également facile de comprendre qu'une seule agit sur le tiroir : c'est celle dont l'extrémité aboutit directement à sa tige.

Veut-on que le tiroir reçoive son mouvement de l'autre barre d'excentrique, il suffira d'amener la bielle du tiroir en regard de celle-ci, mouvement que le mécanicien imprime à volonté par une série de bras de leviers et de tringles. On voit sur le dessin l'extrémité de levier de changement de marche, à l'arrière de la machine, ainsi que les tiges, bras de leviers et contre-poids, situés à côté et un peu au-dessous de la coulisse. Comment ce mécanisme peut-il agir pour changer le sens de la marche ?

Considérez la locomotive arrêtée un instant, l'un des pistons étant à bout de course, tandis que l'autre est à moitié — positions toujours corrélatives, nous l'avons vu. — Le tiroir qui correspond à la seconde de ces positions, est précisément à la fin d'un de ces mouvements de va-et-vient, de sorte que si la vapeur entre dans la boite, le mouvement aura lieu comme précédemment, c'est-à-dire en avant. Mais que, par le mécanisme de la coulisse[1], le tiroir soit tout à coup transporté à son autre position extrême, et c'est le contraire qui aura lieu : je veux dire que, la vapeur entrant par l'autre lumière, le piston marchera en sens inverse, et la manivelle de l'essieu prendra le mouvement rétrograde ou de marche en arrière[2].

---

[1] Nous verrons plus loin que l'emploi de ce mécanisme ou de la *contre-vapeur* est maintenant utilisé pour obtenir l'arrêt d'un train en marche, de manière à produire le même effet par le serrage des freins.

[2] La coulisse que nous venons de voir, dont la courbure, ou mieux la concavité, est tournée vers le cylindre, se nomme coulisse renversée ; la coulisse ordinaire, de moins en moins appliquée, est tournée vers l'essieu ; en outre, c'est elle qui reçoit le mouvement du levier et de la barre de relevage, de manière à présenter l'une ou l'autre de ses

Tel est, en peu de mots, l'ingénieux appareil dont l'invention première remonte à Stephenson, et qui porte encore son nom.

La coulisse de Stephenson n'est pas seulement utilisée pour obtenir à volonté le changement de marche de la machine; elle sert encore à modifier la longueur de course du tiroir. Il suffit pour cela d'arrêter, par l'intermédiaire des leviers et des arbres de relevage, la bielle du tiroir en un point situé à une certaine distance des extrémités de la coulisse, ou, si l'on veut, plus ou moins rapproché de son point milieu. L'amplitude des oscillations devenant moindre pour l'extrémité de cette bielle, on voit que la course du tiroir sera par là diminuée.

Dans quel but, c'est ce que je ne puis me résoudre à passer sous silence. Ici, en effet, il ne s'agit pas d'une de ces questions théoriques qui intéressent la science seule et la pure curiosité des fanatiques de formules; pas n'est besoin pour la résoudre d'analyse transcendante ni d'algèbre : c'est avant tout une question pratique, un problème d'économie, dans toute l'acception du mot.

Rappelez-vous seulement ce qui se passe dans le cylindre, lorsque le tiroir est placé au point milieu de sa course. Vous avez vu qu'alors le piston est à la fin de la sienne, sur l'une ou sur l'autre face du cylindre. Supposons-le au fond, à l'avant : il va maintenant rétrograder, pendant que le tiroir continuera son mouvement dans le même sens, puis en sens inverse, et nous savons par quel mécanisme du tiroir la vapeur sera admise d'un côté et s'échappera de l'autre : à la rigueur, dans la position relative occupée par le tiroir et le piston, il suffirait que les bords du premier fussent précisément d'une épaisseur égale à la largeur des deux lumières pour que le mouve-

extrémités à la tige du tiroir; mais le principe étant le même, je n'en dirai pas davantage.

Fig. 82. — Vue extérieure d'une locomotive type Crampton.

ment eût lieu comme nous l'avons décrit plus haut. Mais qui ne sait que, dans une machine, les organes n'ont point une perfection absolue? qui ne sait combien le mouvement finit par altérer une perfection même relative? Si l'égalité dont nous venons de parler existait, le jeu des pièces amènerait bientôt un retard ou une avance à l'admission de la vapeur, lesquels auraient au contraire pour correspondants une avance ou un retard à l'échappement. De là une contrariété dans le jeu de la vapeur, une réelle déperdition de force.

Comment parvient-on à faire disparaître ce grave inconvénient? Premièrement, en opérant le montage du tiroir de telle façon que là vapeur soit admise un peu plus tôt; pour obtenir ce résultat, il suffit de caler l'excentrique, dans une situation convenable, sur l'essieu. Mais si l'admission de la vapeur est plus prompte, il en est nécessairement de même de l'échappement; c'est une circonstance favorable à la sortie de la vapeur qui, sans cela, refoulerait le piston dans son mouvement. Enfin pour que l'échappement se fasse encore plus vite, on augmente l'avance correspondante en accroissant à l'extérieur l'épaisseur des bords du tiroir, de sorte qu'ils recouvrent en partie les lumières. Il y a donc *avance à l'admission*, plus forte *avance à l'échappement*, et *recouvrement*. Or, ces seules modifications suffisent à produire une grande économie dans la dépense de vapeur, ou, ce qui revient au même, un réel accroissement de puissance de traction et de vitesse.

Ce n'est pas tout. Elles produisent une économie plus grande encore, par ce que l'on nomme la *détente*. Imaginez que la vapeur, au lieu de pénétrer à l'intérieur du cylindre pendant toute la durée de la course du piston, ne soit réellement introduite que pendant la moitié de cette course, qu'arrivera-t-il? Qu'elle se dilatera, mais sans cesser de produire un effet utile : tel est le phénomène

qu'on nomme la *détente* de la vapeur. Or, quand on calcule
quel est l'effet utile produit par la détente, pour une même
quantité de vapeur dépensée, on trouve que cet effet s'accroît jusqu'au triple de sa valeur, si l'admission a lieu
pendant un dixième de la course, et la détente pendant
les neuf autres dixièmes.

Par le fait de l'avance et du recouvrement dont il vient
d'être question, il est clair qu'il y a détente, mais détente
fixe qui, dans la pratique, ne s'élève guère qu'au cinquième. Le résultat est toutefois encore une augmentation de puissance d'environ un quart.

Pour obtenir une détente variable, ce qui peut être
utile dans diverses circonstances, on emploie le mécanisme particulier de la coulisse. On a vu que l'action de
cette pièce sur le tiroir consiste dans la variation de la
longueur de course de ce dernier, ce qui permet de diminuer à volonté le temps de l'admission, c'est-à-dire d'accroître la détente de la vapeur.

Qu'une machine ait à remorquer un lourd convoi ou à
gravir une rampe, par un temps humide, qui rend les
rails glissants, ou bien encore qu'elle soit dans la nécessité d'accroître sa vitesse : dans tous les cas, il s'agira
de lui faire développer une puissance motrice plus considérable.

Enfin, en dehors de ces cas extrêmes, il n'est pas moins
utile de pouvoir régler à volonté le degré de la détente.
L'expérience a prouvé qu'en la combinant avec le main-
tien de la vapeur à la plus haute pression possible, on
obtenait le maximum d'effet utile pour un poids donné
de vapeur. A huit atmosphères, le travail utile d'un kilo-
gramme de vapeur dépasse de plus d'un cinquième celui
qu'on obtient par une pression de quatre atmosphères.

Avais-je raison de dire que ces problèmes d'avance et
de recouvrement, de détente fixe ou variable, qui ont si
fort tourmenté le génie inventif des ingénieurs-construc-

teurs de locomotives, se traduisent en fin de compte, par des solutions pratiques, par... le grand mot de l'industrie est lâché, de l'économie ?

Un point important, quand une locomotive est en marche, c'est de savoir si l'eau est en quantité suffisante dans la chaudière. Comment s'en assure-t-on ? Par des *indicateurs à niveau d'eau*, ou tubes en verre extérieurs, communiquant avec la chaudière au-dessus et au-dessous du niveau habituel de l'eau. Il est important d'ajouter que si le tube se brise, on peut, en fermant deux robinets, intercepter cette communication. Dans ce cas, trois autres robinets d'épreuve, placés à diverses hauteurs, suppléent à l'indicateur, ou même servent à le vérifier, quand il fonctionne. Il n'y a pas trop de ces moyens divers pour s'assurer que l'eau est en quantité suffisante ; car, si cette quantité devenait assez faible pour que le ciel du foyer fût à découvert, il en résulterait pour ce dernier de graves avaries.

Ceci nous amène à parler du mode d'alimentation de la chaudière. Comment, à mesure que l'eau se vaporise, arrive-t-on à la remplacer et à entretenir, autant que possible, la constance du niveau ? Le voici :

L'eau en disponibilité pour cet usage est, comme on le sait, renfermée avec le combustible dans une voiture spéciale qui suit la locomotive, et qu'on nomme le *tender*. Il s'agit de faire passer cette eau du tender dans la chaudière : c'est au moyen d'une pompe aspirante et foulante, dont le piston plongeur reçoit son mouvement, soit de la tige du piston, soit d'un excentrique, qu'on arrive à régler cette alimentation avec la précision nécessaire. Le corps de pompe dans lequel se meut le plongeur se bifurque en deux tuyaux : l'un, d'*aspiration*, communique avec le tender ; l'autre, de *refoulement*, avec les flancs de la chaudière, autant que possible loin du foyer, c'est-à-dire en avant du corps cylindrique.

Il importe que le mécanicien s'assure de temps en temps du bon état des pompes alimentaires et puisse de sa place en surveiller le fonctionnement. Pour cela il existe, entre les deux soupapes du tuyau de refoulement, un tuyau d'épreuve muni d'un robinet que le mécanicien manœuvre par l'intermédiaire d'une tringle et de sa poignée.[1] En l'ouvrant, l'eau s'échappe par jets, avec d'autant plus de régularité que les pompes fonctionnent mieux : c'est en outre un moyen de purger d'air, s'il y a lieu, le corps de pompe.

Le tuyau d'aspiration est divisé en deux parties, reliées par une partie mobile ; cette dernière permet au tender et à la machine de suivre les faibles mouvements relatifs qui, en les déplaçant de leur position mutuelle, briseraient les tuyaux.

L'une des deux pompes d'alimentation est facile à distinguer dans la vue intérieure que je vous ai tout à l'heure mise sous les yeux (*fig.* 81). Le tuyau de refoulement descend de l'enveloppe du corps cylindrique, à peu près entre les deux roues couplées, longe le châssis, et descend en se coudant vers le corps de pompe, au niveau de la roue. Le tuyau d'aspiration se coude alors en sens contraire, et court rejoindre le tender à l'arrière de la machine. Entre l'excentrique et la pompe, se voit la tige du piston plongeur.

Depuis quelques années, on a adapté à toutes les locomotives un appareil très-ingénieux, connu sous le nom d'*injecteur Giffard*, du nom de son inventeur, ce qui a permis de supprimer les anciennes pompes d'alimentation. La vapeur amenée du générateur par un tube de communication VV, s'échappe par un ajutage conique, entraîne l'air, fait ainsi un vide qui permet à l'eau d'alimentation de monter par le tube EE qui l'amène en face de l'orifice. La force d'impulsion du jet de vapeur projette

13

alors cette eau même dans un autre conduit M situé en

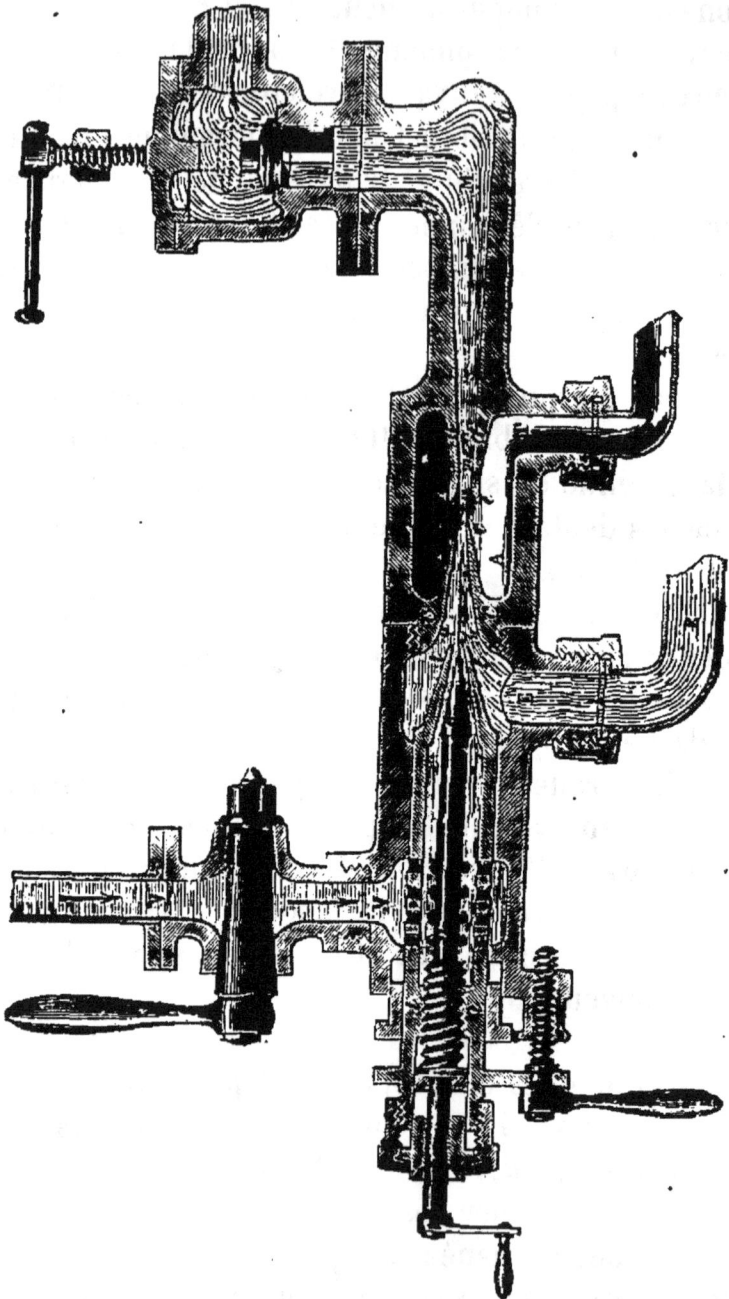

Fig. 85. — Coupe de l'injecteur Giffard.

face, et l'injecte de là jusque dans la chaudière.|
La figure 85 donne la coupe de cet appareil, dont le mé-

canicien peut régler le jeu à volonté. Deux poignées à vis
lui permettent soit de rapprocher le bec de vapeur de
celui qui lance l'eau, soit de faire varier l'ouverture du
premier bec en avançant plus ou moins la tige à extrémité conique *aa*, pour régler la quantité d'eau qu'il veut
injecter dans la chaudière.

Notre description touche à sa fin ; encore quelques accessoires curieux de la machine, et je termine.

Voici d'abord le sifflet et les soupapes de sûreté (*fig.* 84).

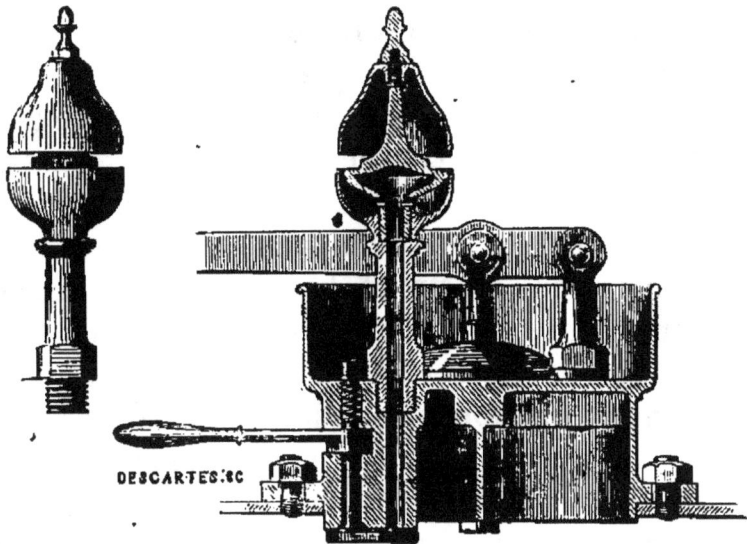

Fig. 84. — Sifflet à vapeur et soupapes de sûreté de la locomotive.

Les soupapes de sûreté ont pour but de donner issue à
la vapeur, quand elle arrive à prendre, dans le réservoir
cylindrique, une pression dangereuse pour la machine.
L'excès de la vapeur s'échappe alors par les soupapes et
prévient les accidents. Il y a d'ordinaire, sur chaque locomotive, deux soupapes, le plus souvent disposées à
l'arrière, au-dessus du foyer. On peut voir, sur la coupe
longitudinale comme sur la vue extérieure, le bras du
levier qui presse la soupape sur son siége, sous l'action
d'un ressort à boudin, fixé verticalement contre la chau-

dière. Le petit dôme qui s'élève au-dessus de la boîte à feu les contient toutes les deux. Je n'insiste pas sur une disposition qui est, d'ailleurs, commune à toutes les machines à vapeur.

A côté des soupapes est placé le *sifflet à vapeur*. C'est lui dont le son strident et aigu retentit à chaque instant sur la voie ou dans les gares, tantôt donnant le signal du départ, tantôt annonçant l'arrivée, tantôt avertissant le garde-frein qu'il ait à serrer ou à desserrer l'appareil. Vous vous êtes demandé sans doute comment fonctionne ce petit instrument, sur les indications duquel nous reviendrons. Rien n'est plus simple.

Le dessin qui précède nous en donne une coupe ou vue intérieure, qui montre comment les choses se passent. Une cloche de bronze, à bords inférieurs taillés en biseau, surmonte une sorte de coupe qui laisse échapper la vapeur par une fente circulaire étroite. Le jet de vapeur frappe le timbre qui résonne sous le choc rapide, en produisant le sifflement aigu que vous connaissez. Un robinet, que le mécanicien fait mouvoir par un levier, ouvre ou ferme à volonté le conduit vertical qui communique avec le réservoir à vapeur de la chaudière. En faisant varier la forme et les dimensions du timbre, on obtient un son plus ou moins grave, et l'on peut distinguer ainsi les trains de voyageurs des trains de marchandises.

Parmi mille autres détails trop longs à décrire, je vous signalerai encore en courant et sans ordre, les appareils dont le but est d'arrêter les flammèches vomies par la cheminée, le registre modérateur du tirage, ouvert sur le flanc de la boîte à fumée ; les robinets de vidange au moyen desquels le mécanicien peut vider la chaudière ; le chasse-pierres, dont le nom indique assez l'usage et qu'on voit descendre à l'avant presque au niveau des rails ; les robinets purgeurs et graisseurs des cylindres, les enveloppes en bois et en laiton qui recouvrent extérieurement les cylindres et la chaudière, ainsi protégée contre le refroidissement dû au contact de l'air. Je passe sous silence enfin bien d'autres détails qui offrent, certes, un réel intérêt; mais je parle à des gens du monde et ne me

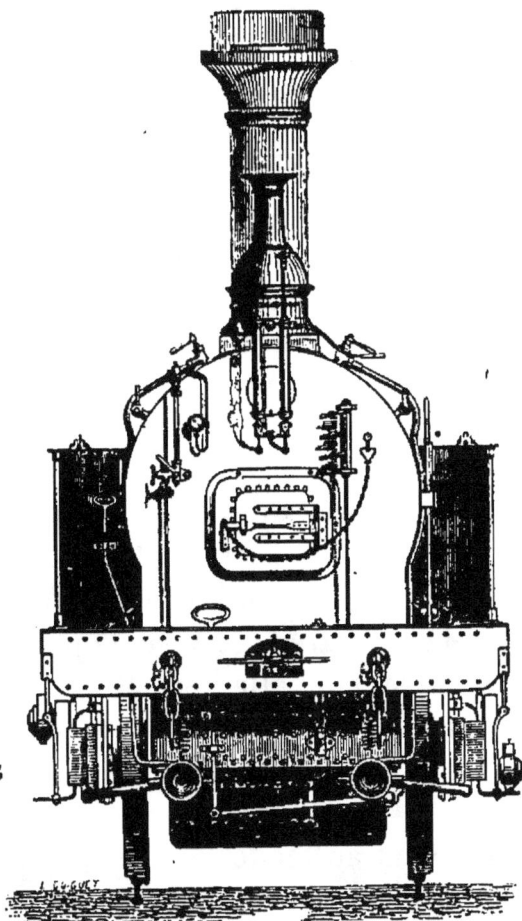

Fig. 85. — Vue d'arrière de la locomotive.]

suis point proposé pour objet d'instruire de futurs mécaniciens, constructeurs ou conducteurs de locomotives.

Permettez-moi seulement, en vous présentant cette vue d'arrière de la locomotive, de supposer le mécanicien à son poste, sur la plate-forme, et de vous faire voir avec quelle précaution se trouvent réunis à sa portée tous les organes indispensables à la conduite de la machine.

Devant lui, au milieu de la plaque circulaire qui enveloppe le foyer, vous voyez (*fig.* 85) la porte par où le chauffeur introduit le coke ; à droite, les trois robinets d'é-
preuve, qui servent à vérifier le niveau de l'eau dans la
chaudière ; à gauche, l'indicateur à niveau d'eau en cristal,
destiné au même usage, et le manomètre qui mesure la
pression de la vapeur ; en bas, près du plancher, vous
pouvez voir la poignée d'une tringle qui, soulevée, ren-
verse une moitié de la grille et laisse tomber le feu.

À peu près à la hauteur de la tête, entre les deux soupapes, aboutit la manette du régulateur, puis en descendant à droite, celles des tuyaux réchauffeurs, de l'arbre
de relevage, des robinets purgeurs, des tuyaux d'épreuve
de la pompe ; à gauche enfin, la tringle qui ouvre ou
ferme le registre de la boite à fumée. Voyez encore au-
dessous de la traverse qui soutient la plate-forme du mécanicien, les orifices évasés des tuyaux d'aspiration de la
pompe, et, attachées à cette traverse, les chaînes de sûreté
et la barre d'attelage qui réunissent le tender à la locomotive. Quant à la balustrade formée de plaques de tôles
entourant la boîte à feu, elle permet au mécanicien de
s'avancer, pour son service, à droite et à gauche du corps
cylindrique.

J'arrive maintenant au tender, qui est, comme on sait,
le complément obligé de toute machine, chargé de porter
l'eau, le combustible et les ustensiles nécessaires au service et à l'alimentation en voyage[1]. Procédons à notre
manière ordinaire : faisons une coupe longitudinale du
véhicule. Voici la vue qui en résulte (*fig.* 86) :

---

[1] Certaines machines, dont il sera question tout à l'heure, portent
elles-mêmes ces éléments, et reçoivent pour cela le nom de *locomo-
tives-tenders*. D'autres sont reliées d'une manière invariable à leurs
tenders, qui font alors partie intégrante des machines. Je dirai les
raisons de ces dispositions spéciales.

Voyez d'abord comment le coke est accumulé à l'intérieur, dans une sorte de fer à cheval, à la libre et facile
disposition du chauffeur. Une caisse à eau entoure cet
espace, de façon que le poids total soit aussi également
que possible réparti sur les essieux du véhicule. Les parois de cette caisse sont en tôle et consolidées par des
cornières en fer; leur hauteur varie entre 0^m,80 et 1 mètre. La contenance change elle-même, selon la puissance

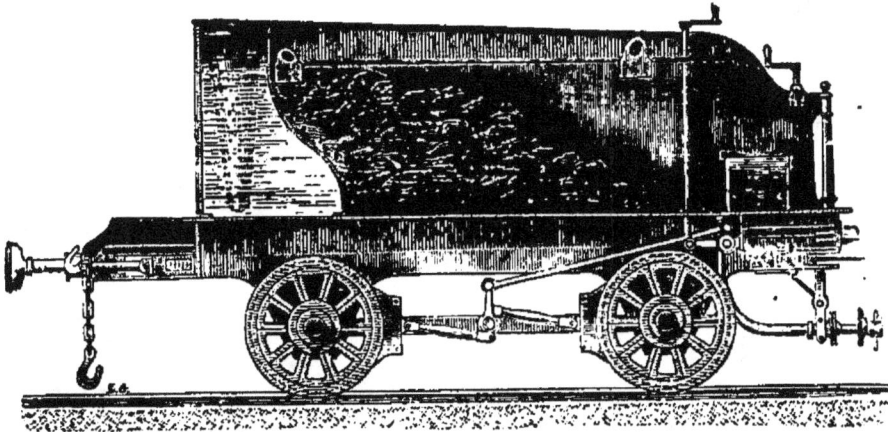

Fig. 86. — Le tender; coupe longitudinale; vue intérieure.

ou l'activité du service des machines : de 5,000 litres
d'eau au moins, de 8,000 litres au plus.

Quant à la quantité de combustible que porte un tender
complétement chargé, elle oscille entre 1,000 et 3,500
kilogrammes. Il est vrai de dire qu'il s'agit ici de la
charge au départ, laquelle diminue progressivement au
fur et à mesure de la consommation, jusqu'à devenir nulle
ou à peu près à l'arrivée.

Comment introduit-on l'eau dans la caisse?

Notre dessin répond à la question. Voyez-vous cette
sorte de panier, de forme conique, en cuivre rouge, et
percé d'une multitude de petits trous, lequel plonge dans
la caisse à l'arrière: il est placé au-dessous d'une ouverture fermée par un couvercle métallique, dont le but est

de protéger l'intérieur du tender contre l'introduction des fragments de combustible. C'est par cette ouverture que les boyaux des grues introduisent l'eau d'alimentation. Dans certains tenders, il y a deux ouvertures contenant chacune un panier de ce genre, placé alors à chaque angle d'arrière. On a déjà compris, j'espère, pourquoi cette enveloppe protectrice : c'est afin que tous les détritus et menus objets, apportés par l'eau des réservoirs, morceaux de bois, de paille, etc., ne puissent, en pénétrant dans la caisse à eau, et de là dans les tuyaux d'aspiration, nuire au jeu des pompes alimentaires.

C'est vers l'avant et sur le fond de la caisse à eau que viennent aboutir les deux tuyaux d'aspiration des pompes : deux soupapes, manœuvrées par le mécanicien ou le chauffeur, donnent ou ferment l'accès au liquide. Un coup d'œil jeté sur notre coupe permet de saisir cette disposition.

Enfin, je ne puis que mentionner les coffres qui, placés à l'avant et à l'arrière du tender, portent, soit divers outils, les effets du mécanicien, les chiffons, la graisse, soit les agrès utiles en cas d'accident, avec diverses pièces de rechange.

Le châssis du tender, en bois ou en tôle, est à quatre roues, plus rarement à six. Il se relie à la locomotive par une barre d'attelage à vis et deux chaînes de sûreté — nous venons de les voir sur la machine — et au train, par le moyen d'un simple crochet, qui reçoit la barre d'attelage du premier wagon.

Le tender porte toujours un *frein*, qui agit à la fois sur les deux ou trois paires de roues. On sait quelle est la fonction de cet appareil important, destiné à détruire progressivement la vitesse acquise par le train, quand il s'agit d'arrêter, ou tout au moins à l'amortir en partie, lorsqu'on veut simplement ralentir le mouvement. Dans aucun cas, qu'on le sache bien, il ne peut être question d'arrêter brusquement la marche, quelle qu'en puisse être l'urgence ; les accidents heureusement fort rares, qui proviennent de la rencontre de deux trains, ou de la présence sur la voie d'un obstacle propre à faire dérailler la machine, ne justifieraient pas une pareille imprudence. Arrêter instantanément un convoi dans sa marche — si un tel problème pouvait être résolu par des moyens simples — serait aussi funeste que l'accident qu'il s'agirait de prévenir : la secousse en serait tout aussi terrible.

C'est une réflexion qui coupe court aux inventions de cette sorte, en prouvant que leurs auteurs n'ont qu'une idée tout à fait fausse des conditions du problème à résoudre. Mais je reviendrai plus loin, avec quelques détails, sur la description des freins généralement adoptés pour les tenders, comme pour les autres véhicules des voies ferrées.

XII

TYPES DE LOCOMOTIVES

Tel est le mécanisme de la locomotive[1].

Mais de quelle locomotive? car il n'est pas besoin de faire de longs trajets sur nos routes de fer, pour remarquer. de sensibles différences dans les nombreuses machines qui les sillonnent. Jusqu'ici, en prenant pour sujet

[1] Si quelque lecteur curieux désire avoir une idée de la construction même de la machine, je ne puis que le renvoyer aux ouvrages spéciaux écrits sur la matière, ou mieux encore, aux usines qui entreprennent sur une grande échelle cette construction. Les ateliers des chemins de fer lui offriront aussi, à ce point de vue, un vif intérêt, dont les récits les plus circonstanciés ne sauraient fournir l'équivalent. Tout ce que je puis dire, c'est que la construction d'une locomotive présente une série d'opérations qui exigent les soins les plus grands : choix des matières premières, — et l'on sait que ces matières sont assez variées, fonte, fer forgé, tôle, acier, cuivre rouge, laiton, bronze, bois, — ajustage et montage des pièces fabriquées, conditions de stabilité et de rigidité, sont autant de points qui réclament à la fois les calculs du théoricien, l'habileté de la main-d'œuvre et les indications de la pratique la plus consommée. Les économies provenant de la supériorité du service, une usure moins rapide, l'absence d'accidents, voilà les conséquences d'une fabrication bien conduite.

On a déjà vu d'ailleurs combien le bon état de la voie importe aussi à la bonne conservation des machines : la poussière du sable fin, soulevée du ballast, a une grande influence sur la destruction des pièces frottantes, qu'il faut protéger avec soin contre cette action destructive.

de dissection une machine particulière, je me suis attaché à décrire les organes essentiels, ceux qui conviennent à toutes les machines, et dont l'ensemble constitue, à proprement parler, la locomotive type.

Le moment est venu de distinguer, de classifier; seconde étude, non moins intéressante que la première, et qui prouve, une fois de plus, combien l'homme, dans les œuvres qui portent l'empreinte de son génie, aime à reproduire les séries dont la nature lui offre des exemples · si multipliés.

Toutes les locomotives qui parcourent les grandes lignes, classifiées suivant la nature de leur service, peuvent se ranger en ces trois catégories :

Machines à voyageurs, exclusivement affectées au service de la grande vitesse ;

Machines à marchandises, exclusivement affectées au service de la petite vitesse ;

Machines mixtes, employées alternativement ou simultanément au service des voyageurs et des marchandises.

En dehors de ces trois classes, il n'y a plus que deux ou trois types spéciaux : nous les retrouverons plus tard. Voyons en ce moment à quels caractères on reconnaît les premiers.

Les machines à voyageurs marchent avec la vitesse effective minimum de 40 kilomètres à l'heure; mais elles atteignent le plus souvent une vitesse de 60 à 75 kilomètres, et même de 80 kilomètres à l'heure. Il est d'ailleurs aisé de concevoir que leur charge, ou le poids des trains qu'elles remorquent, varie aussi avec la vitesse. Ainsi, qu'une locomotive de ce genre arrive à remorquer une file de quinze voitures de voyageurs ou wagons, avec une vitesse régulière de 45 kilomètres, et il est clair qu'elle ne pourra, dans les mêmes circonstances, traîner plus de huit ou neuf véhicules, quand la vitesse atteindra le maximum de 80 kilomètres.

Comment parvient-on à de tels résultats? En donnant aux roues motrices un diamètre considérable et aux cylindres une faible longueur. Il en résulte que, pour un nombre de tours déterminé par seconde, la vitesse croissant avec le diamètre, puisque le développement de la roue sur le rail est plus allongé, la course du piston est de faible longueur; les pièces mobiles du mécanisme sont alors animées d'une médiocre vitesse, circonstance utile à leur conservation. Dans les machines à voyageurs, les roues motrices sont indépendantes des autres roues : leur diamètre varie entre 1^m,68, 2^m,10 et même 2^m,50.

Le type le plus tranché de cette catégorie est la locomotive *Crampton*. (Voy. les *fig.* 82 et 87.) J'en donne un échantillon plus loin. Cette locomotive fait le service des trains express sur les chemins de l'Est, de Lyon et du Nord. Une grande stabilité, qui tient à l'abaissement du centre de gravité général et à l'écartement des essieux, une haute puissance de vaporisation, — la surface de chauffe dépasse 100 mètres carrés, — enfin une grande facilité de surveillance en marche, tel est le brevet que lui délivrent d'un commun accord tous les hommes compétents, et qu'elle ne cesse de justifier après une épreuve déjà longue[1].

Les roues motrices sont placées, on le voit, à l'arrière, de sorte que l'essieu moteur est, en ce sens, au delà du foyer. Les deux autres paires de roues de diamètres inégaux sont situées, l'une vers le milieu du corps cylindrique, l'autre un peu en arrière de la boîte à fumée. Le foyer et le réservoir de vapeur ont de grandes dimensions, ce qui a permis de supprimer le dôme. Les cylindres, placés à l'intérieur du châssis, sont horizontaux, tandis que les tiroirs sont inclinés et obliques. On peut voir l'un des tuyaux de prise de vapeur partir de la boîte qui con-

---

[1] Le type Crampton date de 1849.

Fig. 87. — Locomotive Crampton suivie de son tender ; machine à voyageurs et de grande vitesse.

tient le régulateur et descendre en contournant le corps cylindrique jusqu'au tiroir, tandis que le tuyau d'échappement, à angle droit avec le premier, longe d'abord la chaudière pour s'engouffrer dans la boîte à fumée. Enfin, les pompes sont en arrière du cylindre.

On ne peut pas voir, dans le dessin, la bielle motrice, parce qu'elle est en ce moment horizontale, et dès lors masquée par le châssis : cela indique qu'elle se trouve à l'un des points morts de la course du piston, ou, si l'on veut, que ce dernier est à bout de course. En revanche, la coulisse, la tige du tiroir, l'arbre, la barre et les leviers de relevage se voient aisément.

Du reste, si la machine Crampton se distingue par des qualités réelles, qui en font le type par excellence des locomotives à voyageurs, c'est-à-dire à grande vitesse, il ne faudrait pas croire que les chemins de fer ne possèdent aucune autre machine susceptible de servir au même usage. On cite pour leur légèreté et la simplicité de leur construction, les locomotives Buddicom, qui font au chemin de Rouen le service des trains de voyageurs, les locomotives Polonceau, construites pour les trains express de la ligne d'Orléans. Dans ces deux derniers types, les cylindres sont extérieurs, inclinés dans les machines Buddicom, horizontaux dans celles du système Polonceau — cette dernière disposition prévient le mouvement de galop provenant de l'inclinaison des cylindres. — Tandis que les machines du chemin de l'Ouest ont conservé le dôme de prise de vapeur, celles de la ligne d'Orléans le suppriment, comme les machines Crampton. Enfin, si la vitesse est une qualité qu'elles partagent avec ces dernières, il n'en est pas de même de leur puissance, qui, à vitesse égale, n'en est guère que les quatre cinquièmes.

Comme machines à grande vitesse, citons encore les Crampton badoises, à train articulé, qui remorquent des trains de voyageurs dans des courbes de petit rayon, les types anglais Mac-Connell et Sturrock, remarquables par les dimensions du foyer, et la machine Stephenson à trois cylindres.

Passons d'un extrême à l'autre. Examinons la seconde catégorie de locomotives, celles qui remorquent de lourds convois de marchandises, mais à faible vitesse. On doit comprendre que les moyens d'arriver à ce résultat sont précisément inverses de ceux qu'on vient de voir employés dans les machines à voyageurs. C'est, en effet, ce qui arrive. Les locomotives à marchandises ont des roues de petits diamètres, mais des cylindres de grandes dimensions qui permettent au piston une plus longue course. En outre, et c'est là une disposition d'une grande importance, les roues motrices sont réunies, par le moyen d'une bielle d'accouplement, avec une ou plusieurs autres roues, le plus souvent même avec toutes.

Qu'obtient-on de la sorte? En premier lieu, comme la longueur de course du piston est précisément égale au double du rayon de la manivelle appliquée à l'essieu moteur, augmenter cette longueur, c'est accroître les dimensions du levier à l'extrémité duquel s'applique la puissance ; c'est gagner de la force, mais en perdant de la vitesse; d'autre part, diminuer le diamètre des roues, c'est mettre en rapport le chemin réellement parcouru avec la puissance disponible ; enfin, accoupler les roues, c'est répartir plus uniformément le poids de la machine, c'est augmenter l'adhérence de la charge que supportent les essieux autres que l'essieu moteur : c'est donc encore accroître la puissance de la locomotive, dont les roues ne sont plus alors exposées à *patiner*, je veux dire à tourner sur place.

Dans les machines à marchandises, le diamètre des roues varie entre 1^m,10 et 1^m,50. Leur vitesse ne s'élève guère au delà de 30 kilomètres à l'heure; mais la charge, remorquée sur un chemin où les rampes maximum sont de 0^m,005, peut aller jusqu'à 45 wagons, chargés chacun de 10 tonnes de marchandises.

Nous allons jeter un coup d'œil sur le type extrême de cette catégorie de machines, sur la puissante locomotive à marchandises, employée par le chemin du Nord, et qui est comme l'antithèse de la *Crampton.* Je veux parler de l'*Engerth.*

Une disposition spéciale va vous frapper tout d'abord. Le tender est en partie réuni à la locomotive, qui porte, dans des caisses entourant le foyer, une partie de l'eau nécessaire à l'alimentation. Il en résulte que le foyer est en réalité soutenu par le tender, dont le châssis vient s'appuyer sur celui de la machine [1].

La surface de chauffe est considérable : elle est rendue telle, non-seulement par la grande longueur du corps cylindrique, et dès lors des tubes, mais encore par les dimensions exceptionnelles du foyer. Le lecteur doit être, à cette heure, assez familier avec la disposition des divers organes qui constituent la locomotive, pour les reconnaître dans le dessin qui suit (*fig.* 88). Le cylindre est extérieur ; la bielle motrice, celle du tiroir, les excentriques et la coulisse, les pompes d'alimentation, etc., sont entièrement visibles. Il est facile de voir, à la forme extérieure de la chaudière, que la prise de vapeur et le régulateur sont d'un système analogue à celui que nous avons décrit plus haut.

La troisième catégorie de locomotives comprend les machines mixtes, destinées à un service de moyenne vitesse, et remorquant soit de forts trains de voyageurs, soit des convois ordinaires de marchandises, soit enfin

---

[1] L'Engerth, que représente notre dessin, est à six roues couplées : mais aujourd'hui on construit de préférence les mêmes machines avec les huit roues d'avant accouplées. Sur la ligne française de l'Est, on a supprimé, à cause de sa complication, l'assemblage de la locomotive et du tender.

Fig. 88. — Locomotive à marchandises; type de l'Engerth à six roues accouplées.

des trains composés mi-partie de voitures de voyageurs et de wagons. Leur vitesse varie entre 35 et 50 kilomètres à l'heure, suivant le profil du chemin et la charge, laquelle est ordinairement de 20 à 24 véhicules. Leurs roues motrices ont un diamètre intermédiaire entre celui des types extrêmes, de 1^m,50 à 1^m,60. Le plus souvent, elles ont trois paires de roues, dont deux accouplées ; quant à la course du piston, elle est aussi d'étendue moyenne. Voulez-vous en connaître un type, reportez-vous à la machine que nous avons prise pour sujet d'étude et d'examen général. Les coupes et élévations que nous avons examinées avec tant de soin appartiennent, en effet, à la locomotive mixte, construite pour le chemin de fer d'Orléans par M. Camille Polonceau[1]. Il est donc inutile d'y revenir.

La classification qui vient de nous servir, pour l'examen de certains types particuliers de machines, est-elle la seule qu'on puisse faire? Non, sans doute. Il est dans la nature même des choses complexes de se prêter à des points de vue divers, qui fournissent chacun matière à série, à classes, ordres, genres, espèces, variétés, comme on voudra. C'est ainsi qu'on range encore les locomotives suivant la disposition des cylindres, ou bien suivant le nombre et la disposition des roues ; cela nous fournirait deux classifications nouvelles qui peuvent avoir leur intérêt. Mais il est vrai d'ajouter que la première, celle fondée sur le service ou la fonction, est, sinon plus naturelle, du moins plus complète, et par là même caractérise mieux les différents types. On conçoit enfin que rien n'empêcherait de classer les machines suivant la forme ou la disposition de chacune de leurs parties constitutives, en descendant jusqu'aux plus minutieux détails.

Laissons là ces considérations.

---

[1] Voy. les figures 73, 74, 77 et 81.

Avant de quitter cependant le sujet intéressant des moteurs de nos voies ferrées, disons un mot de la disposition des cylindres et du nombre des roues.

Les locomotives sont à cylindres intérieurs ou à cylindres extérieurs. Dans le premier cas, ces organes sont compris entre les deux roues d'un même essieu, c'est-à-dire entre les rails. Il faut alors que l'essieu soit deux fois coudé en forme de manivelle, ce qui rend difficile et coûteuse la fabrication de cette pièce. Mais, d'autre part, une telle disposition donne plus de stabilité, et un mouvement à la fois plus régulier et plus tranquille. La construction de l'essieu, dans les machines à cylindres extérieurs, est plus simple, puisqu'il n'est pas coudé et que la bielle motrice vient seulement s'attacher au bouton d'une manivelle extérieure. Mais les cylindres surplombent la voie en dehors des rails, et la locomotive offre moins de stabilité.

Fig. 89. — Nouvelle machine à marchandises du Nord, à douze roues et à quatre cylindres.

On distingue en outre les cylindres en horizontaux et inclinés. Nous avons vu des exemples de chacune de ces dispositions; nous savons aussi que les cylindres inclinés offrent souvent l'inconvénient grave de mouvements de lacet ou de galop.

Nous avons dit plus haut que l'on construit aujourd'hui des machines à trois et à quatre cylindres. Dans les premières, les trois cylindres sont horizontaux ; deux sont extérieurs, et le troisième intérieur est disposé dans l'axe même de la machine. La locomotive à marchandises du Nord (*fig.* 89) a six paires de roues : les trois premières paires sont commandées par les deux cylindres d'avant, les trois autres par les cylindres d'arrière, de sorte que la charge, répartie sur douze points d'appui, est utilisée pour l'adhérence. Sur la même ligne, on a fait l'essai de machines à grande vitesse, à quatre cylindres, ayant deux paires de roues motrices de grand diamètre, l'une à l'avant, l'autre à l'arrière. Le but était de remorquer des trains express pesamment chargés.

Les premières machines construites étaient portées sur quatre roues seulement, situées entre la boîte à fumée et la boîte à feu. Mais comprenez-vous le danger, en cas de rupture d'un essieu ? La machine bascule, laboure la voie, déraille et entraîne la perte du train qu'elle remorque. Une leçon terrible, l'accident, que dis-je, la catastrophe qui fit du 8 mai 1842 un jour de sinistre mémoire, ne montra que trop combien il importait d'augmenter le nombre des essieux de la locomotive.

Telle n'est pas cependant la principale raison qui motiva la disposition nouvelle. Avec six roues, on put accroître jusqu'à moitié le poids de la machine, sans que les rails aient à supporter une plus lourde charge. De là possibilité d'augmenter dans une proportion correspondante la puissance des machines. Il est vrai que, depuis cette époque, le poids des rails ayant été lui-même accru dans une forte proportion, on pourrait revenir aux machines à quatre roues, si le premier motif, celui de la sécurité, ne militait toujours en faveur de la réforme réalisée.

Certaines machines ont huit roues : telles sont les Engerth à marchandises, dont nous avons parlé ; enfin, il en est aussi, nous venons de le voir, qui possèdent jusqu'à dix et douze roues accouplées par groupes.

Tous les types que nous venons de passer en revue, quelque variés qu'ils soient, ont tous pour objet le parcours à grandes distances, sur les lignes ordinaires, et dans les conditions moyennes de pente et de courbure. Mais le tracé des chemins de fer offre-t-il des courbures de petit rayon, ou de fortes rampes? s'agit-il du service spécial des gares, de l'entrée en gare des trains arrivant, du chargement ou du déchargement des wagons de marchandises, de la formation des trains de départ? ou bien encore les trains à remorquer sont-ils d'une faible longueur, comme il arrive pour le service de la banlieue des grandes villes? dans tous les cas, on a reconnu la nécessité, ou tout au moins l'utilité, de locomotives construites suivant des systèmes tout spéciaux. De là les *machines-tenders* et la *locomotive de montagne* (*fig*. 90).

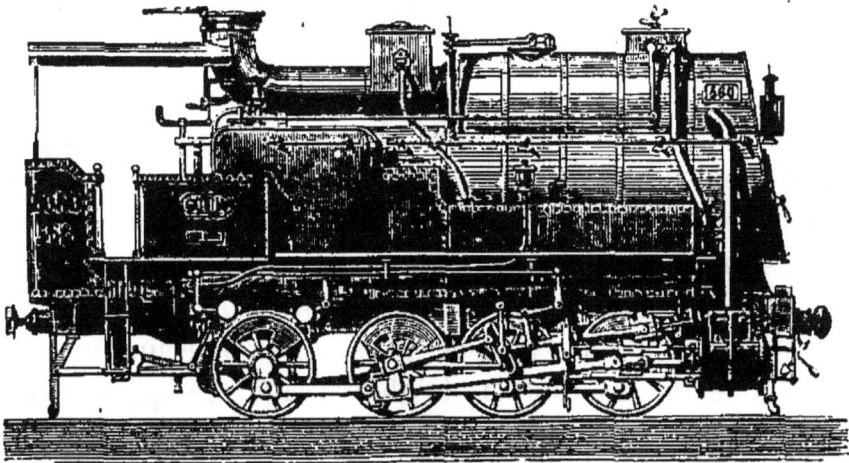

Fig. 90. — Machine-tender du Nord.

Je n'insisterai pas sur cette dernière, qui n'est autre que l'*Engerth*, avant les modifications nécessitées par son introduction sur les chemins français. On sait qu'Engerth, ingénieur autrichien, a conçu et exécuté un système de machines ayant pour fonction de remorquer les trains, au passage de Sœmmering, sur une suite de fortes rampes reliées par des courbes de petit rayon. Il fallait, pour résoudre le problème, obtenir une très-grande puissance de traction sous des dimensions ordinaires, et sans charger les rails outre mesure. On l'a vu : c'est par la solidarité établie entre le tender et la machine, c'est par l'accouplement des roues que cette puissance a été obtenue, le foyer ayant pu d'ailleurs atteindre ainsi de grandes dimensions, et la longueur et le nombre des tubes recevoir un accroissement proportionnel. Mais il faut ajouter, pour faire comprendre entièrement l'originalité de la locomotive de montagne, telle qu'elle était construite à l'origine, que les roues du tender et celles de la machine étaient reliées par un engrenage, disposition qui a été supprimée d'abord dans les Engerth françaises, destinées à desservir des rampes beaucoup moins prononcées que celles du Sœmmering, et qui est maintenant d'ailleurs tout à fait abandonnée.

Quant à la machine-tender, ou locomotive de gare et de banlieue, l'emploi en est devenu général sur la plupart de nos lignes. Et cela se conçoit. Ses dimensions sont assez restreintes pour lui permettre de pénétrer dans toutes les parties des gares de marchandises, à l'aide des plaques tournantes — on a vu combien les grandes plaques sont coûteuses ; — de plus, elle offre une grande puissance de traction et de démarrage, ce qui la rend éminemment propre aux manœuvres multipliées.

Comment obtient-on ces qualités diverses ?

En supprimant le tender, en rassemblant sous le corps cylindrique, entre les boîtes à feu et à fumée, toutes les roues, de manière à les charger d'un poids égal, enfin en leur donnant un petit diamètre. Des caisses à eau placées sur la machine suffisent à l'alimentation pour de faibles parcours, et la petite quantité de coke nécessaire

Fig. 91. — Station d'Omaha, sur le Rail-Road-Pacific. — Locomotive américaine.

trouve aisément place dans le voisinage du foyer. Par
exemple, le magasin à eau étant au-dessous du corps cylindrique, le coke est renfermé dans deux caisses latérales, situées de part et d'autre de la boîte à feu.

Nous donnons ici le type d'une locomotive américaine :
c'est le modèle généralement adopté, depuis 1850, sur les
chemins de fer des États-Unis, et qui sert aussi bien pour
les trains de marchandises que pour ceux des voyageurs.

Fig. 92. — Machine locomotive américaine, type des chemins de fer
des États-Unis.

Il diffère sous plusieurs rapports des types européens que
nous venons de passer en revue. Ainsi les deux roues
d'avant, d'un très-petit diamètre, sont indépendantes des
roues d'arrière, et leurs essieux peuvent prendre une direction oblique à celle des essieux des autres roues. La
cheminée a la forme d'un cône largement évasé, dont
l'ouverture supérieure est recouverte d'un tamis métallique laissant passer vapeur et fumée, mais arrêtant les
étincelles nombreuses qui proviennent de la combustion
du bois. Cette forme donnée à la cheminée se retrouve

dans les locomotives européennes, là où l'économie fait préférer le bois (quelquefois même la tourbe) au charbon.

Signalons encore la cabine du mécanicien qui l'abrite contre les intempéries ; l'appareil nommé *cow-catcher* (ou chasse-bœuf) qui écarte le bétail de la voie, et enfin la grosse cloche que le mécanicien fait sonner quand le train approche d'un passage à niveau.

La partie théorique et descriptive de ma tâche est terminée. Suffira-t-elle à donner une idée claire, et de la locomotive considérée à un point de vue général, et des systèmes variés auxquels le type primitif a donné naissance ? Je l'espère. Du moins me suis-je efforcé d'éviter deux écueils : trop de concision, excès qui, en pareille matière, est souvent synonyme d'obscurité, et une prolixité qui n'est de mise que dans les ouvrages spéciaux, écrits pour les hommes du métier.

XIII

LA LOCOMOTIVE EN SERVICE

Pour nombre de gens, les locomotives sont encore aujourd'hui un objet de crainte. Ces puissantes machines
cependant se laissent gouverner avec une docilité qui
semblerait tenir du prodige, si l'on ne se rendait pas
compte des moyens que leur organisme met à la disposition de leur conducteur. Ces moyens, nous venons de les
étudier ; il ne nous reste donc plus, pour nous familiariser
tout à fait avec elles, que de les voir en activité, et de les
suivre dans leurs manœuvres de toute sorte.

Je n'apprendrai rien à personne en rappelant que la
conduite d'une locomotive et de son tender est confiée
à deux hommes seuls : le mécanicien et le chauffeur.
J'ajoute seulement que, d'après les règlements, c'est le
mécanicien qui est le chef de la machine ; le chauffeur
est placé sous ses ordres et sa surveillance ; il s'occupe
surtout, en marche, de la manœuvre du frein et de l'alimentation du foyer ; en remise, du nettoyage. On se fait
difficilement une idée, dans le monde des voyageurs, si
indifférent d'ordinaire à ce qui l'entoure et le sert, de
l'ensemble des qualités physiques et morales exigées, avec
raison d'ailleurs, des employés qui remplissent ces deux
fonctions. Voici en quels termes d'éminents ingénieurs,

excellents juges de la matière, résument ces qualités essentielles du chauffeur et du mécanicien :

« Il est indispensable de choisir pour mécaniciens des hommes froids, courageux, ayant de la présence d'esprit et un bon jugement : car c'est sur eux, surtout, que repose la sécurité des nombreux voyageurs que porte chaque convoi. De plus, pour bien conduire la machine locomotive, il faut au mécanicien un esprit observateur, de l'intelligence et de l'activité. Enfin la docilité et un dévouement complet, qui fait ne jamais reculer devant aucune des exigences du service, sont également indispensables ; nous ne parlons pas ici de la sobriété et de la régularité de conduite, qui sont des conditions d'une nécessité absolue. Les chauffeurs doivent présenter les mêmes garanties physiques et morales que les mécaniciens ; ils doivent être robustes pour résister à la fatigue du service dont ils sont chargés [1]. »

On me permettra donc ici, sur la foi du certificat qui précède, de céder la parole à un de ces hommes, dont le pénible métier et la responsabilité n'ont de pareils que la responsabilité et la vie rude du pilote d'un navire en mer.

Je venais de visiter, en compagnie du sous-chef du bureau des études d'une de nos grandes lignes de fer, les ateliers de construction et de réparation des machines, sur lesquels j'appellerai plus tard votre attention. Je cheminais seul, le long des voies qui s'entre-croisent en tous sens, à l'approche de la gare des voyageurs, quand une machine vint à passer à dix pas de moi. Un geste d'invitation du mécanicien qui la conduisait, le temps de l'arrêter, de la faire rétrograder à ma rencontre, ce fut l'affaire d'un instant. Et me voilà installé sur la plateforme.

---

[1] *Guide du mécanicien constructeur et conducteur de locomotives.*

Je grillais d'envie d'interroger mon complaisant conducteur. Mais ce n'était pas le moment. Tout entier à sa
manœuvre, à l'examen de ses signaux, au fonctionnement
des aiguilles, la main sur la manette du régulateur, c'é-
tait merveille de le voir tantôt presser, tantôt ralentir la
marche. Il allait prendre une file de fourgons vides pour,
de là, les conduire à la gare des marchandises. Je pro-
fitai du silence que le bruit de la vapeur, s'échappant
par la cheminée, celui du roulement du véhicule, et les
mille voix d'une grande gare rendaient d'ailleurs forcé,
pour voir de près la machine en mouvement. Je pris goût
à cet examen, et comme je n'avais rien de plus pressé
ni de plus intéressant à faire, je retournai jusqu'à la gare
des marchandises, et de là à la remise, notre locomotive
ayant, en ce moment, terminé sa journée de service.

Pendant que le chauffeur se préparait au nettoyage, et
que le mécanicien procédait à une minutieuse visite du
mécanisme, je m'empressai de faire part à ce dernier de
l'intérêt réel que m'inspirait l'examen de toutes ces opérations. En homme qui aime son métier et qui s'attache
à sa machine, il m'offrit spontanément ses services et
son expérience.

C'était un homme de quarante à quarante-cinq ans,
robuste, un peu prédisposé à l'embonpoint. Sous la poussière qui noircissait son visage, et que la sueur y avait
collée, on distinguait une physionomie énergique et fière,
qu'assombrissait légèrement le noir cercle de charbon
entourant ses yeux. Un front large, dont la blancheur
contrastait avec la teinte brune du reste du visage, l'il-
luminait d'ailleurs d'un rayon de vive intelligence.

— Voilà bientôt seize ans, me dit-il, que je conduis
des locomotives. J'ai débuté au chemin d'Orléans, où je
serais sûrement encore sans un maudit rhumatisme qui
m'a torturé, à diverses reprises, pendant près d'une année. Guéri, je trouvai ma place prise, et, sans plus im-

portuner la Compagnie de réclamations qu'elle eût admises sans doute, je vins ici. Vous dire, monsieur, tous mes voyages, et les incidents qui en signalèrent plus d'un, vous parler des essais que j'eus à faire, des types variés dont il m'a été donné d'étudier la conduite, ce serait une longue histoire, un peu monotone peut-être, et qui d'ailleurs ne répondrait point à votre désir.

— Vous devez avoir besoin de repos, lui dis-je alors ; ce sera, si vous voulez, pour une autre fois.

— Non pas. Oh ! j'en ai bien vu d'autres. La semaine a été douce, le temps est beau et bon ; je suis à vos ordres.

Je n'insistai plus.

— Il en est, reprit-il, des locomotives comme des chevaux. Il y en a de bons, de mauvais et de passables. Mais aussi, bien souvent, vous le savez, comme l'habit fait le moine, le cavalier et le palefrenier font la bête. Il en est tout de même dans la grosse cavalerie des chemins de fer. Le mécanicien est pour beaucoup dans le bon ou le mauvais service d'une machine. A la multitude des soins qui nous incombent, vous allez juger si je dis vrai. Parlons d'abord de la nourriture, de l'eau d'alimentation et du coke.

Inutile de vous dire que toute machine, pour être prête au voyage, doit avoir été visitée, nettoyée, lavée avec soin, et que toute réparation d'une pièce endommagée, si minime en soit l'importance, a été faite préalablement. Cela étant, me direz-vous, quoi de plus simple que la mise en marche : charger le tender d'eau et de combustible, emplir la chaudière, allumer le foyer et... partir ? Vous dites vrai, vous allez voir cependant que c'est moins simple que cela n'en a l'air.

La prise d'eau se fait dans des réservoirs ou grues hydrauliques, installées dans les dépôts et dans les gares. Mais un point important — et je le sais par une longue

expérience — c'est de faire un bon choix des eaux qui
alimentent ces réservoirs. Si elles sont, comme les eaux
de source, chargées de sels calcaires, non-seulement elles
déposent une sorte de vase au fond de la chaudière, mais
encore elles encrassent d'incrustations solides les parois
des tubes et surtout du foyer. Il m'est arrivé plus d'une
fois de trouver de ces incrustations qui avaient un milli-
mètre d'épaisseur dans les tubes, d'un centimètre sur les
parois de la boîte à feu. Avec de mauvaises eaux, c'est un
entretien très-pénible, ou même avec le temps une détérioration complète de la chaudière : le métal s'oxyde,
des fuites se déclarent. C'est la plus détestable chose du
monde.

— Mais ne peut-on pas, dis-je, prévenir ces inconvénients par le mélange de substances chimiques dont la
réaction précipite les sels?

— Sans doute. Malheureusement, il arrive qu'on attaque ainsi le fer. En somme, le meilleur et le plus sûr,
c'est de purifier à l'avance les eaux des réservoirs. Voulez-vous, d'ailleurs, savoir à quelle économie conduit
l'emploi d'eaux pures pour l'alimentation de nos machines? A dix centimes au moins par kilomètre parcouru,
plus de 2,000 francs par an pour chaque machine[1].

Ce n'est pas tout que d'avoir une eau pure. Si l'alimentation a lieu l'hiver, les réservoirs, les conduits
gèlent, les pompes elles-mêmes courent le risque de ne
plus pouvoir fonctionner.

Que fait-on?

On chauffe l'eau dans des réservoirs spéciaux, ou encore, profitant de l'excès de vapeur des locomotives au
repos, on envoie cette vapeur au tender par les tuyaux
réchauffeurs. Dans le premier cas, vous comprenez bien

[1] On verra plus loin que le parcours moyen annuel d'une locomotive est, en France, d'environ 21,200 kilomètres; c'est donc une économie de 2,120 francs par an par machine.

qu'on ne se sert pas, pour le chauffage, de coke de première qualité, mais de combustible de rebut. Indépendamment de l'économie, il y a cette raison que l'eau
froide, envoyée dans une chaudière en activité, va tout
à coup — je parle des machines en marche — abaisser la
tension de la vapeur et mettre le mécanicien dans l'embarras.

Puisque je vous ai dit un mot du choix de l'eau, c'est
le moment de parler de celui du coke.

— Une seule question, interrompis-je. Ne brûlez-vous
donc jamais de houille, ni de bois?

— De bois, cela ne m'est pas arrivé. J'ai ouï dire toutefois qu'à l'étranger, en Amérique, en Allemagne, on
chauffe les machines au bois. Quant à la houille, si elle
est un peu grasse, elle gêne le tirage; dans tous les cas,
elle donne trop de fumée. On la réserve pour la conduite
des trains de marchandises. Jadis on nous donnait des
cokes de médiocre qualité; aujourd'hui les compagnies
s'attachent à nous fournir les meilleurs combustibles : ce
n'est pas nous qui nous en plaignons, demandez plutôt à
mon chauffeur. Il faut que le coke soit dur, ni trop menu
ni trop gros; la houille d'où il a été extrait par la carbo-
nisation a été préalablement lavée, débarrassée des matières étrangères, terreuses, qui donnent trop de poussière
et de cendres, schisteuses et pyriteuses, qui détériorent
les foyers et les grilles. On fabrique maintenant avec les
houilles menues des briquettes qui servent aux machines
à marchandises.

Vous avez pu voir tout à l'heure comment était chargé
le foyer; le coke doit avoir sur la grille une hauteur
moyenne, plus grande près de la porte et sur les côtés,
de façon à ne jamais intercepter les tubes. Quant à l'allumage au dépôt, c'est nous qui en sommes chargés dans
la journée; ce sont les chauffeurs de nuit, si le départ
est fixé pour la nuit ou la matinée.

— Combien faut-il de temps pour allumer une machine?

— Cela dépend ; la montée en vapeur peut varier de une heure à trois, selon les locomotives, le temps, la saison. Si l'on est en hiver, il vaut mieux s'y prendre un peu à l'avance : sans quoi l'eau de notre tender n'aurait pas le temps de s'échauffer ; nos pompes gèleraient en route.

Il est un point que le chauffeur n'oublie jamais et que vous comprendrez sans explication, puisque vous semblez connaître passablement nos machines. Ce point, le voici : ne mettre le feu qu'après avoir fermé le régulateur, placé au point mort le levier de changement de marche et serré le frein du tender. Quant à s'assurer, par les robinets d'épreuve et le niveau d'eau, que la chaudière est bien pleine, cela va de soi...

Au départ, avant la mise en tête du train, c'est le moment d'une vérification minutieuse, que nous ne devons négliger sous aucun prétexte : l'état de chargement du tender, de la chaudière, du foyer, le graissage des essieux et des pièces, le remplissage des godets graisseurs, l'attelage du train au tender et cent autres détails.

En route, monsieur, quelle attention continuelle ! S'agit-il de se mettre en marche, il faut partir lentement, démarrer sans secousse, et peu à peu, en ouvrant le régulateur, arriver à la vitesse normale.

En marche, un bon mécanicien ne doit pas avoir besoin d'alimenter sa machine, et le feu doit être maintenu dans un état d'activité en rapport avec la quantité de vapeur et la tension qu'il lui faut. Le meilleur système, c'est d'avoir un feu toujours actif, ce qui exige un bon tirage, ou bien, ce qui revient au même, la plus haute pression possible de la vapeur. L'usage de la détente, vous le savez sans doute, permet d'ailleurs de modérer la dépense à volonté.

Un point assez difficile, et dont un mécanicien n'acquiert la pratique qu'après une grande expérience, c'est d'alimenter et de charger le feu en temps utile, à moins qu'il ne se décide à adopter le système d'alimentation continue, en ouvrant convenablement la soupape du tender. Le premier mode donne une marche bien moins régulière, à cause des variations qu'apporte à la tension de la vapeur l'introduction d'une grande quantité d'eau froide dans la chaudière.

— Et l'arrêt aux diverses stations, comment l'obtenez-vous ?

— Bien simplement. Le train marchant avec une moyenne vitesse, je ferme mon régulateur, la vitesse acquise m'amène progressivement à la station, et je donne l'ordre de serrer les freins, quand le ralentissement est suffisamment marqué. D'ailleurs, comme pour tout le reste de la route, j'ai à tenir compte, et du profil du chemin, et de l'état des rails, et de la charge à remorquer.

Il me reste à vous parler de l'arrivée. Nous devons alors, non pas laisser s'éteindre le feu, mais l'amortir assez pour ne conserver que la vapeur nécessaire aux manœuvres de gare et au retour au dépôt ; non pas cependant au point de faire baisser le niveau d'eau de la chaudière. Si l'eau manque toutefois, nous remplissons la machine avant notre retour au dépôt, et nous faisons ensuite charger le tender pour le prochain départ. Le tirage intercepté, notre locomotive capuchonnée, le frein serré et le levier de changement de marche au point mort, la consommation est presque nulle ; et nous pouvons attendre ainsi près d'une journée, prêts à partir pour un nouveau voyage. Voilà pour le cas où la machine reste au service.

Si au contraire — et c'est notre cas — son service est terminé, nous commençons par jeter le feu au-dessus d'une fosse. C'est ce que vous venez de nous voir faire. Vous avez pu vous assurer aussi du soin avec lequel j'en

15

ai visité toutes les parties; mais cette première visite ne suffit pas, et je me réserve d'y revenir quand ma machine sera lavée et nettoyée à fond. Une machine sale est couverte çà et là de couches de crasse qui dissimulent les défectuosités survenues et empêchent de procéder aux menues réparations, si indispensables au bon entretien. Voyez, du reste, comment se fait la partie du nettoyage qui concerne le chauffeur.

En ce moment, le chauffeur, qui venait d'ouvrir toute grande la porte de la boîte à fumée, s'armait d'une longue tringle flexible qu'il passait successivement dans tous les tubes. A chaque fois, un mélange de cendres, de noir de fumée, d'escarbilles de coke calciné, sortait du tube et démontrait toute l'urgence de l'opération. Notre homme balaya ensuite toutes les parties de la boîte à fumée, puis nettoya le tuyau d'échappement et l'intérieur de la cheminée.

— Ceci terminé, reprit le mécanicien, ce sera le tour de toutes les parties du mécanisme, dont l'examen minutieux devient ainsi très-facile. C'est à nous, d'ailleurs, que sont confiées toutes les petites réparations journalières, toutes celles qui n'exigent pas la rentrée aux ateliers. Cylindres, pistons, bielles, excentriques, garnitures de chanvre et graissage des presse-étoupes, coulisse, tout doit être visité, nettoyé, réparé ou entretenu. D'ailleurs, c'est notre intérêt, comme celui des compagnies, comme celui du public.

Quelle différence pour le service, monsieur, quelle différence aussi pour l'économie du combustible, entre une machine entretenue avec soin et une machine négligée ! Pour moi, je vous l'avoue, intérêt à part, j'éprouve un vrai plaisir, un plaisir d'artiste, à voir la mienne luisante et polie, nette au dedans comme au dehors. Je sens que je m'y attache, à la fin, comme un cavalier à son cheval.

—Je vous comprends sans peine, dis-je : à l'outil, on

connaît l'ouvrier. Mais vous ne me parlez pas du tender.

— Le tender, reprit-il, demande aussi à être visité et entretenu en bon état de service. Seulement vous concevez que c'est beaucoup plus facile que pour la machine. Quand on a vérifié l'état du frein, celui des boîtes à graisse, les soupapes et le tuyau d'alimentation, tout est dit. Ah! j'oubliais nos outils. Vous voyez ici la pelle à coke, le pique-feu, la lance pour jeter le feu en route en renversant la grille, la tringle qui sert à nettoyer les tubes, la tringle qui sert à les tamponner, la raclette. Il y a aussi, dans les caisses du tender, tous les agrès et outils utiles à l'entretien, ou nécessaires en route pour les cas d'accident. Mais je ne vous fatiguerai pas de tous ces détails.

— Vous parlez d'accidents : dites-moi, je vous prie, quels sont les plus fréquents et les plus dangereux? je veux parler, bien entendu, des accidents qui concernent la machine.

— Les avaries d'une bonne locomotive, bien entretenue et bien conduite, sont heureusement rares, reprit-il. Il en est peu de vraiment dangereuses; et souvent encore, dans ce dernier cas, on peut en éviter les conséquences.

Je vous signalerai, parmi les plus légères et les plus fréquentes, les fuites dans le foyer ou dans les joints des entretoises, les fissures de la chaudière, un tube crevant dans ses parties usées, sous la pression de la vapeur, un barreau de la grille qui tombe en route, des fuites dans les tuyaux de distribution, une rupture de la cheminée, etc., etc. Tout cela est facilement réparable, exige au plus qu'on jette le feu et qu'on interrompe le service, sans qu'on ait à craindre un danger sérieux. Il en est de même des accidents qui arrivent aux pièces du mécanisme, à un piston, à l'un des cylindres : en mettant le tiroir correspondant au point mort, ou, dans certains cas, à bout de course avec le piston, on peut marcher avec un seul cylindre, en ayant soin de démonter soit la bielle motrice, soit la tige du tiroir.

— Et les explosions? interrompis-je.

— Les explosions véritables de la chaudière, répondit-il, sont fort rares. On les compte sur nos chemins de fer de France, qui ont déjà fait construire cependant quelques milliers de locomotives. Et cela est aisé à comprendre : ce sont les tubes qui cèdent les premiers et qui crèvent, dans le cas d'un excès de la pression de la vapeur. De vieilles machines fatiguées et usées, ou, au contraire, des locomotives neuves, dont le corps cylindrique est fabriqué avec une tôle de qualité inférieure, seules ont pu sauter : mais, je vous le répète, ce sont des cas tout à fait exceptionnels, et qui se sont presque tous présentés hors de service.

Un accident plus à redouter, c'est la rupture d'un essieu, parce qu'elle peut quelquefois occasionner un déraillement avec toutes ses conséquences dangereuses. Mais heureusement nos essieux, moteurs ou autres, sont fabriqués aujourd'hui avec une grande perfection, et l'accident est rare. Vous n'attendez pas de moi que j'entre dans le détail des mesures à prendre en pareil cas : en ces moments, monsieur, le sang-froid, la présence d'esprit sont choses difficiles, indispensables cependant, et j'ose dire à l'honneur de mes confrères, qu'ils n'ont pas souvent manqué à leur devoir.

Mon interlocuteur entra encore dans d'autres développements sur la conduite de la locomotive dans les gares, sur les signaux, sur la machine-pilote, destinée à porter des secours en cas d'accidents, sur l'étendue des attributions et de la responsabilité des mécaniciens et des chauffeurs. Mais tout cela trouvera place dans les chapitres qui vont suivre. Je le remerciai cordialement de son instructive conversation, que je me suis efforcé de transcrire avec toute la fidélité possible.

QUELQUES NOTES STATISTIQUES SUR LA LOCOMOTIVE

Eh bien, que vous en semble ?

Avions-nous tort, au début de cette étude, de faire de la locomotive un animal? animal artificiel sans doute, mais qui possède sur l'être vivant le privilége de suspendre à volonté, de reprendre, d'arrêter encore, avec sa vie factice, l'usage de ses fonctions utiles. Docile d'ailleurs aux ordres de son maître, comme le cheval le plus savamment dressé, il peut prendre toutes les allures, marcher au pas avec une précision qui tient du prodige, ou fendre l'air avec une rapidité foudroyante.

Cette création du génie moderne offre encore avec la série animale une nouvelle analogie. Si parmi les moteurs mécaniques, la machine à vapeur est un *genre*, on peut dire que la locomotive est une *espèce;* comme les espèces animales, elle offre déjà une multitude de variétés. Chaque type, nous l'avons vu, est conçu dans un but défini, et rend des services aussi variés que les circonstances pour lesquelles il a été exécuté. Ressemblance frappante avec les diverses races de l'espèce chevaline, si ingénieusement appropriées aux usages de l'homme, depuis le lourd timonier traînant d'énormes charges, jusqu'au cheval de course qui franchit d'un bond les fossés et les haies.

Mais, à coup sûr, si j'ai réussi à vous inspirer pour la superbe machine l'intérêt de légitime curiosité qu'elle mérite, on ne me tiendra pas quitte encore. N'ai-je pas oublié nombre de détails qui tout à l'heure se présenteront sous forme de questions pressantes, et auxquelles je ne puis vraiment échapper que par une dose raisonnable de statistique ? Qu'on me permette d'en condenser en quelques pages les réponses multipliées.

Et d'abord, quel est le poids d'une locomotive ?

Première question, déjà fort complexe. S'agit-il en effet d'une machine à voyageurs, d'une mixte, ou d'une machine à marchandises ? Parle-t-on de la machine seule, ou des poids réunis de la machine et du tender ? Enfin la locomotive et le tender sont-ils vides d'eau et de coke, ou bien, au contraire, y comprend-on la charge complète et en ordre de marche ?

Voici un tableau qui répond à toutes ces questions, du moins pour les trois principaux types de machines que nous avons eu l'occasion d'examiner :

	CRAMPTON (Nord)	MIXTE	ENGERTH
Machine chargée en ordre de marche, sans le tender	kil. 27,200	kil. 20,500	kil. 40,300
Poids du tender. { Eau	7,000	4,670	8,500
Combustible. . .	1,500	2,200	2,000
Véhicule.	10,200	8,000	12,200
	18,700	14,870	22,500
Poids total (machine et tender réunis).	45,900	35,370	62,800

Comprend-on maintenant, à voir ces nombres énormes, pourquoi les rails ont dû atteindre les poids de 30, 37 et

38 kilogrammes par mètre courant? pourquoi l'on a dû, en même temps, rapprocher peu à peu les traverses à une distance de 0ᵐ,90? Jadis, une machine pesait jusqu'à 5 tonnes! Quelle différence avec ces puissantes Engerth, qui en pèsent plus de 40, et dont l'adhérence totale est mesurée par une pression de 62,800 kilogrammes, près de 63 tonnes!

Il est vrai d'ajouter que des machines à voyageurs, d'un excellent service, créées pour le service du chemin de Rouen, les locomotives Buddicom, ne pèsent pas 15 tonnes à vide, et chargées, plus de 17 tonnes. Vraie cavalerie légère de l'armée des railways, simples dans leur construction, économiques dans leurs réparations, elles exigent seulement une nourriture choisie, je veux dire du coke de première qualité. Voyons maintenant comment ces masses, si différentes suivant les types, se traduisent en vitesse et en puissance. En d'autres termes, examinons quel service utile rend en réalité l'action alternative de la vapeur sur l'une ou l'autre face du piston. A ce propos, qu'on nous permette de rappeler quelques principes de mécanique.

Quand une force, quelle qu'en soit la nature, est employée à mouvoir un corps, comment peut-on se rendre compte de sa puissance? Ce n'est point par ce qu'on nomme, sans trop savoir ce qu'on dit, l'essence de la force — que connaissons-nous de l'essence des choses? rien — mais c'est par ses effets sensibles, c'est-à-dire mesurables. Deux éléments concourent à donner une idée nette de la puissance motrice : la quantité de la masse mobile ou le poids mù, et l'espace parcouru par seconde, c'est-à-dire la vitesse. Le poids du mobile restant le même, la vitesse double-t-elle, la force motrice a pareillement doublé. De même, la vitesse triplée, quadruplée, décuplée... correspond à une force triple, quadruple, décuple... Si, au contraire, la vitesse reste la même, et que le poids entraîné double ou triple, l'expérience prouve qu'alors la force a dû croître en énergie de la même façon, absolument comme dans le premier cas. De ces deux ordres de faits il résulte évidemment cette conséquence, que d'ailleurs l'expérience confirme :

Quand le poids du mobile et la vitesse varient en même temps d'une façon quelconque, la puissance motrice est constamment proportionnelle au produit de la multiplication du poids par la vitesse.

Ainsi les puissances de deux machines peuvent être regardées comme égales, non-seulement quand, appliquées à deux trains, dans les mêmes circonstances, elles impriment à leurs masses des vitesses égales, mais encore si, appliquées à deux trains de poids différents, les vitesses différentes sont telles qu'il y ait égalité entre les deux produits du poids par les vitesses [1].

A quoi tient la puissance d'une machine ? A la quantité de vapeur que sa chaudière peut produire en un temps déterminé, puis à la manière dont s'effectue la dépense de vapeur produite : la capacité des cylindres, la disposition des organes de distribution, lumières, condensateurs,... etc..., tous ces éléments concourent à utiliser d'une façon plus ou moins complète la forme motrice de la vapeur. L'adhérence de la machine sur les rails n'est

[1] Exemple : Une locomotive Crampton remorque un train de 40 tonnes avec une vitesse de 56 kilomètres à l'heure, et une locomotive à marchandises, dans les mêmes circonstances, remorque un train de 64 tonnes avec une vitesse de 35 kilomètres.

Multiplions 40 par 56 ; produit, 2,240 ;

De même, 64 par 35 : produit, 2,240. Concluons de là que les deux machines développent en ce moment la même puissance, bien qu'elles la manifestent par des résultats fort différents.

Veut-on connaître la puissance des locomotives évaluée en *chevaux de force ?* Voici : fonctionnant dans les mêmes conditions que les machines fixes, les plus puissantes ne pourraient développer un travail supérieur à 20 ou 25 chevaux ; mais, grâce à la pression élevée de la vapeur et à la vitesse considérable des pistons, leur travail est au moins de 200 à 300 chevaux, dont 150 sont appliqués au remorquage des voitures.

pas moins importante à considérer, et cette adhérence dépend, tant de la pression exercée sur le rail, que du diamètre des roues. L'adhérence comparée à la puissance de traction est-elle trop faible, il arrivera, surtout par les temps humides, que les roues glisseront sur les rails, patineront, comme on dit, et que le démarrage deviendra difficile.

L'expérience a fait voir qu'en imprimant aux roues motrices une vitesse de deux tours par seconde, on obtenait le maximum d'effet utile, en même temps que les meilleures conditions pour la conservation des divers organes. En restant dans ces limites, il sera aisé de comprendre que la force de la machine se traduira en vitesse, quand les roues motrices auront un grand diamètre ; et au contraire en puissance de remorquage, si les roues motrices ont un faible diamètre et sont accouplées. Telles sont les machines à voyageurs d'une part, et les locomotives Engerth, à marchandises, d'autre part. Mais on a déjà vu combien ces types extrêmes diffèrent entre eux, et quelles sont leurs vitesses respectives, maximum et minimum[1].

Voici maintenant quelques chiffres sur le prix de revient des locomotives.

Je les ferai suivre de quelques données expérimentales sur la durée et le parcours moyen des machines et sur les frais généraux de traction. De la sorte, les gens — et ils sont nombreux — qui aiment à se rendre compte de tout, pourront se faire une idée du prix que l'on paye ces deux éléments de tout transport, la vitesse et la masse. Parcourez d'abord ce petit tableau :

[1] La vitesse moyenne des diligences était, à l'époque où les chemins de fer ont pris faveur, de 200 kilomètres environ par 24 heures, soit 8k,33 par heure. Celle des trains omnibus est aujourd'hui, arrêts compris, de 50 kilomètres, et celle des trains express de 48 à 50 kilomètres par heure. C'est, moyennement, marcher cinq fois plus vite. Que serait-ce si la comparaison s'établissait, à cet égard, entre notre époque et le bon vieux temps, ne fût-ce que celui de Louis XIV ?

	à voyageurs (Stephenson).	42,000 fr.
Prix	à quatre roues accouplées.	45,000
d'une loco-	à marchandises de 24 tonnes	48,000
motive	Crampton	55,000
	Engerth à marchandises.	107,000
Prix. . . .	d'un tender (Stephenson)	9,000
	d'un tender (Crampton).	11,000

Une locomotive et son tender coûtent donc, en moyenne,
une soixantaine de mille francs : l'Engerth du Nord, près
du double [1].

Mais ce n'est pas tout de savoir ce que coûte une machine, il faut encore savoir ce qu'elle consomme et quel
est le prix de revient moyen de la traction. Voici qui vous
permettra d'en juger.

Un mot d'abord du combustible. Il ne faut pas croire
que la quantité de coke dépensée pour un parcours déterminé soit toujours la même : elle varie, non-seulement
suivant le type de la locomotive, mais encore suivant la
machine particulière employée. Une foule d'éléments fort
divers influent sur cette consommation : la saison, le cli-

[1] Voici un compte détaillé qui vous donnera une idée de la manière
dont se décompose ce prix total. Il s'agit d'une des excellentes machines à marchandises construites pour le chemin de fer d'Orléans
par un de nos plus habiles ingénieurs et de nos plus regrettés,
M. Camille Polonceau :

Foyer	6,346 fr. 66
Tubes	8,488 20
Chaudronnerie.	7,344 27
Mouvement (pistons et cylindres, biel-	
les, coulisses, régulateur, etc. . .	9,118 85
Roues et essieux.	9,134 66
Châssis.	5,061 07
Tuyauterie et robinetterie.	2,237 57
Montage	1,395 00
Boiserie et peinture.	726 70
Divers modèles.	102 88
Outillage des machines.	240 00
Total.	50,195 fr. 86

En y joignant la part des frais généraux qui incombe au matériel,
soit 4,189 fr. 05, on arrive à la somme de 54,384 fr. 91.

mat, la charge des trains, leur vitesse, le plus ou moins
d'habileté des mécaniciens et des chauffeurs, et, chose
non moins importante, le profil plus ou moins accidenté
de la ligne parcourue ; voilà autant de circonstances qui
ne permettent d'établir à cet égard que des moyennes approximatives. C'est d'ailleurs tout ce qu'il nous faut.

Une locomotive Crampton, remorquant 12 voitures,
consomme 8 kilogrammes de coke par kilomètre parcouru, dans la saison d'été ; 8 kilogrammes et demi en
hiver ;

Une locomotive mixte, avec 18 voitures, consomme la
même quantité ;

Une Engerth à marchandises, 16 kilogrammes de houille
en été, 18 en hiver.

Il faut ajouter que nous supposons ici le combustible
de première qualité. S'il s'agit de coke ou de houille
impure, la quantité dépensée va jusqu'à 11 kilogrammes
pour les machines à voyageurs, jusqu'à 23 kilogrammes
pour les machines Engerth à marchandises.

Telles sont les allocations moyennement accordées aux
mécaniciens. Elles sont de beaucoup inférieures à celles
d'il y a quinze ou vingt ans. Partout, sous l'influence d'une
meilleure organisation du service, des perfectionnements
apportés à la construction et à l'entretien des machines,
et des primes d'économie, la consommation s'est abais-
sée de moitié, et même de plus de moitié. On cite, par
exemple, les chemins de fer belges, chez lesquels la dépense est descendue de 19 kilogrammes à 8, pendant la
période 1839-1855.

Mais le combustible n'est pas tout : il y a l'huile, la
graisse, l'eau, les frais d'entretien, et des machines et
des tenders ; il y a le personnel affecté à ces divers services. Tout cela entre dans ce qu'on peut appeler les frais
de traction. En veut-on avoir une idée un peu exacte,
qu'on lise le petit tableau suivant, qui représente la dé-

pense moyenne de traction par kilomètre parcouru sur les chemins de fer français :

Personnel et frais de régie. .	0 fr.	20 ou	21,50	
Combustible.	0	37	39,78	pour 100
Huile, graisse, suif, chiffons, eau, éclairage.	0	06	6,45	de la dépense totale.
Entretien des machines et tenders	0	30	52,256	
Total.	0 fr. 93			

Quatre-vingt-treize centimes, voilà ce que coûte en moyenne le parcours d'une locomotive, pour un trajet d'un kilomètre. Ce chiffre moyen représente des écarts qui varient entre 0 fr. 66 (locomotive Crampton) et 1 fr. 19 (locomotive Engerth). Il s'applique d'ailleurs aussi bien à la consommation en marche qu'aux stationnements et à l'allumage des machines.

J'ai laissé échapper plus haut le mot *primes d'économie*.

Voici en quoi consistent ces primes. Sur la quantité de coke ou de houille allouée au mécanicien pour un parcours déterminé, et qui a été reconnue indispensable au travail qu'on veut obtenir, les compagnies ont imaginé d'abandonner une certaine partie de l'économie qu'il parvient à réaliser. En intéressant de la sorte les conducteurs de locomotives à n'user que le combustible strictement nécessaire, elles ont trouvé un double avantage : le premier, de restreindre la consommation, — c'est un résultat qui a été largement obtenu ; — le second, d'encourager les mécaniciens à maintenir leur machine dans le meilleur état d'entretien possible ; une locomotive mal entretenue consomme beaucoup plus, sans fournir un aussi bon service.

Seulement, pour éviter les retards qui pourraient provenir d'une tendance trop prononcée au bénéfice de la prime, il y a en outre une prime d'exactitude pour les mécaniciens dont les convois arrivent à l'heure réglementaire, à cinq heures près en plus ou en moins ; et enfin une retenue de vingt centimes, pour toute minute de retard au delà de ces délais. Sur certains chemins, les mécaniciens sont même passibles du tiers des amendes que le retard peut faire subir aux compagnies.

Il y a d'ailleurs deux systèmes, pour l'institution des primes d'économie, — j'ai oublié de dire que les matières lubréfiantes, huiles, graisses, donnent lieu au même bénéfice, — ces deux systèmes, les voici :

Dans l'un, la quantité de coke allouée est fort près du minimum nécessaire, et le taux de la prime est une forte part de l'économie réalisée, par exemple 40 pour 100. Dans l'autre, au contraire, on donne au mécanicien une plus grande quantité de combustible, mais la prime est proportionnellement plus faible. Je ne sais si d'autres industries avaient adopté déjà, ou ont adopté depuis, cette excellente mesure, qui prévient tout gaspillage, et intéresse à la fois le côté pécuniaire et le côté moral d'une entreprise ; mais, à coup sûr, elle mérite d'être généralisée partout où elle est possible.

Pour en finir avec des renseignements, à mon sens très-curieux, mais qui rempliraient des volumes, disons un mot de la durée d'une locomotive. La question paraît fort simple : détrompez-vous. En effet, comment juger de la durée réelle d'un engin dont on répare continuellement les divers organes, au besoin remplacés par des organes tout neufs ? C'est l'histoire du couteau de Jeannot. On comprend aisément que dans les conditions de réparations et d'entretien auxquelles les locomotives sont rigoureusement astreintes, leur durée serait pour ainsi dire indéfinie, « les réparations successives qu'elles reçoivent, disent les auteurs du *Guide*, devant avoir pour résultat leur restauration permanente[1]. »

[1] Il y a une autre raison qui ne permet guère à nos ingénieurs de formuler un jugement sur la durée des locomotives ; jusqu'ici, en

Bien entendu, la question peut être autrement posée, et rien n'empêche qu'on détermine, par une série d'expériences, la durée de chacune des parties de la machine. Mais on ne m'en voudra point, je suis sûr, de laisser aux hommes du métier ces détails par trop techniques.

Voici cependant un fait : les locomotives Crampton du chemin de fer du Nord, après neuf ans trois quarts de service, c'est-à-dire plus de 460,000 kilomètres de parcours[1], conservaient encore intactes toutes leurs principales pièces. Ce fait nous apprend en même temps que les mêmes loco otives ont effectué, par an, un parcours total de 47,400 kilomètres.

Comparons à ce nombre le parcours moyen des locomotives sur quelques-unes de nos grandes lignes, c'est-à-dire sans distinction de types, le nombre de kilomètres parcourus en une année par une locomotive quelconque. Voici les chiffres :

ANNÉE 1860

		OUEST	EST	LYON
Nombre des locomotives.	456	524	589	870
	kil.	kil.	kil.	kil.
Parcours total	10,506,200	8,222,105	15,020,804	15,645,670
Parcours moyen	23,040	25,576	22,106	17,984

effet, les progrès réalisés dans la construction, les modifications successives apportées à la disposition des organes, ont été si importants et si nombreux, que les anciens types ont été mis au rebut avant d'avoir fourni toute la carrière que semblait leur promettre leur constitution. On les utilise aujourd'hui dans les chantiers de terrassements. On peut dire, de ces vétérans des chemins de fer, qu'ils ont vieilli avant l'âge.

[1] C'est près de douze fois la circonférence du globe terrestre.

On voit de combien ces nombres sont dépassés par les locomotives Crampton citées : leur parcours annuel a été plus que double du parcours des machines appartenant aux lignes du Nord et de l'Est, et bien près du triple de celles de Lyon ; enfin, si l'on prend la moyenne générale, qui est de 21,167 kilomètres, c'est encore plus du double de cette moyenne. En somme, on estime à 500,000 kilomètres le parcours que doit effectuer une locomotive ; après cette période, elle a besoin d'être reconstruite, opération qui peut encore coûter de trente à quarante mille francs. Je donne ces nombres pour ce qu'ils valent. Ils ne nous instruisent guère sur le service réel effectué par une locomotive. D'ailleurs ne faudrait-il pas, si l'on voulait avoir à ce sujet des notions plus exactes, tenir compte, et de la distance parcourue et des masses remorquées? A coup sûr, ce dernier élément ne peut pas être sans importance sur la durée d'une machine.

TROISIÈME PARTIE

MATÉRIEL ROULANT, — GARES, ATELIERS ET DÉPOTS

XV

VOITURES ET WAGONS

Rien ne caractérise mieux les chemins de fer, nous l'avons déjà dit, que la locomotive : c'est ce qui justifiera les développements dans lesquels nous sommes entré à son égard. D'ailleurs, de toutes les parties du matériel roulant, c'est la locomotive qui est la moins accessible au public ; telle sera aussi la raison qui rendra plus bréve notre description des wagons et des voitures. S'agit-il, en effet, des voitures de voyageurs, le moindre voyage en chemin de fer en apprendra plus que tous les récits du monde. Et si l'on veut parler seulement des wagons de marchandises, des fourgons à bagages, etc., ce sont choses qui offrent un grand intérêt sans doute, aux yeux de l'exploitation, mais qui ne peuvent éveiller bien sensiblement la curiosité du lecteur. Toutefois j'espère que nous trouverons encore dans l'immense matériel de quoi glaner

16

pour notre instruction, à nous autres profanes. Voyons, un peu.

Il y a d'abord un point par lequel tous les véhicules qui se meuvent sur les rails de nos grandes lignes se distinguent des voitures roulant sur les routes ordinaires ; ce point est celui-ci :

Tandis que, dans les voitures ordinaires, les roues jumelles, c'est-à-dire appartenant à un même essieu, sont mobiles autour de cet essieu, et indépendantes, dans le matériel roulant des chemins de fer au contraire, les roues jumelles font corps avec l'essieu lui-même, qui tourne dans des boîtes fixées au bâti de la voiture ou au ressort ; ces roues sont donc solidaires. De plus, les essieux d'un même véhicule sont invariablement parallèles, pendant que ceux des voitures de nos routes de terre peuvent prendre diverses positions relatives.

Vous allez comprendre en peu de mots la raison de cette différence essentielle. Qu'une pierre, un morceau de bois, un obstacle quelconque, venant à se présenter devant l'une des deux roues d'un même essieu, en arrête partiellement la marche ; l'autre roue, mobile sur l'essieu et indépendante, continuerait à tourner. De là une déviation forcée, puis un déraillement. Même effet produit pour deux essieux dont les directions ne seraient point constamment et nécessairement parallèles : en se mouvant dans une courbe, il y aurait changement de direction de l'un des essieux, puis déraillement inévitable. Or tout le monde sait que c'est là un des plus terribles accidents qu'on ait à redouter sur un chemin de fer.

Les véhicules employés sur la plupart des grandes lignes offrent une grande variété de formes, parce .qu'en effet leurs usages sont extrêmement variés ; mais, avant d'en faire une énumération détaillée, j'arrêterai votre attention sur une partie qui leur est, à fort peu près, commune : je veux parler du *train de voiture ;* c'est aussi celle qui est pour les voyageurs le moins en évidence. Ensuite, nous examinerons la seconde partie, celle que supporte le train, c'est-à-dire la *caisse*[1].

Prenons un exemple : voyons de quoi se compose un train de voiture à voyageurs, de deuxième classe, par exemple. Examinons les deux dessins ci-contre (*fig.* 93).

L'un d'eux représente la vue extérieure et longitudinale du train, l'élévation. L'autre est le même train vu d'en haut, ce qu'en style géométrique on nomme le plan. Les détails abondent; passons en revue les principaux.

La partie supérieure du train consiste en un *châssis*, ou cadre rectangulaire, avec traverses et croix de Saint-André, destinées à en consolider la forme. Ce châssis repose sur des ressorts — ceux qu'on voit dans l'élévation — reliés eux-mêmes aux *boîtes à graisse* que portent les essieux. Nous examinerons tout à l'heure l'intérieur d'une de ces boîtes : je me borne à présent à vous dire qu'elles sont maintenues entre les *plaques de garde*, feuilles en tôle solide, solidement fixées au châssis et découpées en forme de trapèze.

Indépendamment des ressorts de suspension que vous venez de voir, il y a, entre les traverses, deux ressorts de traction, dont le but est d'amortir les secousses des chocs ou du démarrage. Jetez les yeux sur le plan du châssis et vous reconnaîtrez quelle est la disposition de ces ressorts, qui sont liés aux tampons de choc dont sont munis les deux grands longerons du cadre. Le principe du mécanisme qui, dans les tampons, sert à l'amortissement des chocs réside, tantôt dans des rondelles de caoutchouc vulcanisé, tantôt dans des ressorts en acier.

Un mot des roues et des essieux.

---

[1] En disant que le train — châssis, essieux, roues, etc. — est à peu près le même pour tous les genres de voitures, j'entends parler des parties essentielles et abstraction faite du luxe de la construction.

En général, les roues sont en fer; cercles de roulement ou bandages, rais et moyeux sont tout en fer; quelquefois cependant le moyeu est en fonte. On a vu, dans la description des locomotives, quelle est la forme des bandages et de quelle manière ils portent sur le rail; comment le rebord des roues les maintient entre la voie[1]; il en est de même des roues de toutes les sortes de voitures. Je n'y reviendrai donc pas. On se sert aussi de roues pleines, coulées en fonte, avec bandage en fer, ou, sur certains chemins, de roues formées de secteurs en bois, reliés autour du moyeu en fonte par des bandages en fer forgé. Pour tout cela, le lecteur qui prendra la peine de jeter un coup d'œil sur le matériel circulant d'un chemin de fer en saura bien vite autant que nous en pourrions dire.

Il faut distinguer dans l'essieu trois parties principales : l'une, qui forme les deux extrémités, ou *fusées*, sur lesquelles reposent les boîtes à graisse, est cylindrique, polie et tournée avec le plus grand soin; la seconde comprend les deux endroits où s'emmanchent les moyeux; le troisième, en forme de partie conique, est intermédiaire entre les deux autres.

J'ai eu déjà l'occasion de dire combien il importe à la sécurité des convois que la fabrication des essieux soit aussi proche que possible de la perfection : les défauts de forge ne font qu'empirer, sous l'action incessamment répétée des vibrations, des chocs, des secousses, des brus-

---

[1] Si le bandage des roues était cylindrique, autrement dit, si la surface par laquelle elles s'appuient sur le rail n'était point inclinée dans le sens horizontal, il en résulterait, dans les parties droites du chemin, une usure très-inégale des roues, et dans les parties courbes un glissement du côté de la file de rails extérieure, et par suite une détérioration plus rapide des bandages. La forme conique adoptée remédie à ces inconvénients; seulement elle donne lieu quelquefois à un mouvement d'oscillation transversale, de *lacet*, comme on dit, assez fatigant pour le voyageur.

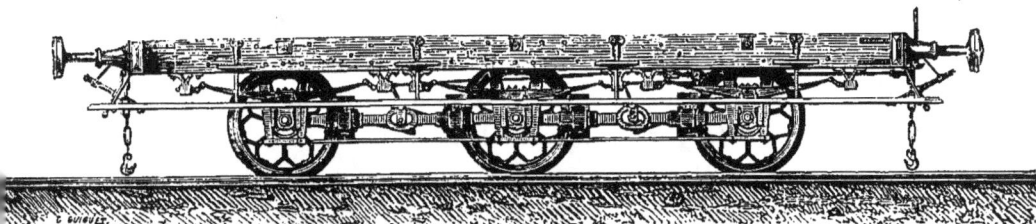

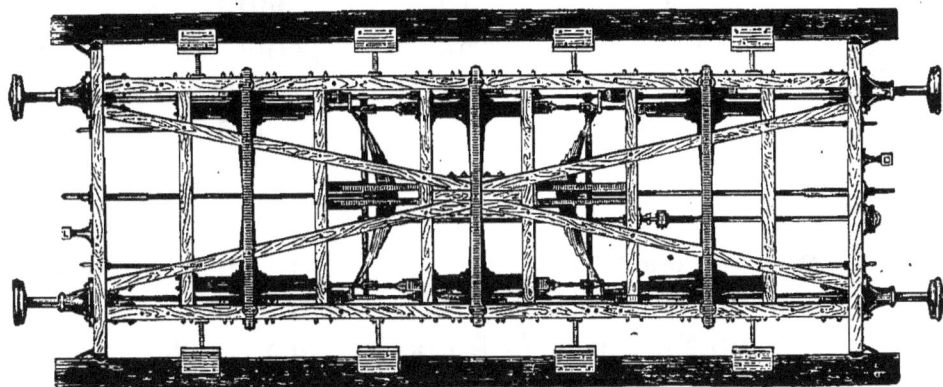

Fig. 93. — Plan et élévation d'un train de voiture de 2ᵉ classe.

ques variations de température, enfin des flexions qui proviennent de la charge. La rupture en est la conséquence, et, bien qu'une rupture d'essieu n'ait pas, grâce au mode d'attelage, des suites aussi dangereuses pour les voitures que pour la locomotive, ce n'est pas moins un accident à éviter.

Voulez-vous savoir maintenant comment les fusées de l'essieu supportent les boîtes à graisse et par suite le châssis? Examinons l'une de ces boîtes; cela nous apprendra en même temps le mode de graissage, point d'une grande importance pour la conservation et l'entretien du matériel. On voit dans la figure 94 une boîte à graisse, coupée selon la longueur de l'essieu.

La fusée de l'essieu est comprise entre deux capacités : l'une, supérieure, contient de la graisse qu'on y introduit en soulevant un couvercle extérieur; l'autre, inférieure, reçoit l'huile par une ouverture plus petite, fermée de la même manière; des mèches, imbibées par la capillarité, alimentent d'huile une brosse sur laquelle repose la fusée.

Quant à la graisse, elle ne sert que dans le cas, dangereux pour la conservation de l'essieu, où l'huile, devenue trop fluide par un échauffement excessif, ne reste plus interposée entre les surfaces frottantes. Qu'arrive-t-il alors, en effet? Que le métal se grippe; et, si cet accident se produit sans qu'on s'en aperçoive, dans l'intervalle de deux stations, la fusée peut être coupée, l'essieu brisé, et la voiture sous le coup d'un grave accident.

La graisse vient alors suppléer à l'huile, et voici comment : le réservoir à graisse communique avec la fusée par des conduits, d'ordinaire fermés par des bouchons de métal fusible; la chaleur augmente-t-elle, les bouchons fondent, et la graisse vient alors enduire les surfaces en danger de gripper.

Les modèles de boîte à graisse ou à l'huile sont très-nombreux. J'ai voulu seulement, en vous décrivant un des meilleurs, vous donner une idée de ces appareils dont sont munis tous les véhicules qui se meuvent sur les voies ferrées.

Sur les routes ordinaires, les voitures sont aussi graissées; mais il est aisé de voir, par la complication du

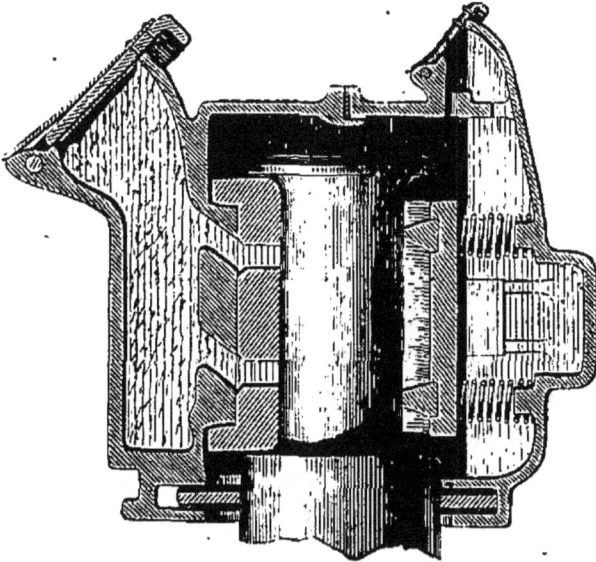

Fig. 94. — Boîte à huile et à graisse; vue intérieure.

système adopté sur les chemins de fer, que là, comme en une foule d'autres circonstances, ce n'est ni par la simplicité ni par l'économie que se recommande le matériel nouveau. Qu'y a-t-il là d'étonnant? la vitesse considérable, le poids des voitures, les charges qu'elles transportent, rendent indispensables ces moyens coûteux de conservation.

Une boîte à graisse coûtant de 18 à 27 francs, la dépense pour une voiture à six roues varie entre 108 et 162 francs[1]; mais cette dépense de premier établissement est

[1] Pour une ligne qui, comme le chemin de l'Est, possède un matériel roulant de 13,932 véhicules, c'est au minimum, en ne donnant que quatre roues à chacun d'eux, hypothèse au-dessous de la vérité,

peu de chose, si on la compare à l'entretien journalier pendant toute la durée du service.

Quant au métal qui les compose, c'est ordinairement la fonte de fer, pour le corps et le fond de la boîte; le coussinet seul est en bronze.

Il me resterait à parler des freins; mais ces appareils méritent un examen spécial. Ce sera donc l'objet d'une étude à part.

Tout ce que nous venons de dire concerne le train des voitures, sans distinction de genres : or, c'est par la forme des caisses que diffèrent surtout les nombreuses sortes de wagons qui roulent sur presque toutes les grandes lignes, et dont les dispositions varient avec l'usage auquel ils sont destinés.

Je doute fort que vous soyez curieux de passer en revue cette longue nomenclature de wagons, de fourgons, de trucs, qui composent l'immense matériel d'un chemin de fer[1]. Les uns servent uniquement au transport des voyageurs, et vous les connaissez à ce titre même, soit que votre fortune vous permette l'accès de ces voitures luxueuses ou confortables qui forment la première et la seconde classe, soit que, par économie forcée ou par fantaisie, vous vous enfermiez dans les immenses caisses des troisièmes, vous, cinquantième habitant de cette maison roulante.

A côté des voitures à voyageurs, se placent les wagons-postes, qui contiennent à l'intérieur de véritables bureaux, éclairés, chauffés, où les employés de ce service opèrent commodément le triage des lettres et des dépêches. Si

c'est une dépense moyenne de 1,900,000 francs. Le prix que j'ai cité plus haut ne s'applique point aux boîtes à graisse des locomotives, plus volumineuses, et dont la fabrication exige d'ailleurs un soin tout particulier.

[1] Le tableau suivant, qui présente l'état du matériel roulant appartenant au chemin de Lyon au 1er janvier 1861, locomotives et tenders

vous êtes curieux de connaître ce qui se passe dans ces bureaux ambulants, jetez un coup d'œil sur le dessin suivant (*fig.* 95) :

Puis, descendant un échelon dans le rang de la marchandise transportée, que rencontrez-vous? Les wagons destinés aux voyageurs de la gent animale, chevaux, va-

exceptés, suffira pour donner une idée du nombre et de la variété des véhicules qui circulent aujourd'hui sur nos grandes lignes.

Voitures à voyageurs.

Voitures-salon	9
— de première classe	278
— mixtes, première classe	170
— de seconde classe	282
— de troisième classe	825
Wagons-bagages	337
Total	1,899

Wagons à marchandises, etc.

Bracks	103
Trucs à équipages	90
Wagons-écuries	107
Wagons couverts et fermés	4,212
— à bestiaux	2,742
— tombereaux	1,636
— plate-forme	840
— à bords tombants	2,221
— à goudron, en tôle	15
— à deux étages	15
— à maringottes	756
— à charpentes	100
— à houille, ouverts par côté	3,528
— — ouverts par bout	8,584
— à coke	554
— à ballast	910
— de secours	29
— de raccords	34
	21,456

Total général : 23,355 véhicules.

En 1865, les lignes de l'Est, de l'Ouest et d'Orléans possédaient, la première, 1,951 voitures de voyageurs, et 16,316 wagons de marchandises; la seconde, 1,770 voitures et 10,160 wagons, et la troisième, 903 voitures et 11,707 wagons.

ches et bœufs, porcs et moutons. Tenez-vous à savoir comment tout ce monde se trouve casé? La figure 96 vous montre l'intérieur d'un wagon-écurie, dont chaque compartiment est construit pour trois chevaux. Chaque che-

Fig. 95. — Intérieur d'un wagon-poste.

val, comme on voit, occupe une stalle séparée, dont les cloisons latérales sont rembourrées, pour éviter les secousses ou les chocs qui pourraient l'effrayer ou le blesser. En avant, une traverse mobile, également rembourrée, maintient le poitrail ; c'est probablement gênant pour les pauvres bêtes, mais le râtelier et la mangeoire transforment l'espace exigu en une écurie assez confortable. Un palefrenier a place sur chaque voiture, et peut surveiller pendant la route nos coursiers, étonnés peut-être de se sentir rouler en voiture, eux, si habitués à faire rouler les autres. Les wagons-écuries ont leurs stalles disposées, tantôt en travers, tantôt dans le sens de la voie : les

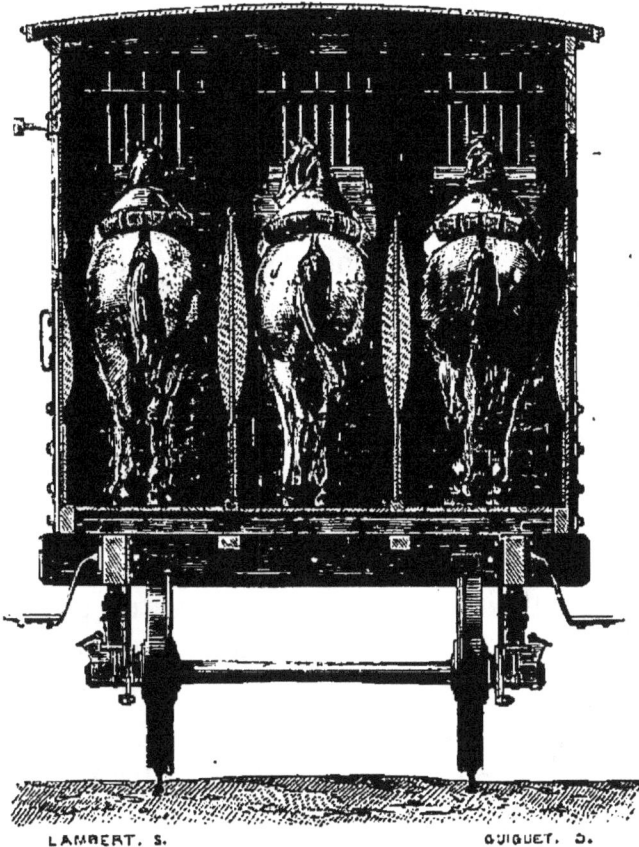

Fig. 96. — Intérieur d'un wagon-écurie.

avis sont partagés sur la meilleure de ces deux dispositions, j'entends la meilleure pour la santé de l'animal. On a constaté cependant qu'il éprouve une moindre fatigue s'il est placé dans un sens perpendiculaire à la voie.

Les wagons-écuries employés au transport des moutons ou des porcs diffèrent des premiers; ils ont deux étages et ne sont point divisés en stalles. De l'individualité, en quelque sorte libre, de la haute taille, on tombe dans le troupeau.

Enfin, il y a des wagons spéciaux pour le lait, d'autres pour les diverses sortes de combustibles, houilles grosses ou menues, coke, charbons de bois, des trucs servant au transport des voitures de rouliers, des diligences et des chaises de poste, des wagons servant au transport du ballast, enfin des wagons de terrassement, ce qui nous ramène, si vous avez bonne mémoire, au début de notre construction d'un chemin de fer.

Je ne dis rien des wagons à bagages ou fourgons qui servent au transport des malles et paquets appartenant aux voyageurs, parce que chacun peut les voir à son aise, en tête du train, c'est-à-dire immédiatement après le tender de la machine. Je rassurerai toutefois les personnes inquiètes de voir leurs objets, fragiles ou précieux, en contact avec les lourds colis, en leur apprenant qu'il existe à l'intérieur des fourgons à bagages, des tablettes et des armoires, construits dans le but exprès de prévenir les suites fâcheuses d'une telle rencontre. Les fourgons sont ordinairement munis de caisses, à portes en tôle percées de trous : c'est là que muselés et pétrifiés par le bruit terrible de la locomotive, sont enfermés les voyageurs de la race canine. Leurs places ne sont pas les moins chères de celles qui composent un train, si l'on veut tenir compte de l'espace occupé et du prix de revient de leur domicile.

Tous les voyageurs savent, ai-je dit plus haut, je crois, comment sont disposés les compartiments qui les reçoivent, et dont la forme varie peu avec les diverses lignes. Il faut ajouter toutefois une certaine restriction à cette manière de parler ; car les personnes qui prennent les confortables places des premières ne connaissent guère les troisièmes que par ouï-dire, — et pour parler comme un géomètre, — la réciproque n'est pas moins vraie. Mais comme la curiosité est permise en chemin de fer, et, dans ce cas, d'un facile exercice, chacun peut en se promenant le long du train pendant les arrêts, jeter un coup d'œil dans les voitures entr'ouvertes.

Fig. 97. — Un wagon wurtembergeois.

Ce qu'on connaît moins, ce sont les voitures de luxe, dont les salons meublés permettent aux favorisés de la fortune de s'étendre à plaisir, et de prendre un repos qu'on ne goûte guère d'habitude en voyage : des terrasses pour les fumeurs (*fig.* 97), d'autres aisances qu'on soupçonnera bien sans les nommer davantage, ajoutent aux agréments des voitures de première classe, et n'ont d'autres défauts que d'être inaccessibles à la majorité des voyageurs.

Entrons dans quelques détails sur les améliorations apportées aux voitures par les Américains, dont les compagnies françaises feraient bien de suivre un peu l'exemple.

« En Amérique, le mécanicien est à couvert, protégé contre les intempéries et les mouvements de l'air. Quant aux voyageurs, ils vont et viennent à leur gré dans la longue voiture qui les emporte au nombre de cinquante à la fois. Un couloir est ménagé au milieu du véhicule, et l'on peut s'y promener. On peut aussi librement passer d'une voiture à l'autre ou se tenir au dehors, sur une plate-forme munie d'une rampe, et là fumer, jouir à son aise de la vue du paysage.

« Sur les siéges, qui basculent autour d'un pivot latéral, on peut aller en avant ou en arrière, selon son bon plaisir. Il y a même dans quelques wagons de luxe, des siéges tournant autour d'un axe vertical et de larges fenêtres fermées par une seule vitre, de sorte que tout le paysage se présente à la fois à l'œil du voyageur en un véritable panorama.

« Dans toutes les voitures on trouve une fontaine d'eau fraîche et même d'eau glacée avec quelques verres, un water-closet, un ou deux poêles chauffés en hiver, une cuvette pour la toilette avec tout le nécessaire : savon, brosse, linge.

« Dans l'espace longitudinal resté libre entre les deux rangs opposés de siéges règne un cordon qui met les voyageurs en communication avec le mécanicien de la locomotive. C'est un système aussi simple que sûr, jusqu'ici vainement cherché ailleurs, pour parer à certains cas d'accidents bien connus. Dans ce même espace, se promènent le conducteur qui vérifie les billets (on passe ceux-ci au ruban de son chapeau pour n'être pas dérangé), et les

Fig. 98. — *Palace-car*, wagon de luxe américain.

marchands autorisés par les Compagnies, qui vendent des fruits, des pâtisseries, des cigares, des journaux, des livres.

« La nuit, avec un supplément de prix qui est en moyenne d'un dollar (cinq francs) par personne, on donne au voyageur un excellent lit avec tous les accessoires : oreillers, draps, couvertures, et l'on est dans ces couchettes moins à l'étroit et plus mollement que dans celles d'aucun steamer. Un domestique est attaché dans chaque voiture à ces dortoirs roulants, ou *sleeping cars*, qui, le jour, redeviennent de simples wagons.

« On a créé des *state rooms*, des *palace cars* (salons de luxe, voitures-palais), où l'on peut voyager seul avec sa femme, ses enfants, ses amis, et ce, moyennant un supplément qui est au maximum de 4 dollars par personne et par jour.

« A côté de quelques-uns de ces *palace cars*, meublés avec un luxe qui a lieu de surprendre, et où l'or et l'argent brillent partout, on a installé jusqu'à un magasin de provisions et une cuisine, si bien que l'on peut en route commander ses repas, et alors ne plus quitter le wagon qu'à l'arrivée, dût-on rester plusieurs jours en chemin.

« C'est de la sorte qu'on va aujourd'hui de New-York à San-Francisco. »

Si l'exemple des Américains a contribué à introduire dans nos voitures de chemins de fer des améliorations importantes ; si ce qui est chez eux l'ordinaire a fini par devenir chez nous chose de luxe, ajoutons que l'aristocratique division des places en trois classes comme en France, en quatre classes, comme sur certains chemins d'Allemagne, est inconnue aux États-Unis. Mais, hélas ! — triste revers de la médaille — savez-vous pourquoi les Américains ne connaissent qu'une classe de voyageurs ? c'est qu'ils relèguent les gens de couleur — on ne dit pas seulement les esclaves — dans les wagons à bagages, comme un bétail humain[1] !

La façon dont on traitait jadis chez nous les voyageurs de troisième classe, parqués dans des caisses non couvertes, puis, sur les réclamations du public, simplement protégés contre la pluie ou la neige, mais exposés à toutes les autres intempéries du temps, doit du reste nous inspirer quelque modestie. De grands progrès ont été faits depuis lors, au point de vue de l'humanité. Les compagnies ont reconnu combien il était de leur intérêt de pourvoir au strict bien-être des voyageurs qui se confient à leurs soins, pendant un trajet souvent fort long. Qu'elles continuent à progresser dans cette voie; elles en seront récompensées. L'intérêt du public est le leur propre : c'est là

[1] Aujourd'hui que l'esclavage est aboli dans la grande république, la coutume barbare que nous rappelons ici a probablement disparu; nous le désirons pour l'honneur de la démocratie américaine.

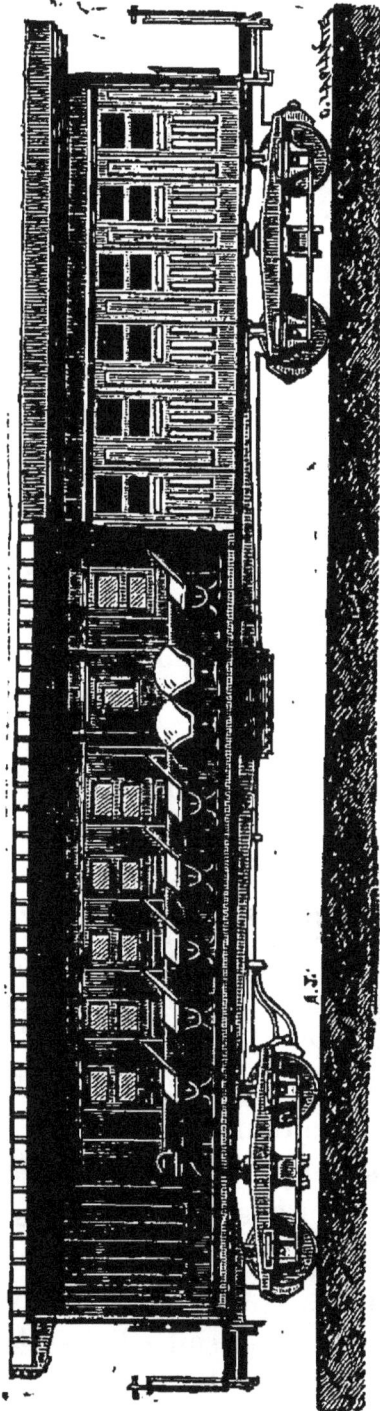

Fig. 99. — Un wagon américain; coupe et vue intérieure.

une maxime aussi vraie dans l'ordre moral que dans l'ordre économique.

Nous faisions des vœux, dans la première édition de cet ouvrage, pour qu'elles introduisissent dans les trains diverses améliorations depuis longtemps réclamées par les voyageurs, principalement par ceux de seconde et de troisième classe. Nous sommes heureux de dire que quelques-unes de ces améliorations sont aujourd'hui réalisées sur toutes les lignes. Ainsi, dans chaque train, un ou plusieurs compartiments sont réservés aux dames qui désirent voyager seules. Les fumeurs ont aussi des compartiments réservés : à vrai dire l'habitude d'emplir les voitures de la fumée de tabac, de la pipe ou du cigare, est devenue si générale, qu'il y aurait lieu plutôt de réserver des voitures pour les personnes que cette odeur gêne ou incommode.

Quant au chauffage des wagons, ce sont ceux de première classe qui ont seuls ce privilège ; les voyageurs de seconde et de troisième, ceux de troisième surtout qui ne sont pas, comme les autres, protégés contre le froid par l'épaisseur des coussins rembourrés, grelottent toujours en hiver, exposés à tous les inconvénients, graves quelquefois, d'une température rigoureuse. Sur la ligne de l'Ouest, on a essayé un système de chauffage par la vapeur, dont l'invention est due à M. Delcambre. Parmi les inconvénients signalés de ce système, un seul est sérieux, ce sont les fuites de vapeur auxquelles les joints et les soudures des tuyaux peuvent donner lieu quelquefois. Empêcher ces fuites, est-ce donc un problème insoluble ? Nous ne le pensons pas : mais les essais ont été abandonnés. En Allemagne, en Autriche, on chauffe pendant les grands froids les voitures de première et de seconde classe, soit à l'aide de poêles, soit par des cylindres de fonte remplis de sable chauffé au rouge sombre.

Rappelons donc aux compagnies que le jour où le bienfait d'une température douce et modérée rendra le séjour

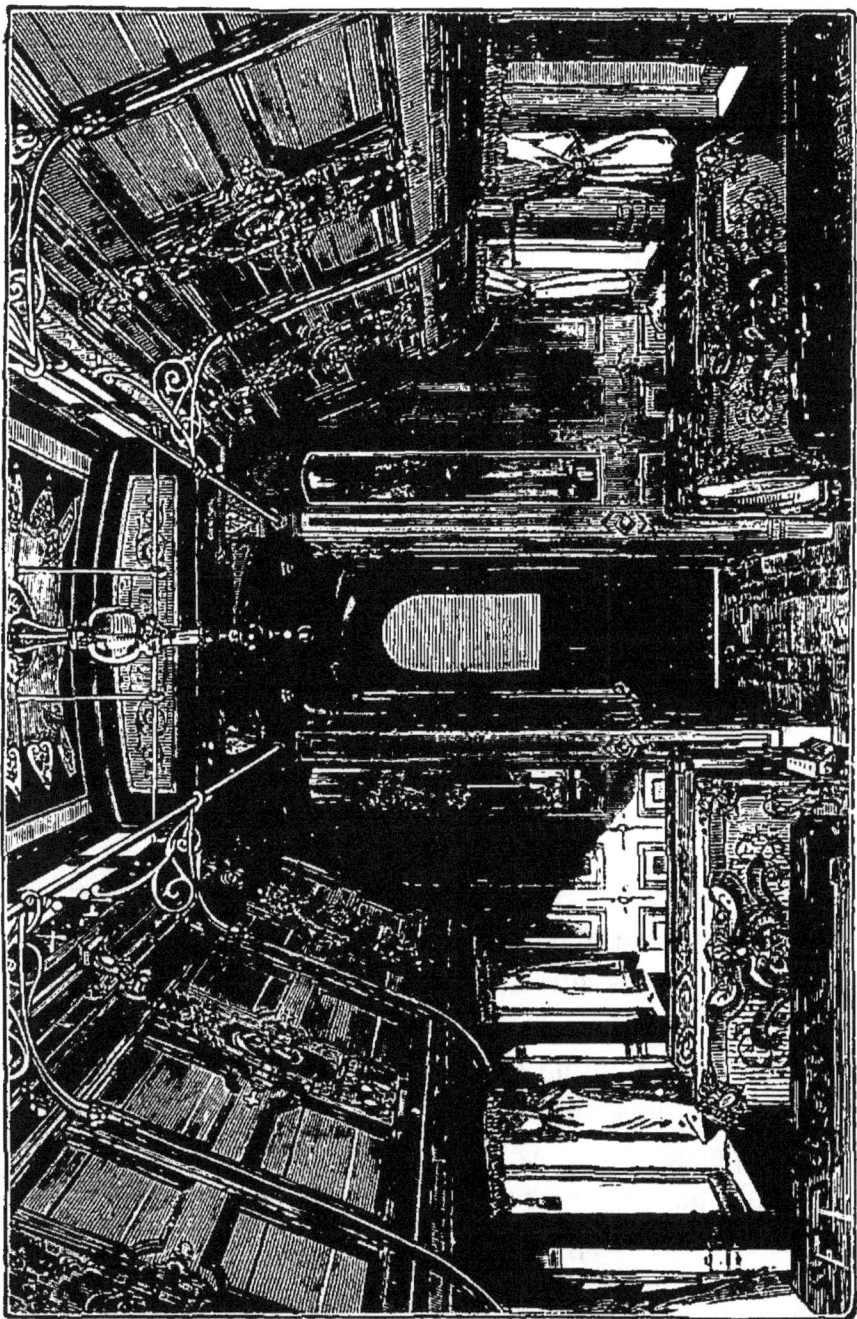

Fig. 100. — Intérieur d'un wagon américain, dit *Pulman's car.*

en wagon plus supportable, moins dangereux pour la

santé, nombre de gens, que la rigueur de la saison rebute
et retient à la maison, prendront le chemin de la gare.

Les wagons de troisième classe ne sont jamais garnis,
dit un auteur qui traite *ex professo* de la matière, M. A.
Perdonnet. C'est un fait qu'il n'est pas permis de nier ;
mais est-ce une raison pour le considérer comme nécessaire, et croirait-on l'avenir des compagnies compromis,
si elles commettaient l'insigne folie d'adoucir les bancs
de bois des troisièmes, au moyen d'une garniture d'étou-
pes et de crin? Qu'on se rappelle donc les diligences
d'autrefois. Coupé, intérieur et rotonde, banquettes
mêmes, étaient garnis, ma foi ! avec plus ou moins de
luxe, c'est vrai, selon la catégorie des places. Est-ce là
ce qui a causé la ruine des compagnies qui les faisaient
construire? Sait-on pourquoi les voitures de troisième
n'ont pas de rideaux? C'est que, selon les compagnies,
les voyageurs les lacéreraient ou les feraient disparaître.
Grand merci de la bonne opinion qu'ont les administrateurs de nos voies ferrées de la probité des gens qui ne sont
pas assez riches pour payer une place de première ou de
seconde ! à leur sens, une bonne partie de la population
serait composée de voleurs et de pillards.

Le jour viendra-t-il bientôt où, par le progrès de l'aisance générale et des mœurs, les catégories de places
seront supprimées ou, du moins, réduites à deux? C'est
probable. Alors les immenses caisses de troisième seront
mises au rebut, comme l'ont été leurs premiers modèles ;
alors les secondes, simples mais confortables, mais commodes, chauffées, aérées, éclairées, seront accessibles à
la masse du public voyageur ; et les premières, largement
tarifées, comme l'exigent les dépenses de premier établissement, et un entretien coûteux, continueront à être fré-
quentées par les riches.

Il n'y a rien là que de fort désirable, de fort naturel,
ajoutons de très-praticable : je n'en veux d'autre preuve

que le service de la ligne de Versailles (rive gauche), où les trains sont uniquement composés de deux classes, les premières et les secondes. J'ai eu souvent l'occasion de fréquenter cette ligne, et, je dois le dire, jamais je n'ai été témoin, dans les secondes, de ces scènes désagréables dont les troisièmes sont assez souvent le théâtre ailleurs.

Qu'on ne vienne donc pas dire : Sur tel chemin, les secondes sont trop confortables ; elles absorbent les voyageurs disposés à prendre les premières. Encore moins doit-on condamner les personnes, que leur bourse relègue aux troisièmes, à étouffer de chaleur, en rétrécissant les fenêtres de leurs voitures, en les disposant de telle sorte qu'elles masquent la vue : et cela sous le prétexte absurde qu'en été les troisièmes deviendraient préférables aux premières et aux secondes. De telles raisons, que ne justifie pas l'économie, que condamne l'équité, ne peuvent pas, ne doivent pas être invoquées par des administrations intelligentes. Et nous sommes certain qu'en effet les compagnies, qui en comprennent le néant, ne demandent pas mieux que de favoriser la demande par l'offre de places généralement confortables, et, en accroissant ainsi le nombre de voyageurs, d'enfler les recettes de leur caisse.

Quelques particularités maintenant sur les voitures.

Êtes-vous curieux de savoir ce que pèse un wagon? Voici quelques chiffres : une voiture de première classe du chemin de fer du Nord pèse 5,240 kilogrammes, c'est à peu près le même poids pour la ligne de Paris à Strasbourg ; c'est 400 kilogrammes de plus pour une voiture de première classe sur la ligne d'Amiens à Boulogne. Une voiture de deuxième classe du chemin de Strasbourg pèse, à vide, 6,200 kilogrammes. Enfin le poids d'un wagon de troisième classe, pour cinquante voyageurs, est sur la même ligne de l'Est de 6,000 kilogrammes. C'est 216 kilogrammes pour un voyageur de première, 155

pour un voyageur de seconde, 120 pour les troisièmes.
C'est, à fort peu près, la proportion des prix des places[1].
Un mot aussi des prix de revient de quelques-uns des
véhicules dont l'énumération a été donnée plus haut.
Tandis qu'un simple wagon de terrassement ne coûte
guère que 800 francs en moyenne, que les prix des wagons
à bagages, à bestiaux, à houille, à marchandises, varient
entre 5,000 et 3,000 francs, il faut compter 10,000 francs
pour la dépense d'une voiture de première classe (Est),
11,000 francs pour les voitures de même classe à coupé.
Bien plus, les lignes du Midi et d'Orléans ont fait construire des voitures mixtes, seconde et première classes,
qui, sans compter les roues, ressorts, boîtes à graisse et
plaques de garde, leur reviennent à 11 ou 12,000 francs.

---

[1] Ce n'est pas tout de connaître le poids brut du matériel roulant.
Un document beaucoup plus intéressant est celui qui permet d'en jau-
ger, pour ainsi dire, les avantages économiques; c'est le rapport de
ce qu'on nomme le poids *utile* au poids *mort*. Je m'explique. Soit une
voiture pesant 400 kilogr. et susceptible de porter une charge de
500 kilogr. : telles étaient les anciennes diligences. Le premier de ces
nombres, qui indique le poids du véhicule à vide, est le poids mort ;
le second, c'est-à-dire le poids des voyageurs ou marchandises qu'elle
peut transporter, est au contraire le poids utile. En divisant 500 par
400, on trouve par rapport 1,25.

Considérons maintenant une voiture de 1re classe du poids de
5,240 kilogr. à vide ; 24 voyageurs, du poids moyen de 60 kilogr.,
donnent 1,440 kilogr. pour le poids utile. Le rapport du poids utile
au poids mort est donc 0,27. Pour un wagon de 2e classe, de la ligne
de l'Est, par exemple, contenant 40 voyageurs, ce rapport est $\frac{2400}{6200} =$
$= 0,39$. Pour une voiture de 5e classe, on trouvera $\frac{3750}{6000} = 0,625$.

Eh bien, voici quatre nombres, 1,25, 0,27, 0,30, 0,625, qui mesurent
l'utilité productive de chacune des voitures correspondantes. En les
comparant, on voit à l'instant que les chemins de fer, si supérieurs
aux routes ordinaires pour la rapidité et la précision, sont, au point
de vue du transport en lui-même, de beaucoup inférieurs aux routes
de terre. Cela revient à dire que les frais de transport à la charge
des compagnies sont, sous ce rapport du moins, plus onéreux pour
elles.

Enfin, tandis qu'une voiture de troisième classe coûte de 5 à 6,000 francs, un wagon de seconde classe ne dépasse point la même valeur.

Ces chiffres connus, il est facile de calculer à quel capital engagé correspond une place de voyageurs, de l'une quelconque des trois classes qui composent les trains, sur nos chemins de fer de France. Il suffit de se rappeler qu'une voiture de première classe à trois caisses contient, lorsqu'elle est complète, 24 voyageurs, un wagon de seconde classe, 40, et un de troisième, 50 voyageurs. On trouve ainsi : 383 francs par place de première, 175 par place de seconde, 106 par place de troisième [1].

Voyager vite, franchir 40, 60, 100 kilomètres à l'heure, c'est une bonne chose, et les voyageurs, pas plus que les marchandises, ne se plaignent généralement de cette supériorité des voies ferrées. Bien au contraire, depuis que, grâce aux rails et à la vapeur, on fait en une heure le trajet qui demandait jadis une demi-journée, quelquefois un jour entier, on entend nombre de gens se plaindre

---

[1] Ces prix sont ceux des voitures du chemin de l'Est. Pendant que nous sommes en train de calculer, examinons s'il y a, entre ces nombres, le même rapport qu'entre les prix du tarif, calculés pour une même distance.

Pour une distance de 315 kil. (distance de Paris à Lyon), les prix des places sont. . . . .

55 fr. 30	en premières.
26 45	en secondes.
10 40	en troisièmes.

Ramenant ces nombres à un point commun de comparaison avec les premiers, on a : pour les premières 193, pour les secondes 144 et pour les troisièmes 106. L'écart est déjà considérable pour les secondes, mais il devient énorme quand on passe aux premières. Cette dernière catégorie est évidemment ruineuse pour les compagnies, si les prix des places de troisièmes sont justement basés sur les prix de revient. Il est vrai qu'il faut tenir compte, en outre, des frais de traction et d'entretien ; mais l'écart que nous venons de signaler s'accroîtrait encore par la considération de ces frais, cela est de toute évidence. Je laisse maintenant au lecteur le soin de tirer, à son gré, d'autres conséquences de ces données.

qu'on n'arrive pas. Le monde est ainsi fait ; il n'est jamais content. Se plaindra qui voudra de cette insatiabilité ; mais, à coup sûr, le progrès ne peut pas avoir à en souffrir.

Il y a cependant à toute médaille un revers, et, dans le cas particulier qui nous occupe, ce revers, le voici :

Un convoi en marche ne peut marcher toujours. Il doit d'abord s'arrêter régulièrement aux différentes stations qu'il a pour but de desservir ; il doit obéir aux signaux qui lui ordonnent soit de ralentir sa vitesse, soit de s'arrêter tout à fait. Il arrive encore, heureusement ce cas est rare, qu'un obstacle imprévu obstrue la voie, qu'un train de marchandises, par exemple, animé d'une moindre vitesse, est en vue, et menace le train des voyageurs d'une rencontre terrible. Dans toutes ces circonstances, il est urgent d'arrêter sans hésitation, sans retard.

Or arrêter une telle masse en mouvement est chose d'autant plus difficile, d'autant plus dangereuse même, que la vitesse en est plus considérable. Tout le monde sait qu'il ne suffit pas alors de supprimer l'action du moteur : en supposant cette action momentanément anéantie, il resterait toujours la vitesse acquise. En vertu de l'inertie, la masse continuerait à se mouvoir, jusqu'à ce que la résistance des rails en eût amorti par degrés la vitesse, et l'arrêt n'aurait lieu, le plus souvent, qu'à une distance considérable du point où cette suppression eût été effectuée.

Pour les arrêts en station, il ne peut donc suffire de fermer le régulateur ; il faudrait s'y prendre à une distance telle, qu'il en résulterait forcément un ralentissement dans la marche, la perte d'un temps précieux. Même inconvénient pour les manœuvres dans les gares. A fortiori, vous le comprenez, s'il s'agit d'éviter un obstacle. Telle est la difficulté, tel est le problème qu'il s'agissait de résoudre. On y est parvenu par l'invention des freins.

Le frein en lui-même, vous le connaissez depuis long-temps : les voitures ordinaires, privées ou publiques, les chariots de roulage ont, sous le nom de sabots, des appareils de formes diverses, ayant pour but de ralentir, le long des pentes, le mouvement trop rapide imprimé au véhicule par la pesanteur. Ce sont des morceaux de bois ou de fer, qu'un mécanisme rapproche de la jante des roues. Le frottement engendre une résistance, qui empêche ou modère la rotation. La roue glisse sur le terrain, et le frottement de glissement, substitué au frottement de roulement, suffit pour amortir bientôt la vitesse acquise.

Voilà une théorie bien simple, et dont l'application aux wagons d'un convoi semble très-facile. C'est cependant un problème qui a suscité par milliers les inventeurs. Aujourd'hui encore, les ingénieurs des compagnies sont journellement assaillis de projets dont la plupart ne prétendent rien moins qu'à l'infaillibilité [1].

Deux ou trois systèmes ont seuls jusqu'ici mérité la préférence, et ce ne sont pas les plus compliqués.

---

[1] Il n'est peut-être pas hors de propos de faire toucher du doigt l'absurdité de ces projets prétendus infaillibles, de ceux du moins dont les auteurs assurent avoir trouvé le moyen d'obtenir l'arrêt immédiat de la machine et du train.

Il est évident que l'action d'un appareil — quelle qu'en soit d'ailleurs la disposition — susceptible de produire un tel effet, équivaut précisément à un effort exercé en sens contraire de la marche, au moins égal à la force d'impulsion du train. N'est-ce pas dès lors comme si un obstacle inébranlable et insurmontable venait tout à coup barrer la voie ? En un mot, le choc affreux qui résulterait de l'action instantanée d'un tel mécanisme suffirait à broyer locomotive, tender et wagons : ce serait l'inévitable arrêt de mort de tous les voyageurs.

Veut-on se rendre compte de l'horrible désastre que produirait l'adoption d'un tel système de frein ? D'après le calcul d'un de nos ingénieurs distingués (M. Gentil, ingénieur des mines), le choc occasionné par l'arrêt instantané d'un convoi équivaudrait à la chute de ce dernier de la hauteur d'un quatrième étage, en supposant une vitesse de marche de 60 kilomètres à l'heure, c'est-à-dire celle d'un train express de nos lignes de France.

Je ne m'attacherai pas, vous le pensez bien, à les décrire tous en détail : il suffira de prendre pour exemple
l'un des freins les plus généralement adaptés aux tenders
et aux voitures.

On sait que les freins sont manœuvrés par un employé
ad hoc, qu'on nomme *garde-frein*. Il est de règle qu'indépendamment du frein du tender, confié au chauffeur, il
y ait toujours un frein sur sept voitures, par conséquent
deux freins pour quatorze voitures, à moins que les rampes ne dépassent une inclinaison de 0m,005 à 0m,006 par
mètre. Dans cette dernière hypothèse, ou encore, quand
la vitesse surpasse la moyenne des trains de voyageurs,
on augmente le nombre des voitures munies de ces importants appareils.

Je vous ai donné plus haut la description du châssis
d'une voiture de seconde classe, plan et élévation. La voiture est munie d'un frein. On peut y voir les sabots en
bois qui pressent le pourtour des roues, sous l'action d'un
levier manœuvré par le garde-frein, et transmettant son
mouvement par une série de tiges et de bras de levier. Le
même frein est également appliqué au tender, dont vous
avez vu plus haut le dessin.

Voyez-le maintenant, à la page suivante, reproduit sur
une plus grande échelle (*fig.* 101).

Le garde-frein, posté en vigie sur la voiture dont le train
est muni de cet appareil, le serre ou le desserre, sur le
signal donné par le sifflet de la locomotive. Il tourne la
manivelle du bras de levier situé à sa portée ; le mouvement se communique, par des engrenages et des leviers coudés, à la tige longitudinale qu'on voit au-dessous du longeron du châssis, et, du même coup, presse
les sabots contre les roues. Le mouvement contraire les
écarte.

Le même mouvement se trouve transmis au second frein
de la voiture par une tige dont notre dessin laisse voir

une partie, et qui vient s'articuler au bras d'un levier en tout semblable à celui du premier frein.

Les freins sont d'un excellent usage dans le service ordinaire, j'entends lorsqu'il s'agit des arrêts prévus, aux stations ou aux pentes ; malheureusement, dans les cas d'accidents, lorsqu'il faut éviter un obstacle aperçu à distance, l'action n'est pas assez rapide. Le mécanicien *siffle aux freins*, ce qui exige quelques secondes ; plusieurs se-

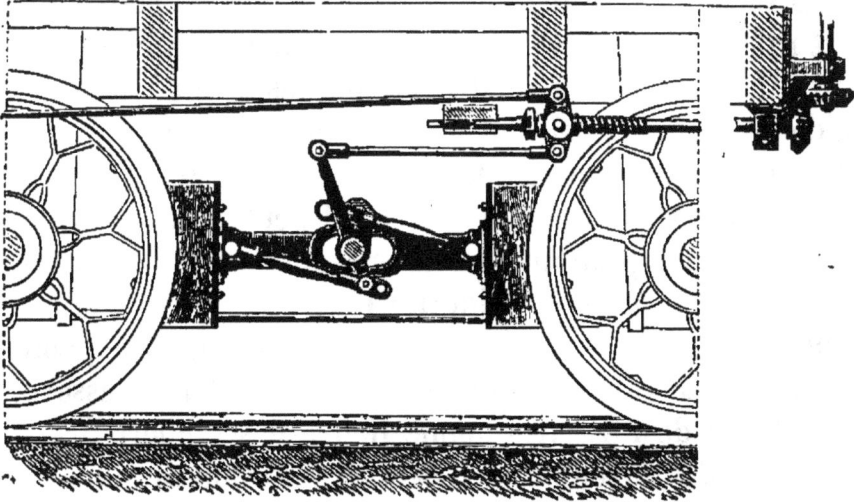

Fig. 101. — Mécanisme d'un frein.

condes encore sont nécessaires à l'exécution de cet ordre ; si la vitesse est un peu considérable, le train peut ainsi parcourir avant de s'arrêter près d'un kilomètre, quelquefois même davantage.

Comment remédier à ces graves inconvénients ?

On y est parvenu, en grande partie du moins, par l'adoption de freins qui agissent sous l'action directe du frein du tender, lequel est à portée du mécanicien ou du chauffeur. Un appareil de ce genre suffit pour arrêter, à moins de 200 mètres, un train de huit voitures marchant avec une moyenne vitesse[1].

[1] Tel est le frein *Guérin*.

Un ingénieux système, dont l'invention est due à M. Achard, a résolu la difficulté que je viens de signaler. C'est un courant électro-magnétique qui, interrompu ou rétabli à volonté par le mécanicien, utilise la force développée par la rotation des roues, et l'emploie à serrer ou à desserrer tous les freins du convoi. Non-seulement le mécanicien peut amener un arrêt complet par le calage des roues, mais il peut aussi conserver entre les bandages et les sabots des freins une pression suffisante pour qu'il y ait ralentissement. Le conducteur et les autres employés du train ont aussi à leur disposition des commutateurs à l'aide desquels ils peuvent agir sur une sonnerie, et avertir le mécanicien en cas de danger. Enfin, par un mécanisme nouveau, le frein de M. Achard peut, en cas de rupture d'attelage, produire le serrage automatique du frein d'arrière, et rendre ainsi inutile l'intervention du garde-frein. Ce qui fait le mérite de cette invention, c'est qu'on peut régler à volonté le degré de serrage. Aussi, essayé sur la ligne de l'Est, il a donné lieu à des rapports très-favorables des ingénieurs et paraît réunir toutes les conditions exigées de ces sortes d'appareils.

On a cherché depuis longtemps dans un autre principe que celui du frottement du sabot sur les roues un moyen d'arrêter progressivement un train en marche, qui n'ait pas les inconvénients des freins. Ce principe est celui de l'emploi de la *contre-vapeur*. Mais la difficulté était grave, car si l'on peut, quand un train est en repos, utiliser le levier de changement de marche pour obtenir un mouvement du train en sens contraire, l'emploi de ce renversement de la vapeur ne laisse pas que d'être difficile à employer et d'amener des conséquences graves, si le train est en mouvement; alors en effet les gaz brûlants de la combustion, les cendres s'introduisent dans le cylindre et peuvent le détériorer gravement. Mais, grâce à des dispositions nouvelles dans les organes de la machine, on est parvenu à éviter ces inconvénients. Voici dans quels termes un de nos ingénieurs distingués, M. Baude, rend compte de cet important progrès :

« On a pu tirer parti de ce principe (la contre-vapeur) et faire du renversement du tiroir un frein énergique et utile, en évitant toutes les conditions fâcheuses qu'entraînerait son emploi sans préparation préalable. Pour cela, on a disposé la machine de manière à faire précéder ce renversement par l'arrivée de la vapeur de la chaudière à l'entrée de l'orifice d'échappement du cylindre. Cette vapeur refoule les gaz du foyer, et est seule aspirée dans le cylindre pendant la marche contrastante du piston. Elle y est comprimée et, dès lors, échauffée, et elle rentre ensuite dans la chaudière. Pour éviter un échauffement trop considérable, on a essayé aussi d'injecter dans le cylindre, non pas de la vapeur seule, mais un mélange de vapeur et d'eau, et quelquefois, on n'y a mis que de l'eau seule. C'est, en effet, l'échauffement des organes du mécanisme qu'on s'est appliqué à combattre, et une émulsion de vapeur et d'eau, telle qu'elle résulte de la projection d'une certaine quantité d'eau hors de la chaudière, est éminemment propre à enlever, par la vaporisation de l'eau liquide, cet excès de chaleur provenant de la compression du mélange semi-gazeux qui est aspiré par le cylindre. L'application de cette théorie a été fort simple et a produit d'excellents résultats. Et maintenant, sur certains chemins de fer, la *contre-vapeur* est employée dans tous les cas, même pour l'arrêt des trains avec stations. 2,000 locomotives sont en ce moment disposées suivant ce principe. Le chemin de fer de Paris à Lyon en a 1,400 ; celui d'Orléans en a 80 ; celui du Nord en a près de 200 ; la compagnie du Midi installe 85 machines à contre-vapeur ; celle de l'Est en modifie 128. Il y a lieu de penser que leur usage deviendra général, et que les questions de détail, jusqu'à présent un peu incertaines, seront résolues d'une manière complète par des études pratiques[1]. »

Puisque nous venons de parler des moyens artificiels de réduire le mouvement d'un train par l'accroissement de la résistance due au frottement des roues sur les rails, ce serait le cas de rechercher d'une façon plus générale quelle est la résistance éprouvée par ce train dans les circonstances ordinaires : mais c'est l'affaire de l'ingénieur, qui déduit de ses calculs des combinaisons nouvelles pour le moteur, les voitures, le matériel fixe et le profil de la voie. Qu'il me suffise de rappeler, qu'indépendamment du frottement sur les rails, si variables avec les influences climatériques, avec les pentes, les rampes et les courbes, il faut tenir compte des frottements des fusées sur les coussinets des boîtes à graisse, comme aussi de la résistance de l'air, qui s'oppose au mouvement des wagons avec une énergie proportionnelle au carré de la vitesse[2]. Le vent, qui prend un train tantôt en face, tantôt sur le flanc ou en arrière, n'est pas non plus sans produire, sur la vitesse du train, une influence appréciable.

Voilà des considérations qui, au premier abord, semblent intéresser la théorie seule, mais qui, en réalité, sont en corrélation intime avec la dépense d'exploitation. Mais laissons-en la méditation aux gens du métier.

---

[1] *Compte rendu des séances de la Société d'encouragement*, 9 avril 1869.

[2] C'est-à-dire que la vitesse devenant double, triple, quadruple, etc., la résistance de l'air devient quatre, neuf, seize... fois plus grande.

LA GARE DES VOYAGEURS

On voit encore à Paris, dans la rue Saint-Honoré, à peu près en face de l'Oratoire, une porte cochère de la hauteur d'un premier étage, qui conduit par un passage oblique au milieu d'une vaste cour.

De hautes maisons entourent de tous côtés cet espace, aujourd'hui à peu près désert, qui du moins n'est plus guère traversé que par quelques piétons affairés et désireux d'abréger leur route. Or, il y a trente ans environ, la cour dont il s'agit était au contraire singulièrement animée : diligences en train de se remplir de voyageurs prêts à partir, se gonflant à leurs sommets de paquets et de malles de toute forme ; diligences en train de se débarrasser des uns et des autres ; diligences au repos, enfin ; puis voitures de toutes sortes, allant et venant, au milieu d'un peuple de commissionnaires, de postillons, de conducteurs : voilà quel aspect offrait alors, jour et nuit, la cour des Messageries générales de France.

Telle était la *gare* des voyageurs, à une époque où le public considérait les chemins de fer tout au plus comme un objet de curiosité. Deux ou trois établissements de ce genre centralisaient, à Paris, tout ce que l'industrie des transports avait su organiser pour le service des grandes

routes du royaume. Des entreprises de roulage, dont quelques-unes durent encore, se chargeaient de voiturer les
marchandises dont le poids, la faible valeur relative ou
les dimensions rendaient le transport par les diligences
impossible. Si l'on se reporte par la pensée à cette époque
qui, à défaut de gloire, ne laisse pas d'avoir eu sa part
de prospérité matérielle, on ne peut s'empêcher d'être
frappé du développement considérable que les chemins
de fer ont imprimé depuis au mouvement de la circulation
générale.

Six gares immenses desservent aujourd'hui dans Paris
— je ne parle pas des têtes de lignes secondaires — le
réseau des voies ferrées françaises qui convergent en ce
point[1]. Il suffit de parcourir une fois ces vastes établissements, d'être ainsi témoin du mouvement quotidien des
voyageurs et des marchandises, et de les comparer à celui
des anciennes routes de terre — d'ailleurs non abandon-
nées, tant s'en faut — pour mesurer la puissance de ce
prodigieux accroissement. La partie des gares traversée
par le voyageur est si restreinte, que j'espère lui faire
agréer une visite en commun, dans l'une d'elles, dans la
gare de la grande ligne de Lyon à la Méditerranée, par
exemple. Ce sera, comme toujours, le côté pittoresque,
instructif, quelquefois statistique, qui nous occupera le
plus. Nous continuerons à laisser à l'économiste le soin
de juger en quelle mesure la société a gagné jusqu'ici à
transformer si radicalement l'industrie voiturière.

Commençons, si vous voulez-bien, par la gare des
voyageurs.

Montons ensemble la rampe à courbure oblique qui
nous conduit, par la gauche, à la cour du départ. C'est
dans cette cour que les voitures viennent déposer les voya-

---

[1] On assure que le nombre des gares et stations des lignes de fer
qui traversent l'enceinte de Londres ou y aboutissent n'est pas moindre de trois cents.

geurs à la porte du long vestibule où l'on distribue les billets. Avant d'y entrer, voyez ce passage, voisin de la rampe : c'est celui qui donne accès aux voitures ou chaises de poste, que leurs maîtres emmènent à leur suite. Des trucs, construits *ad hoc*, et dont le remisage est situé entre la halle des voyageurs et ce petit embarcadère, servent à les transporter dans les convois. Du côté du vestibule opposé à l'entrée, vous voyez le bureau des articles de messageries, qui correspond aussi directement avec les voies de service.

Entrons maintenant dans le vestibule. C'est là que se trouvent à la fois le bureau de distribution des billets, le passage qui conduit aux salles d'attente, le magasin de dépôt des bagages, et, un peu dans le fond, les longues tables où viennent se heurter et jucher les unes sur les autres les malles de toutes formes et de toutes dimensions, les *colis* lourds et légers, élégants et informes, que la foule bigarrée des voyageurs emporte dans sa route.

Le vestibule est l'endroit le plus animé, le plus bruyant, le plus affairé d'une gare : c'est celui qui offre à l'observateur le spectacle le plus piquant, les scènes les plus intéressantes. L'ancienne cour des Messageries, dont je parlais tout à l'heure, avait jadis une physionomie analogue à celle du vestibule d'une tête de ligne ; mais elle s'en distinguait toutefois par un plus grand calme, un laisser-aller tout plein de bonhomie. On y voyait bien, comme aujourd'hui, les voyageurs s'y partager en trois classes, celle des gens inquiets, qui arrivent deux ou trois heures avant le départ, dans la crainte de le manquer ; celle des retardataires, qui accourent tout essoufflés, au moment même où le fouet du postillon claque, ou bien le sifflet de la locomotive retentit ; enfin, la classe beaucoup moins nombreuse des hommes exacts, qui tirent triomphalement leur montre de leur poche, en vérifient l'exacte concordance, à une demi-minute près, avec l'heure de la gare, puis s'asseyent avec confiance, sûr de leur fait, et satisfaits de leur méthodique exactitude, à côté des bagages qu'ils font enregistrer.

Mais en revanche, combien de scènes curieuses ou touchantes échappent, au milieu de l'empressement général, là où le départ du train est fixé avec une précision qui n'attend pas les retardaires ! Les adieux que se faisaient jadis les parents, les amis, avant de monter en voiture, se répétaient vingt fois au moment du départ, et les mouchoirs agités par la portière, à l'angle de la rue où la diligence finissait par disparaître, étaient un dernier échange de sentiments, que ne permet plus le chemin de fer avec ses salles d'attente, véritables salles de séparation.

La gare de Lyon passe pour une des mieux disposées en vue du service, et mérite, à cet égard, d'être prise comme modèle pour des gares à établir. Continuons donc à la parcourir dans ses dernières parties : nous nous ferons ainsi une idée de ce qu'est une gare de premier ordre.

Des salles d'attente passons sur le trottoir du départ, qui règne tout le long des bâtiments de ce côté de la voie, c'est-à-dire tout le long de la grande halle couverte où viennent s'abriter et d'où partent les trains de voyageurs. Six voies parallèles sont ainsi protégées par l'immense toiture, à charpente de fer, recouverte de verre transparent. En face, et de l'autre côté des voies, règnent les bâtiments d'arrivée, symétriques de ceux du départ. Avant de leur donner un coup d'œil, achevons de passer en revue le côté où nous sommes. Tout près des salles d'attente, voici le buffet qui communique avec la cour du départ ; puis plus loin, au fond de la salle, le *petit entretien,* qui se compose, outre une forge et un atelier, de magasins pour les huiles, les graisses et les pièces de rechange, et, au premier étage, d'un atelier pour les tapissiers. Voici, entre le buffet et la remise des trucs pour chaises de poste, un corps de garde avec dortoir, pour les hommes d'équipe. Puis viennent le bureau du chef de gare, et à la suite, en tête de la halle, les salles de bagages, qui s'ouvrent sur le trottoir par de larges et nombreuses portes, disposition qui facilite le chargement dans les fourgons. Les salles d'attente, ainsi que les salles de bagages, sont chauffées par des calorifères installés dans des caves qui règnent au-dessous de leur plancher.

Traversons les six voies que relient, sur trois points différents, des séries de plaques tournantes, et tout au fond des chariots de service. Remontons sur le trottoir d'arrivée. Nous voici devant le vestibule que traversent les voyageurs, au sortir des trains, et sur la droite duquel règne la longue salle où se distribuent les bagages. Le vestibule se divise en trois parties : l'une réservée au public, l'autre aux voyageurs munis de bagages, la troisième à la foule, qui, comme ce sage de la Grèce, porte avec elle toute sa fortune, ouvriers, touristes modestes, ou enfin habitants et visiteurs de la banlieue.

A gauche, bureaux des employés, brigadiers de l'octroi, du commissaire de police, des articles de messagerie; salle et trottoir d'arrivée pour les denrées de toute sorte, qui viennent chaque jour alimenter les marchés de la grande ville.

Dans un appendice situé à l'extrémité de l'arrivée, en face du bureau des articles de messageries, que nous avons visité au départ, sont installés les bureaux du *mouvement*, qui, indépendamment des salles réservées aux conducteurs et aux chefs de trains, contiennent le poste télégraphique et le service médical.

A l'étage supérieur de ce petit bâtiment, est une salle qui sert de dépôt aux objets perdus par les voyageurs et trouvés par les employés de service.

Pour rendre cette description plus compréhensible, je

vais vous mettre sous les yeux le plan général de la gare, accompagné d'une légende explicative.

1. Vestibule du départ, et vestibule de sortie.

CÔTÉ DU DÉPART

2. Bureau de distribution des billets.
3. Salle d'enregistrement des bagages.
4. Salle d'attente.
5. Buffet.
6. Embarcadère des chaises de poste.
7. Remise des trucs.
8. Petit entretien.
9. Bureau des articles de messagerie.

—

10. Cabinets d'aisances.
11. Chariots de service.

CÔTÉ DE L'ARRIVÉE

12. Salle de distribution des bagages.
13. Articles de messagerie.
14. Bureau restant de la ligne de Lyon.
15. Factage et messagerie de Troyes.
16. Consigne de la ligne de Troyes.
17. Consigne de la ligne de Lyon.
18. Magasin des litiges.
19. Octroi.
20. Commissaire de police.
21. Arrivée des denrées pour le marché.
22. Débarcadère des chaises de poste.
23. Bureaux du mouvement.

Voilà bien des détails, n'ayant, dans cette visite rapide, qu'un but, celui de vous donner une idée de la disposition des divers services que renferme une gare de chemin de fer de premier ordre.

Ce qui contribue à rendre commode la distribution propre à la gare que nous venons de visiter, c'est que les salles de distribution des billets, les salles d'attente et celles des bagages, longent latéralement la halle couverte : il en résulte un service facile, soit pour l'entrée en voiture des voyageurs, soit pour le chargement des bagages, qui se trouvent tout de suite voisins de la tête du convoi. D'ailleurs les trottoirs larges, les salles spacieuses, les passages commodes ajoutent encore à ces avantages, qu'on doit à l'expérience et à l'intelligence pratique d'un chef de gare et d'un ingénieur distingués.

Voici, du reste, les deux dispositions principales des gares têtes de ligne. Le premier plan (*fig.* 103) correspond à celle que nous venons de décrire.

Cet autre (*fig.* 104) représente les gares, où les salles d'attente et de distribution des billets sont placées en

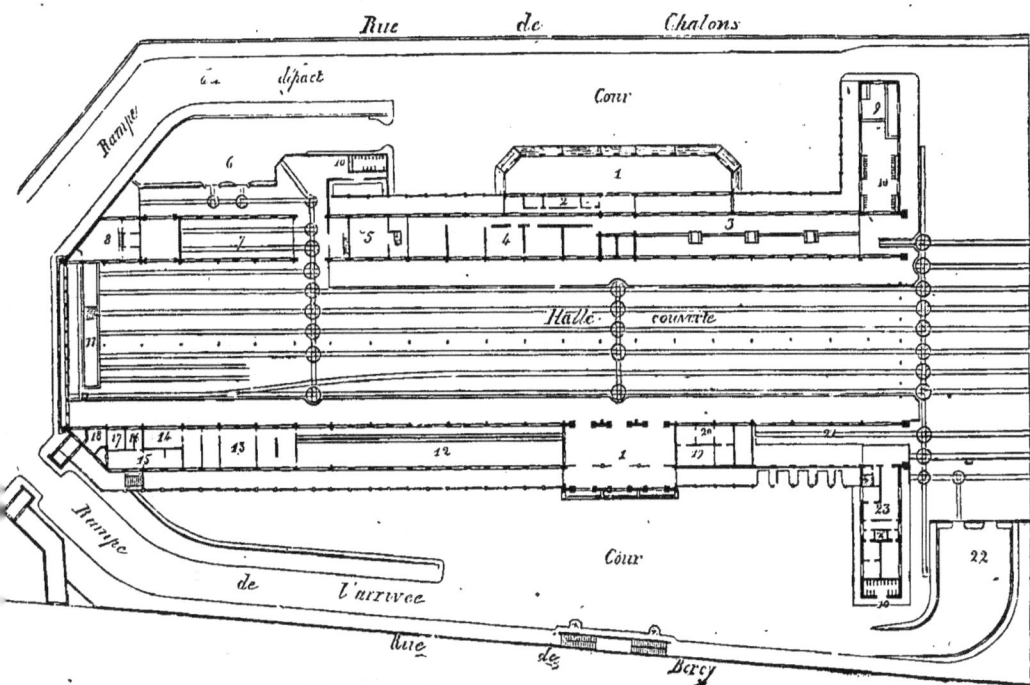

Fig. 102. — Plan de la gare des voyageurs à Paris; chemin de fer de Paris à Lyon et à la Méditerranée.

sens inverse, c'est-à-dire en tête même des voies, comme était l'ancienne gare de la ligne du Nord[1] à Paris :

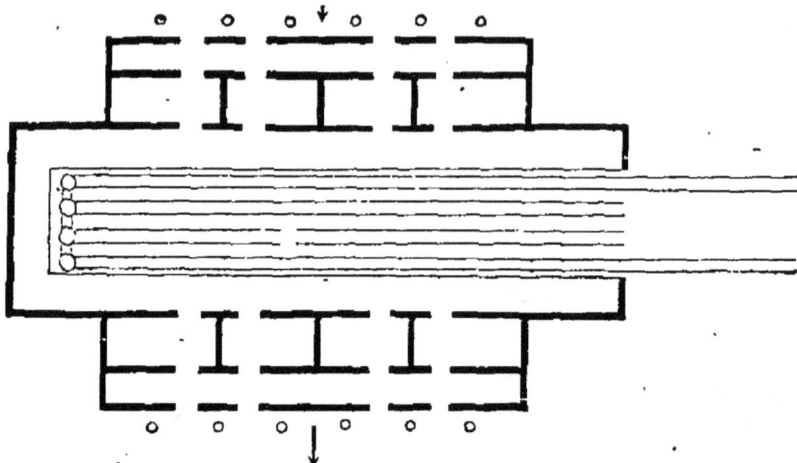

Fig. 105. — Gare tête de ligne; premier système.

Il est aisé de comprendre que, dans ce système, les voyageurs sortant des salles d'attente sont obligés de courir à une distance quelquefois considérable, jusqu'au point où stationnent les voitures du train. Les hommes

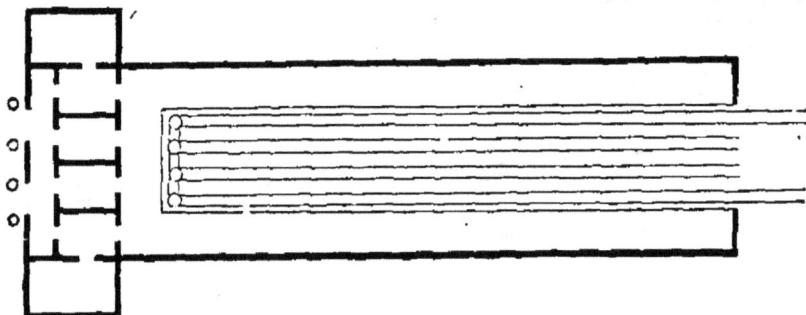

Fig. 104. — Gare tête de ligne; second système.

de service doivent pareillement voiturer les bagages, depuis la salle où ils ont été déposés, enregistrés et pesés, jusqu'aux fourgons placés, comme on sait, en deçà du tender, à la tête même du convoi. Mais il faut ajouter, à la décharge des compagnies qui ont accepté ce type,

---

[1] La gare nouvelle, dont la luxueuse façade se développe sur la place Roubaix, a été disposée selon le premier système.

que fort souvent la forme du terrain acheté pour servir d'emplacement à la gare ne leur a point permis de mieux faire.

Poursuivons notre chemin : en nous rendant à la gare des marchandises, nous rencontrons sur notre route divers engins dont il a déjà été question entre nous. Voici d'abord de nombreuses plaques tournantes qui permettent, soit aux locomotives, soit aux voitures, de passer des voies principales aux voies de service ou réciproquement. Mais les plaques vous sont bien connues. Examinez maintenant cet appareil (*fig.* 105).

C'est une grue hydraulique à réservoir, servant à emplir les tenders. La partie supérieure cylindrique est pleine d'eau, qui communique avec les deux tubulures par une soupape. En tirant cette chaîne, que vous voyez adaptée latéralement à chacun des tuyaux de

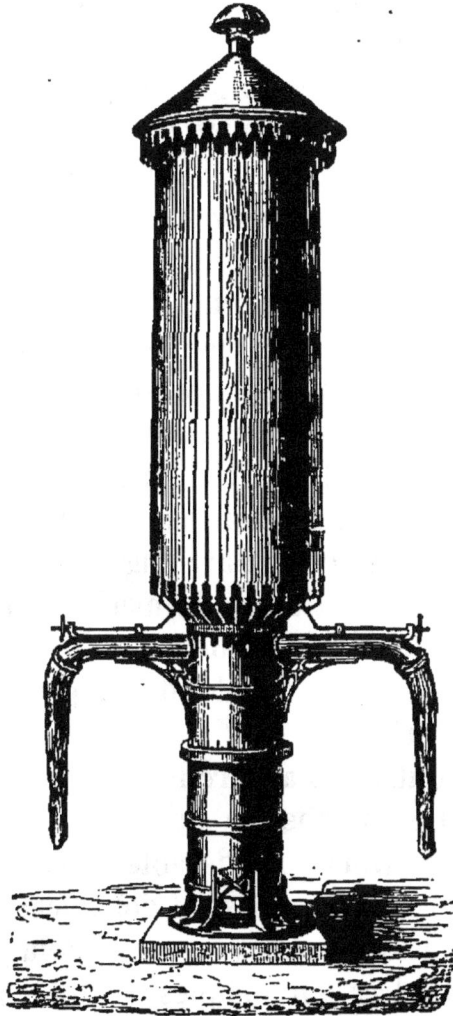

Fig. 105. — Grue hydraulique.

conduite, la soupape se lève, donne passage à l'eau, que l'on conduit dans le tender, au moyen du boyau en cuir dont chaque tubulure est munie.

A quoi sert cette petite ouverture de la partie infé-

rieure? Ce n'est autre chose que la porte d'un calorifère
dont le tuyau traverse le réservoir; l'eau se trouve ainsi
chauffée d'avance et économiquement, puisqu'on a soin
de ne brûler que des combustibles de rebut.

Quatre ou cinq mètres cubes, telle est la capacité de
cette grue : c'est celle d'un tender ordinaire.

Vous verrez aussi, dans les gares de différentes lignes,
des colonnes en fontes munies de boyaux, mais sans réservoir. L'eau arrive à ces appareils par des conduites
souterraines; mais ils offrent deux genres d'inconvénients assez graves : l'eau gèle en hiver dans les conduits, et la longueur du parcours rend un peu longue
l'opération du remplissage.

Enfin, vous apercevez là-bas un petit bâtiment de
forme rectangulaire, quelquefois circulaire ou polygo-
nal, avec un petit appendice, où une machine fixe est
installée. La partie supérieure est un réservoir d'eau, de
grande dimension, contenant une soixantaine de mètres
cubes, souvent davantage. Vous devinez sans peine quelle
est la fonction de la machine à vapeur jointe au réservoir : elle fait mouvoir des pompes aspirantes qui conduisent le liquide de la prise d'eau dans la capacité
supérieure.

Outre ces appareils, les grandes gares, celle de la Chapelle, au chemin du Nord, par exemple, ont des réservoirs plus considérables, dont la capacité atteint 250 à
300 mètres cubes, et dont l'eau, en raison même des dimensions, craint bien moins la gelée. Ce sont de grands
cylindres, en plaques de tôle boulonnée, recouverts de
feuilles de zinc.

Voyez maintenant ces portions de voies brusquement
terminées : ce sont des voies de garage. Les unes viennent butter contre des massifs de terre, afin que les wagons, qui possèdent encore une certaine vitesse, soient
arrêtés dans leur course; les autres finissent par des rails

recourbés dans le sens vertical. Le but de cette disposition est le même que celui des *heurtoirs* de terre.

Les gares qui affectent la disposition dont je vous ai
entretenu tout à l'heure, je veux dire, dont les bâtiments
sont en tête des voies, offrent aussi, à l'extrémité des

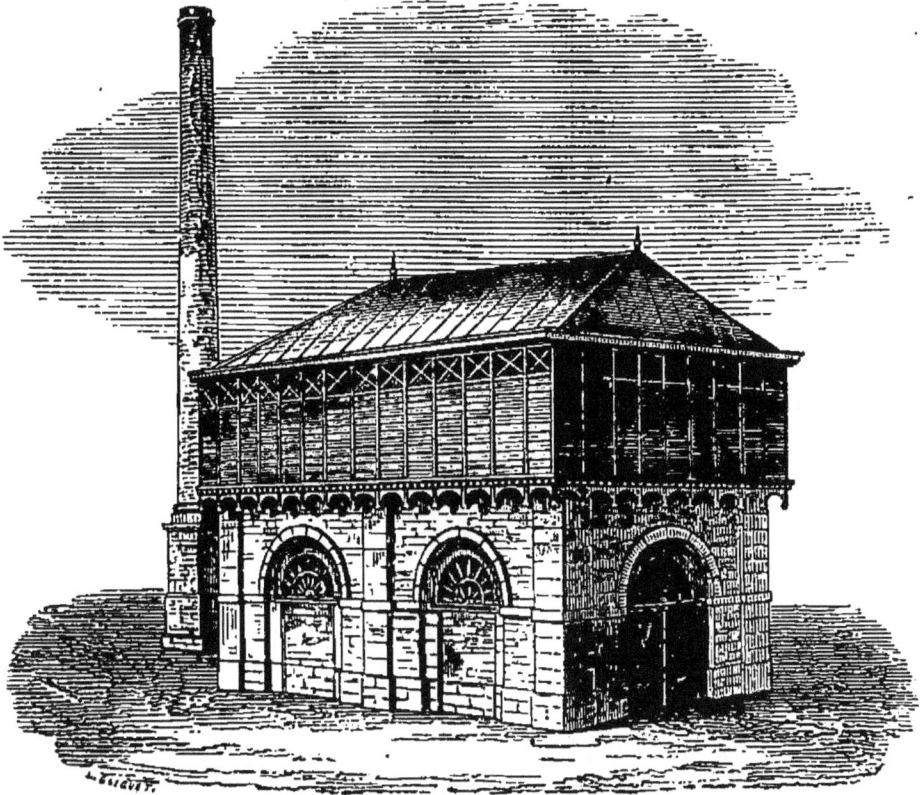

Fig. 106. — Réservoir d'eau pour le service des locomotives.

rails, des heurtoirs munis de tampons, de façon à amortir
un reste de vitesse, au cas où le train arrivant en possé-
derait encore. Ces heurtoirs sont également utiles pour
les manœuvres de locomotives isolées. A une époque qui
n'est pas fort éloignée de nous, les heurtoirs semblaient
indispensables, témoin ce fait, raconté par les savants
auteurs du *Portefeuille de l'ingénieur des chemins de fer :*

« Au chemin de fer de Saint-Germain, disent-ils, avant
qu'on eût établi des heurtoirs dans la gare du Pecq, une

machine est arrivée avec une telle vitesse, qu'elle a ren-
versé un plan de la maison qui se trouve en tête et qui
renferme les bureaux de distribution des billets. » Elle a
failli coûter la vie à un ingénieur distingué, M. Flachat.
Les heurtoirs eussent-ils empêché cette brusque visite de
l'impétueuse machine? J'en doute un peu. Mais il faut
dire qu'à l'époque où l'accident rapporté plus haut a eu
lieu, il n'y avait de frein ni sur les wagons, ni sur le
tender. Aujourd'hui, la machine arrive avec une vitesse
notablement réduite, et les heurtoirs dans ces conditions
suffisent pour empêcher, sinon toute avarie, du moins
un accident d'une certaine gravité.

Aujourd'hui, du reste, pareille chose est peu à craindre, tant est grande la docilité des locomotives sous
l'intelligente direction des mécaniciens. Seulement, il est
bon toujours d'éviter les chocs : voyageurs et matériel
s'en trouvent également bien.

XVII

GARES DES MARCHANDISES, ATELIERS ET DÉPOTS

De la gare des voyageurs, si nous poussons notre visite à celle des marchandises et aux ateliers, nous rencontrerons, dans le voisinage des uns et des autres, un ou plusieurs bâtiments d'une grande importance : je veux parler des *remises de locomotives*.

Il en a déjà été question, si vous avez bonne mémoire, quand nous avons traité de la conduite et de la réparation des machines. C'est en effet, à la fois au remisage et aux réparations journalières des locomotives en service, que sont destinées ces constructions spéciales, dont la bonne disposition a longtemps exercé la sagacité des ingénieurs. Quelles conditions doivent remplir les remises? Elles sont nombreuses, et je ne mentionnerai en passant que les principales.

Il ne suffit pas, on le comprend, que, dans un espace de terrain déterminé, elles puissent loger le plus grand nombre possible de machines, afin que le prix du remisage soit abaissé à son minimum; il faut encore que la manœuvre soit commode, qu'on puisse à volonté entrer ou sortir une machine, sans déranger les autres, ni gêner les ouvriers dans leur travail. Cette première condition parait le mieux satisfaite, quand on donne à la remise

une forme polygonale ou circulaire, avec une plaque
tournante de grand diamètre, au centre ; un fer à cheval,
une demi-rotonde, semblent également favorables, et l'on
peut, de cette façon, loger environ de douze à seize locomotives. Il importe que la plaque permette le mouvement
simultané de la machine et de son tender.

Des fosses, pratiquées sous les voies qui rayonnent du
centre de la rotonde, rendent les travaux de petite réparation commodes ; mais alors il est nécessaire que le
jour arrive par les ouvertures latérales, comme par des
vitrages percés dans la toiture : voilà une seconde condition non moins importante, et que la forme polygonale
permet aisément de remplir.

Ce n'est pas tout. L'élévation de la toiture doit être à
la fois assez grande pour que l'allumage des machines,
la vapeur et la fumée qui en résultent ne soient pas une
cause de détérioration pour les pièces de métal, et assez
faible pour que la température, en hiver, ne descende
pas au-dessous du point de congélation.

Voici une remise en forme de demi-rotonde, ou de fer
à cheval (*fig.* 107). Mais elle offre un inconvénient sérieux, celui de n'être pas couverte dans sa partie centrale.

La forme polygonale est surtout employée dans les gares
considérables, pour un grand nombre de locomotives ;
mais dans les gares intermédiaires, où le nombre des
machines à remiser est assez faible, les remises sont le
plus souvent des bâtiments de forme rectangulaire. Dans
ce cas, la manœuvre par des chariots de service, moins
dispendieuse que celle des plaques, est généralement
adoptée.

Les réservoirs d'eau, que nous avons visités tout à
l'heure, et les magasins de coke, sont ordinairement installés dans le voisinage des remises de locomotives : cela
se comprend de reste. Quant aux remises des wagons et
voitures, elles sont placées le plus près possible de la voie,

afin qu'on puisse ajouter au convoi, commodément et rapidement, les wagons nécessaires ; des plaques et changements de voie les mettent en relation avec la voie du
train.

Je ne vous ai rien dit jusqu'à présent des gares de marchandises, consacrées au service exclusif de la petite vitesse. D'un mot, voulez-vous avoir une idée de l'importance de ce service ? La ligne de Paris à Lyon et à la Mé-

Fig. 107. — Remises pour locomotives.

diterranée a donné, pour 1865, les chiffres suivants de
recette totale sur tout le réseau :

Grande vitesse (voyag., bagages, messag.). . . . . 53,412,000 fr.
Petite vitesse (marchandises, houilles, etc.). . . . 89,204,500

Ainsi le trafic de la petite vitesse est, sur ce chemin,
des deux tiers plus important que celui des voyageurs :
les autres grandes lignes offrent au moins une semblable
proportion. Mais les dimensions des gares correspondantes sont relativement plus grandes encore : pour ne

parler que de la dimension des surfaces couvertes, bâtiments, halles, etc., tandis que l'ancienne gare du Nord affectait 5,760 mètres carrés seulement au service des voyageurs [1], l'espace couvert consacré au service des marchandises de la petite vitesse n'embrassait pas moins de 49,000 mètres carrés, près de 5 hectares. Et chaque jour on reconnaît l'insuffisance de tels espaces devant l'incessante augmentation du trafic.

Je n'insisterai pas pour vous faire parcourir les vastes hangars, ni les quais, où se fait la manutention des marchandises : fort intéressante au point de vue des intérêts économiques, cette visite ne nous offrirait guère matière à observations pittoresques. Les grues, servant à charger et à décharger les diverses sortes de marchandises, les monte-charges employés aux opérations du même genre, et dont la forme varie suivant la nature des matériaux, n'ont rien qui puisse piquer notre curiosité.

Je me bornerai à vous dire que, de l'avis des hommes compétents, il y a grand avantage à disposer les hangars parallèlement à la voie, au lieu de les placer dans une direction perpendiculaire. Cette dernière disposition exige des plaques tournantes plus ou moins nombreuses, et l'entrée des trains sous les halles ne peut se faire directement, comme dans la première ; de là une perte de temps, des manœuvres multipliées, et, en somme, des frais considérables d'emmagasinage. Toute combinaison heureuse, scientifique, artistique ou technique, se traduisant dans l'exploitation par une diminution de dépenses, par une économie, doit être la constante préoccupation de l'ingénieur.

Il est, pour les arts, deux sources d'inspiration égale-

[1] La surface de la nouvelle gare à voyageurs du Nord comprend aujourd'hui plus de 10 hectares.

ment fécondes : d'un côté, la nature, ses tableaux variés
et ses lois ; de l'autre, l'homme, ses passions, son activité collective ou individuelle. C'est à cette dernière source
qu'il faut faire remonter l'émotion dont ne peut se défendre celui qui pénètre, pour la première fois, dans une de
ces grandes usines où travaillent de concert les ouvriers
intelligents et les moteurs aveugles.

Telle est l'impression qu'éprouve le visiteur, lorsqu'il
parcourt ces ateliers immenses, ces forges dont toutes nos
grandes lignes de fer sont aujourd'hui pourvues. Sa curiosité est vivement éveillée par le coup d'œil varié que
lui présentent les vastes halles le long desquelles le mouvement va, vient, monte, descend dans toutes les directions, sous toutes les formes, faisant mouvoir des milliers
de roues, d'arbres, de courroies, et distribuant à chaque
ouvrier, à chaque outil, la part de force dont ils ont besoin. Ses facultés artistiques ne sont pas moins surexci-
tées que son intelligence : ici, la lumière et l'ombre, se
jouant d'une façon merveilleuse, engendrent les contrastes
et les harmonies ; plus loin, le feu des forges, le bruit des
énormes marteaux qui pétrissent le fer étincelant, les
mâles figures des ouvriers saisissant de leurs énormes
pinces les rouges essieux, tout cet ensemble forme un
tableau, que dis-je ? une série de tableaux, dignes d'être
reproduits par quelque moderne Rembrandt [1].

Pour moi, qui me suis imposé la mission de vous faire
connaître le chemin de fer sous toutes ses faces, ce n'est
pas au point de vue du pittoresque que je vous proposerais
une visite dans les ateliers. Votre curiosité seule, j'en suis
sûr, y trouverait une ample moisson. Malheureusement le

[1] Génie à part, c'est ce qu'ont tenté avec succès des peintres d'un
vrai talent, à en juger par les essais dont nos expositions des beaux-
arts ont permis de juger le mérite. Décidément, nous ne sommes plus
à l'époque où l'industrie était proscrite, au nom de l'art, par de ridi-
cules préjugés.

temps nous manque, et je ne puis vous en tracer qu'une légère esquisse.

Les ateliers d'un chemin de fer se subdivisent en deux groupes : les ateliers de petite réparation ou dépôts, et les ateliers de grande réparation. Les dépôts sont assez nombreux sur une ligne importante, mais il est rare qu'il y ait plus d'un atelier de grande réparation. Cela ce conçoit : tandis que, dans les premiers, on ne s'occupe guère que des réparations courantes, quotidiennes, exigeant seulement la substitution de pièces de détail aux pièces usées ou détériorées, les grands ateliers, au contraire, sont autant de fabriques complètes des machines, des voitures, de tout le matériel enfin : forges, montage, ajustage, chaudronnerie, menuiserie, peinture, etc., tous les détails, comme l'ensemble d'une complète fabrication, s'y trouvent rassemblés.

Jetez un coup d'œil sur ce plan (*fig.* 108) :

Il vous donnera, j'espère, une idée suffisamment exacte de l'ensemble et des détails des bâtiments qui composent les ateliers d'une grande ligne : toutes les voies de service, plaques tournantes, chariots nécessaires aux manœuvres, sont assez faciles à reconnaître, pour que je me dispense de les indiquer autrement que par la légende suivante :

A	Atelier des forges.	J	Atelier de réparations.
A'	Forges.	*a*	Compteur à gaz.
B	Ateliers d'ajustage.	*b*	Embarcadère des locomotives.
CC	— de montage.	*cc*	Grues.
D	— de peinture.	*d*	Bascule.
E	— des voitures.	*e*	Maison d'habitation.
F	— de carrosserie.	*fff*	Chemin pierré.
G	Bureaux des ateliers.	*g*	Octroi.
H	— des études.	*hhhh*	Lieux.
I	— du chef et du sous-chef des ateliers de la carrosserie.	*i*	Scierie.
		k	Magasins.

Nous avons affecté à la grande gare qui forme l'une des extrémités du réseau de Paris à la Méditerranée le nom de tête de ligne, qui semble lui convenir en effet. Toute-

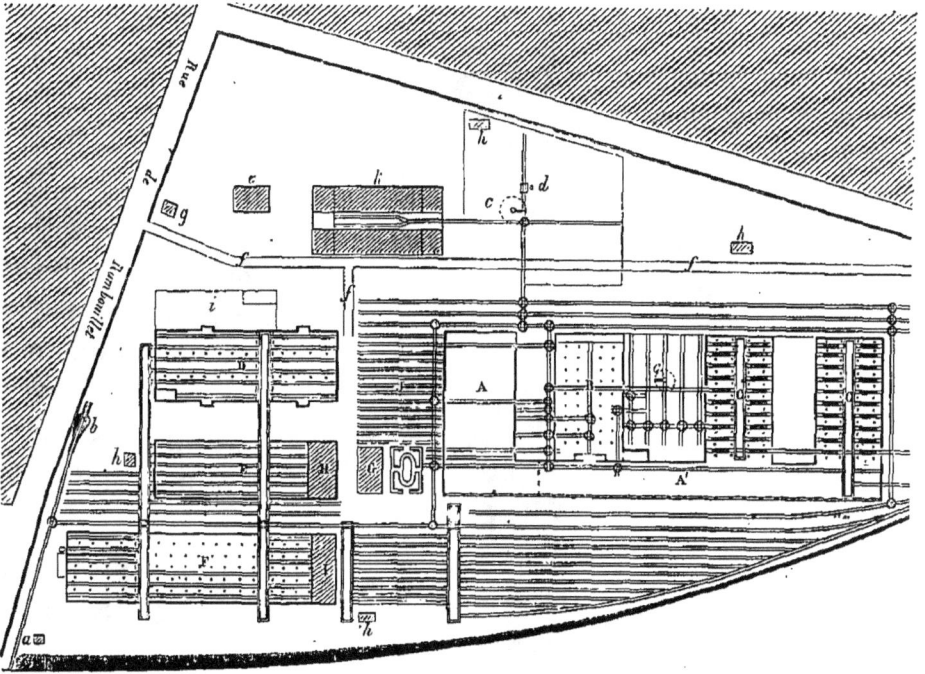

Fig. 108. — Plan des ateliers de la gare de Paris, sur la ligne de Lyon.

fois n'oublions. pas que, par la multiplication des voies qui croisent dès maintenant en tous sens le territoire de notre pays, cette dénomination perd de plus en plus de sa valeur exclusive.

Grâce au chemin de fer de ceinture, les trains peuvent aujourd'hui traverser Paris sans dérailler, et les marchandises débarquées au Havre vont, sans coup férir, se transborder sur les quais de la Joliette. Les gares de Paris ne sont donc plus, à vrai dire, des têtes de ligne, bien qu'elles en conservent l'importance relative.

Si de ces immenses gares de premier ordre nous passons aux véritables gares intermédiaires, nous verrons leur étendue diminuer peu à peu, les voies de service moins nombreuses, les bâtiments, magasins, remises, se réduire insensiblement, jusqu'à devenir un simple abri pour les voyageurs et leurs bagages.

Fig. 109. — Plan de la gare de Fontainebleau; chemin de fer de Paris à Lyon.

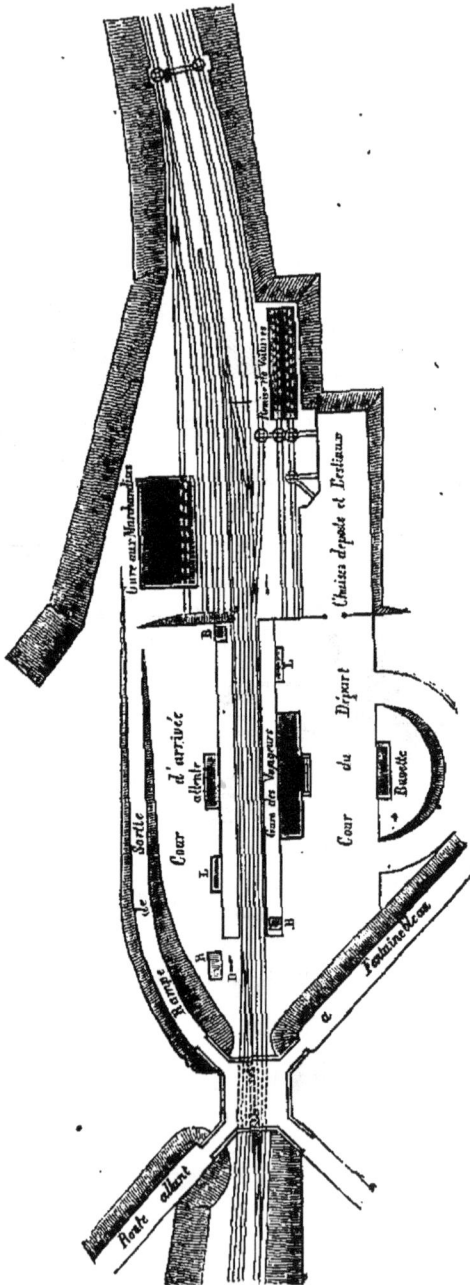

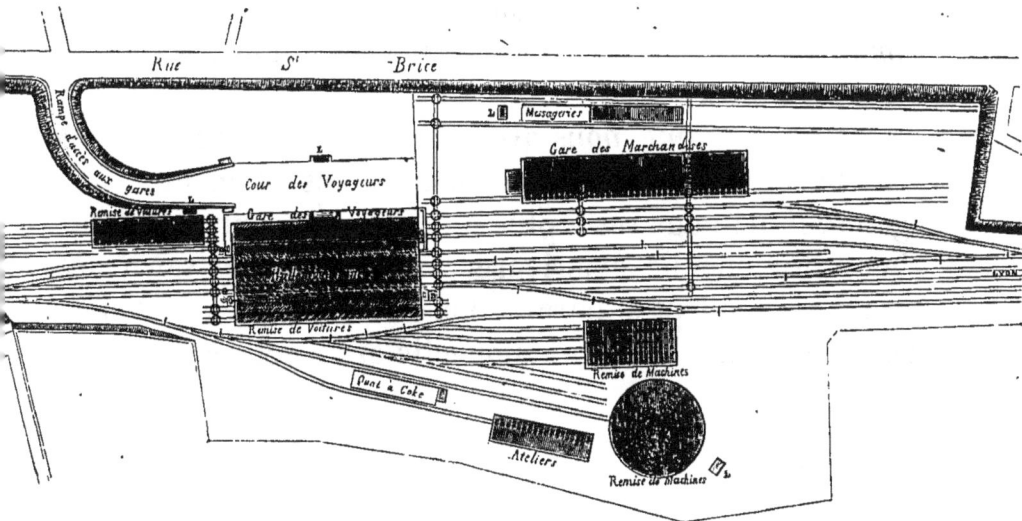

Fig. 110 — Plan de la gare de Mâcon ; chemin de fer de Paris à Lyon.

Cette transition se fait par degrés presque insensibles. Je me borne à vous en donner deux échantillons. Voyez d'abord le plan de la gare de Mâcon (*fig.* 110). C'est un diminutif, encore assez complet, de la gare de Paris, puisque vous y retrouvez, avec une assez vaste halle pour les voyageurs, des bâtiments pour les messageries, marchandises à petite vitesse, remises de locomotives et de voitures, ateliers enfin. C'est que Mâcon est le point de départ d'un embranchement d'une assez grande importance, celui qui relie Paris à Genève par la Bourgogne.

La gare de Fontainebleau, dont la figure 109 donne le plan, achèvera de vous donner une idée d'une station de troisième ordre.

Maintenant que nous avons ainsi passé en revue la série presque entière des constructions attenantes aux gares, il ne nous reste plus qu'à jeter un coup d'œil sur leur physionomie extérieure, en tâchant d'y saisir les traits qui tendent à faire de l'architecture des voies ferrées un art nouveau, une nouvelle architecture.

XVIII

L'ARCHITECTURE DES CHEMINS DE FER

Quelle est, au point de vue du service, de l'exploitation, l'importance d'une gare bien ordonnée, on vient de le voir. Mais, en ce monde, l'utile n'est pas le seul côté des choses qui mérite attention, même dans l'industrie, même dans les chemins de fer. L'art y peut aussi trouver son compte, comme nous avons eu déjà l'occasion de le constater, quand nous avons jeté un coup d'œil sur les grands travaux de la voie. Ponts tubulaires, arches métalliques à grande portée, ponts à treillis, viaducs gigantesques, ne nous ont pas seulement étonnés par la hardiesse de leurs dimensions, mais encore par l'originalité de leurs formes architecturales. Ne les avons-nous point, si je ne me trompe, accueillis déjà comme des spécimens d'un art nouveau, qui ne le cède en rien à l'ancien, et qui, peu à peu, se dégageant de l'imitation routinière du passé, caractérisera de plus en plus la prépondérance industrielle de notre époque?

Après les ouvrages d'art de la voie, la gare, avec ses constructions nombreuses et variées, offrait un vaste champ au génie artistique de l'architecte et de l'ingé-

nieur. Ici, du reste, je l'ai déjà dit plus haut, ingénieur
et architecte, c'est tout un. De ce mariage forcé entre la
science et l'art devait naître une nouvelle conception ar-
chitectonique, non sans quelques tâtonnements au début,
c'est vrai, comme il arrive à toute chose qui commence.
Mais aujourd'hui la période d'hésitation est passée, et
l'on peut hardiment annoncer la nouvelle conquête, en
baptisant l'art nouveau du nom d'*architecture industrielle.*

Du chemin de fer, en effet, la nouvelle forme passera
insensiblement à toutes nos industries, et de la sorte,
l'art, cet idéal qui semble l'opposé du positif et de l'utile,
aura fait invasion, par cette porte même, dans la société
tout entière transformée par le travail.

, Croyez-vous que mon enthousiasme exagère? Ecoutez
les paroles d'un homme d'une éminente compétence en
ces matières, d'un artiste et d'un savant, qui sait allier
l'admiration la plus réfléchie des monuments du passé à
la vive intelligence de l'art à venir :

« Depuis quelques années, il s'élève au sein de nos
cités un monument nouveau, étrange, immense, mysté-
rieux même pour les vieux architectes qui le contemplent
avec inquiétude, car tout est nouveau en lui, tout est encore à l'état de promesse ; et pour l'artiste perdu dans le
vieux et profond sillon de la routine, c'est un monument
plein de menace. Les matériaux dont il est bâti, au lieu
d'être simplement arrachés de la terre ou du sein de nos
forêts, sortent pour la plupart de nos usines ; ses premiers éléments supposent une société merveilleusement
organisée en force, savante, maîtresse de puissantes industries ; ces éléments de construction sont assemblés en
vertu de leur nature propre et de lois scientifiques inconnues des vieux maîtres. Ce monument nouveau, ce sym-
bole naissant d'une société qui mettra sa gloire et son
honneur dans le *travail,* comme ses devancières ont mis

la leur dans la *macération* et dans la *guerre*, ce monument, c'est la GARE du chemin de fer[1]. »

Dans un chemin de fer — au point où nous en sommes de notre explication, c'est chose bien reconnue — tout doit tendre d'abord à la plus grande somme d'utilité : l'économie de ressorts, de moyens, l'ordonnance, la régularité, la symétrie doivent passer avant tout. Dans la construction d'une gare, on doit donc chercher d'abord l'utile ; le beau viendra par surcroît. Faut-il s'étonner de ce qui est la loi même de l'art sous toutes ses formes? et n'y a-t-il pas dans ce fait une simple paraphrase de l'aphorisme de je ne sais plus quel poëte philosophe : « Le beau est la splendeur du vrai. » Voyez le corps humain, ce type d'éternelle beauté : quelle harmonie résulte des rapports nécessaires entre les fonctions des organes, leur disposition et la forme extérieure qui recouvre l'ingénieuse charpente! Artistes, soyez d'abord vrais, sincères ; et vos travaux, s'ils ne sont pas tous des chefs-d'œuvre, conquerront, à défaut d'une vogue éphémère, une estime sincère et durable, comme la pensée qui les aura produits.

L'aspect extérieur d'une gare, le caractère de son ornementation doivent donc refléter, et la destination du monument, et sa distribution interne. La légèreté, la hardiesse des formes, une certaine simplicité qui n'exclut point la grandeur, et qui croîtra d'ailleurs à mesure que diminuera l'importance de la localité desservie : telles sont, ce me semble, les qualités qu'on doit exiger de l'architecture nouvelle. On a déjà compris d'ailleurs quelle variété résultera pour les gares des divers ordres, sur les différentes lignes de fer, de la diversité combinée des matériaux employés, des climats de chaque région, enfin du génie propre à chaque peuple. Mais quittons les généra-

---

[1] César Daly, directeur de la *Revue générale de l'architecture et des travaux publics*. (Extrait d'un article sur les concours pour le nouvel Opéra, inséré dans la *Presse scientifique des deux mondes*).

lités, et passons en revue quelques-uns des monuments les plus remarquables en ce genre.

L'intérieur nous occupera d'abord ; et quand je parle de l'intérieur, j'ai surtout en vue, on le conçoit, les grandes halles couvertes destinées à l'embarquement et au débarquement des voyageurs et de leurs bagages, les salles de distribution des billets, enfin les salles d'attente.

Fig. 111. — Chemin de fer de l'Est ; vue intérieure de la gare de Paris.

La grande halle sous laquelle viennent s'abriter les convois est évidemment, pour chaque gare, et surtout pour les têtes de lignes ou gares extrêmes, le morceau capital du monument, centre autour duquel convergent toutes les autres parties de l'édifice. C'est lui qui donne le style à tout le reste. Le fer et la fonte, le bois et la pierre, concourent à sa construction. C'est là que le génie des architectes-ingénieurs s'est vraiment donné pleine carrière. Quelle hardiesse dans ces arcades que supportent d'élégantes colonnes de fonte, dans ces nefs aux nervures déliées, où chaque ornement a sa raison d'être, où chaque pièce utile sert à la décoration générale ! Les voyageurs passent si vite, en courant des salles d'attente aux voitures, ou des voitures aux portes de sortie, que je dois mettre sous les yeux du lecteur, à l'appui de mes commentaires, quelques vues de gares, prises à l'intérieur des halles.

Voici d'abord (*fig.* 111) la grande nef de l'embarcadère du chemin de Strasbourg à Paris, composée d'un seul vaisseau en plein cintre d'une grande hauteur. Un vitrage qui règne dans presque toute la longueur des combles en éclaire l'intérieur, et l'on peut voir en outre, dans le fond de la halle, la grande rosace qui décore le fronton extérieur de la gare, et qui projette la lumière venant du côté du midi. Au nord, la halle est ouverte dans toute sa hauteur par l'immense porte cintrée sous laquelle les trains viennent déposer leurs flots de voyageurs. Jetez maintenant un coup d'œil sous ce vaste hangar : (*fig.* 112), remarquable par l'ampleur de ses proportions, il permet aux voituriers et aux piétons de circuler à l'aise ; d'ailleurs fort simple et sans prétentions à l'effet, il est divisé en deux par une rangée de colonnettes élégantes, qui supportent la double toiture vitrée. C'est l'intérieur de la gare du chemin de l'Ouest, dont la façade extérieure (*fig.* 115) embellit le côté gauche du boulevard Montparnasse, à Paris. Je ne sais si le lecteur trouvera ma critique trop sévère, mais il me semble que l'ensemble, dans la première et la seconde de ces halles, pèche par défaut d'harmonie. La lourdeur un peu ambitieuse des parties massives de la maçonnerie contraste avec l'élégante et légère simplicité des charpentes métalliques.

Je me rappelle certaines gares de province, en général moins importantes que celles qu'on vient de voir, mais elles ne paraissent pas mériter un tel reproche ; je citerai les halles de Dijon, de Mâcon et de Perrache.

N'aurais-je pas dû, pour suivre un ordre plus naturel, vous faire pénétrer d'abord dans les vestibules où se fait la distribution des billets et de là visiter avec vous les salles d'attente? Mais qui ne connaît, pour les avoir arpentés en tous sens, ces longs couloirs décorés de cadrans indiquant l'heure, le quantième du mois, et tapissés de

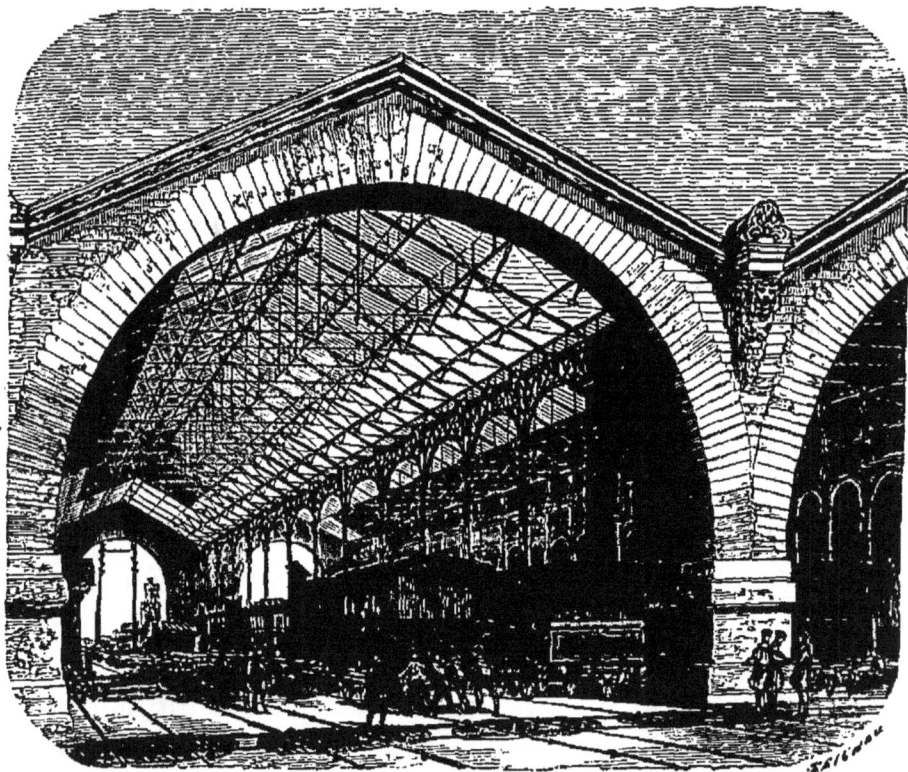

Fig. 112. — Vue intérieure de la gare de Paris; chemin de fer de l'Ouest.

cartes géographiques rayées de rubans noirs ou rouges, longues traînées de fer, de fumée, de feu, qui sillonnent aujourd'hui l'Europe en tous sens? Qui ne connaît également les salles d'attente, où les voyageurs fatigués viennent prendre quelques minutes de repos avant le départ? Le plus souvent vastes, commodes, ornées avec un luxe qui va croissant suivant les classes, elles offrent, au point de vue de l'art, un assez médiocre intérêt.

Peut-être un jour les compagnies, animées d'un beau zèle pour l'éducation esthétique de leurs clients, réaliseront-elles les espérances, à plusieurs reprises éloquemment exprimées, de la critique artistique contemporaine. Il s'agira bien vraiment alors de galeries confortables, aérées, éclairées, chauffées ; ce seront des musées, de vraies musées qu'offriront aux voyageurs de l'avenir les salles de nos gares. La décoration ne se contentera plus des moulures, rosaces, ornements qu'on prodigue aujourd'hui avec un goût douteux. La statuaire, les peintures à fresques, œuvres des meilleurs artistes, reproduiront les traits des grands inventeurs ; les grandes actions industrielles, les hauts faits du travail, plus intéressants, aussi périlleux parfois que les batailles, ces tueries glorieuses ; les grands sites, les paysages les plus beaux des contrées traversées par la ligne de fer ; les cartes topographiques et géologiques, les renseignements instructifs de toute sorte : tels sont les sujets que les murs des salles d'attente offriront aux yeux de nos petits-fils. L'art et la science, enfin mariés, auront ainsi un enseignement commun ouvert à tous.

— Voilà qui est bien, direz-vous. Mais avant de désirer, de réclamer de si pompeuses améliorations, la marge est grande pour celles qui ont le nécessaire ou l'utile pour objet. Le bien-être du voyageur et le bon marché du trafic sont choses plus pressantes que l'intérêt de l'art, surtout lorsqu'il s'agit de l'industrie du transport. D'abord, aux yeux des compagnies, toute dépense effectuée en vue d'accroître le bien-être du voyageur doit être regardée comme un stimulant pour les voyages, et par suite comme de l'argent placé à gros intérêt. Avant donc de demander, pour les salles de nos gares, des chefs-d'œuvre de tous les arts réunis, commençons par obtenir qu'on remplace ces vastes vestibules ouverts à tous les vents, chauds en été, humides en hiver, mesurant parci-

monieusement les bancs de repos aux piétons que la
crainte de manquer l'heure du convoi amène en avance à
la gare. — Pour moi, je l'avoue, ce n'est pas précisément le luxe qui me semble désirable : le luxe est loin
de frayer toujours avec le beau. Comme le chemin de
fer est avant tout une œuvre d'utilité, secondairement
un moyen d'agrément ou de plaisir, ce qu'on doit lui
demander, c'est la sécurité, la précision, le confortable

Fig. 115. — Vue extérieure de la nouvelle gare du chemin de fer
du Nord, à Paris.

qui prévient les fatigues. Provisoirement les merveilles
de l'art lui sont étrangères. Mais est-ce à dire pour cela
que, dans les salles où affluent les foules, il n'y ait pas
lieu de rechercher cette élégance de bon goût, cette
beauté simple, cette grandeur même, qui résultent plus
de la science des proportions que de la richesse des ornements? Je crois que c'est chose possible, non ruineuse.

Quel doit donc être, en résumé, le type de l'architecture des chemins de fer? Quels doivent être ses caractères distinctifs? Je l'ai dit : la simplicité, la solidité, la

hardiesse. L'utilité du service, la savante distribution de toutes les parties du plan, et leur convergence vers ce but premier de toute entreprise, exigent de l'architecte une connaissance approfondie de l'exploitation et du mouvement. Ces conditions obtenues, qu'il se livre à son

Fig. 114. — Vue extérieure de la gare du chemin de fer de l'Est,
à Paris.

aise à son imagination d'artiste ; mais sans oublier jamais que c'est l'utile lui-même qui doit lui fournir les éléments du beau.

J'ai dit que l'architecture des chemins de fer avait inspiré l'industrie : je pense qu'on ne trouvera pas que je me sois beaucoup avancé, quand on visitera — je ne cite qu'un exemple entre cent — les belles halles qui abritent aujourd'hui le marché central de Paris. C'est un spécimen de ce qu'on peut faire, par l'emploi judicieux des matériaux que nos usines fournissent aujourd'hui si aisément à l'art de la construction.

Un mot maintenant de l'aspect extérieur des gares, dont on vient d'examiner rapidement les dispositions internes.

Les façades extérieures des grandes gares terminales, sur nos lignes de France, méritent la plupart sans doute

Fig. 115. — Gare du chemin de fer de l'Ouest (rive gauche), à Paris; vue extérieure.

d'être remarquées. Mais, à mon sens, elles trahissent encore l'hésitation des architectes, que retient toujours une éducation par trop classique. Aussi je me garde de m'extasier devant cette monumentale façade de l'embarcadère de Strasbourg, dont les proportions gigantesques sont loin d'être justifiées par une bonne distribution intérieure, Je serais tenté de lui préférer le monument-plus simple qui termine la ligne de l'Ouest, rive gauche, et dont voici (fig. 115) une vue générale, s'il ne trahissait aussi l'indécision de style que j'ai plus haut signalée.

La gare de Montpellier, avec sa tournure toute romaine, qu'on cherche à justifier par les souvenirs antiques du pays qu'elle dessert, ne laisse pas que d'être imposante, sans doute ; mais est-ce bien l'architecture qui sied à un édifice entièrement industriel? Ces entablements, ces portiques, ces façades massives sont-elles bien à leur place

Fig. 116. — Gare de Montpellier.

sur un chemin de fer? On nous permettra d'en douter.

Que résulte-t-il de la courte revue artistique que nous venons de faire ensemble? Que l'architecture des chemins de fer n'a point encore revêtu ce caractère franchement original dont nous avons bien voulu la gratifier tout à l'heure : le principe fécond de la sincérité dans l'art n'a point encore porté tous ses fruits. Mais tous les éléments existent soit dans les diverses parties des gares et des ateliers, soit dans les stations secondaires : c'est au génie de nos architectes-ingénieurs à les grouper dans un harmonieux ensemble.

XIX

SYSTEMES SPÉCIAUX — CHEMINS DE FER DE MONTAGNES TRAMWAYS

La description que nous venons de faire des chemins de fer s'applique, sauf en des points de détail, à l'immense majorité des voies ferrées qui composent les diverses branches du réseau universel, dans les cinq parties du monde. La construction de la voie ou des ouvrages d'art, le mécanisme moteur, le matériel roulant, sont trois parties solidaires d'un tout, d'un système de transport qui est subordonné lui-même à deux conceptions primordiales : 1° le roulement des véhicules sur rails métalliques, 2° la locomotive à vapeur comme moteur.

Il nous reste à dire quelques mots de certains systèmes spéciaux, basés sur des principes différents, ou nécessités par des conditions particulières d'établissement des voies.

A l'origine, on l'a vu, on n'admettait que des rampes ou pentes très-faibles, de $0^m,005$ au maximum. Pour gravir en quelques points des rampes beaucoup plus fortes, au lieu de modifier la locomotive, ainsi qu'on l'a fait depuis, on songea à changer le moteur, et à remplacer la vapeur par la pression atmosphérique. L'idée, qui n'était pas nouvelle, a donné lieu en Irlande, en Angleterre et en France, à quelques essais intéressants.

Le principe de cette application est bien simple ; il consiste en ceci : sur toute la longueur de la voie ferrée est fixé un tube ou tuyau métallique, à l'intérieur duquel peut se mouvoir un piston. Qu'à l'aide d'une machine pneumatique on fasse le vide dans le tuyau d'un des côtés du piston, la pression atmosphérique s'exerçant de l'autre côté sur sa surface fera mouvoir le piston et les corps pesants auxquels il est solidement relié. Si ces corps pesants sont les wagons d'un train, le mouvement de propulsion du piston se communiquera à ces wagons et pourra, si la force ainsi obtenue est suffisante, les faire rouler sur les rails, sans le secours des moteurs ordinaires.

L'idée de faire servir la pression atmosphérique comme force motrice est ancienne : elle remonte aux premières expériences que fit l'inventeur de la machine pneumatique, Otto de Guericke ; en 1810, un ingénieur suédois, D. Medhurst, proposa de transporter les marchandises, les paquets, les lettres dans un tube où l'on ferait le vide ; puis, de communiquer le mouvement du piston à des voitures circulant extérieurement au tube. En 1824, un Anglais, Wallance, conçut l'idée de transmettre directement aux wagons la pression de l'atmosphère ; les wagons devaient alors voyager à l'intérieur même du tube où l'on faisait le vide. Enfin, en 1848, le premier chemin de fer atmosphérique fut construit en Irlande, sur une longueur de près de trois kilomètres, entre Kingstown et Dalkey. Les ingénieurs, MM. Clegg et Samuda, avaient repris, en le perfectionnant, le système de Medhurst. Plusieurs autres essais en furent faits en Angleterre, à Pouth-Devor, à Croydon, et, en France, sur une portion de la ligne de Paris à Saint-Germain. Aujourd'hui, tous les chemins atmosphériques ont été abandonnés, non que le fonctionnement mécanique en fût mauvais, mais parce que, au point de vue économique, ce mode de traction était devenu inférieur à celui des locomotives : il était beaucoup trop coûteux. L'invention des locomotives de montagnes propres à l'ascension des fortes rampes a eu pour conséquence forcée l'abandon dont nous venons de parler.

La figure 117 représente une section diamétrale du tube de 63 centimètres, à l'intérieur duquel voyageait le piston, dans le chemin de fer atmosphérique du Pecq à Saint-Germain. Ce tube, fixé au milieu de la voie, était percé d'une fente longitudinale, par laquelle passait la lame ou tige reliant le piston au premier wagon. En avant du piston, ou du côté du vide, la fente restait fermée par une bande de cuir garnie de courtes lames de tôle, faisant fonction de soupape, et une série de galets de diamètres décroissants, portés par le châssis du piston, soulevaient cette soupape à mesure que s'avançait la lame reliant la tige du piston au train. Le vide était fait dans le tube par des machines pneumatiques, composées de quatre corps de pompe et mues par une machine à vapeur. Les dimensions du tube et des machines avaient été calculées de manière à donner une vitesse d'un kilomètre par minute, en supposant un train à remorquer du poids de cinquante-

Fig. 117. — Tube pneumatique du chemin de fer atmosphérique de Saint-Germain.

quatre tonnes et en se bornant à un vide relatif d'une
pression d'un tiers d'atmosphère. La rampe, assez forte
(0m,035), du Peck à Saint-Germain est, depuis 1859,
franchie par des locomotives.

M. Rammel, l'inventeur et le constructeur du *pneu-
matic dispatch*, de Londres, a aussi réalisé la pensée

Fig. 118. — Chemin de fer atmosphérique de New-York.

conçue par Wallance, et qui consistait à faire voyager à
l'intérieur du tube pneumatique le train lui-même, avec
toutes ses voitures, constituant ainsi un gigantesque
piston. Une ligne d'essai a été construite par lui dans le
parc de Sydenham. La première voiture du convoi porte
en avant un disque d'un diamètre un peu inférieur à
celui du tunnel, muni sur tout son contour d'un tampon
ou brosse, qui suffit à intercepter suffisamment le passage de l'air. Comme dans le tube destiné au transport

des dépêches, le vide sert seulement pour produire le retour du train, qui, pendant le voyage d'aller, est poussé, au contraire, par l'air comprimé. C'est ainsi qu'on vient de construire, à New-York (États-Unis), un petit chemin de fer atmosphérique, d'une faible longueur, menant de Warren street à l'extrémité la moins

Fig. 119. — Vue intérieure d'un wagon dans le tunnel.

élevée de la Cité, près de la rivière du Nord. Le tunnel, de forme cylindrique, porte, à sa partie inférieure (fig. 118), deux rails sur lesquels se meut un véhicule unique à voyageurs, qui a à peu près le même diamètre que le tunnel à l'intérieur duquel il circule poussé par la pression de l'air. La figure 119 représente l'intérieur de ce wagon.

Au lieu de changer la nature du moteur, dans le cas des fortes rampes, on a fait diverses tentatives pour obtenir

Fig. 120. — Chemin de fer du Righi.

l'adhérence par une modification apportée à la construction de la voie, et à la façon dont les véhicules,
locomotives ou wagons, sont liés aux rails. Parmi ces
systèmes, dont quelques-uns sont fort ingénieux, nous
ne parlerons que du système connu sous le nom de
Fell, du nom de l'ingénieur anglais qui l'a perfectionné,
parce que c'est le seul qui ait été et continue d'être
appliqué dans certains cas exceptionnels.

C'est notre compatriote, M. Séguier, qui est le premier inventeur de ce système. C'est lui qui, pour éviter
les inconvénients de l'emploi des machines puissantes
à nombreuses roues accouplées, dans le passsage des
courbes de petit rayon, eut l'idée de poser un troisième
rail au milieu de la voie et d'obtenir une forte adhérence par l'action de deux galets horizontaux pressant
latéralement le rail du milieu. Divers constructeurs,
MM. Dumery, Giraud et Fedit, et enfin M. Fell, cherchèrent
à appliquer la conception de M. Séguier. Voici en quoi
consiste le procédé imaginé par le dernier : « Sur une
machine mixte à deux paires de roues couplées seulement avec cylindres extérieurs, M. Fell place entre
les roues deux autres cylindres qui font tourner des
roues horizontales flottant latéralement sur un rail central. De cette manière, il utilise l'adhérence des roues
de la machine et y ajoute l'adhérence supplémentaire
produite par les roues horizontales. L'écartement des
essieux est tel, que cette machine mixte peut passer dans
des courbes de 50 mètres de rayon. » (A. Perdonnet,
Traité des chemins de fer, 3e édition.)

Une application du système Fell a été faite, sur la
route du mont Cenis, entre Saint-Michel et Suze, pendant le creusement du tunnel, et un chemin de fer provisoire à trois rails a été exploité de juin 1868 jusqu'à
l'époque de l'inauguration du tunnel en octobre 1871,
permettant de franchir en 5 heures le trajet que les voi-

tures de poste mettaient auparavant 10 à 12 heures à parcourir. Après être monté de 1560 mètres, de Saint-Michel au col, la voie redescendait de 1588 mètres, du col à Suze ; en certains points, l'inclinaison atteignait 80 millimètres par mètre. La figure 121 montre la disposition du rail central entre les deux rails ordinaires, dans une partie courbe de la voie.

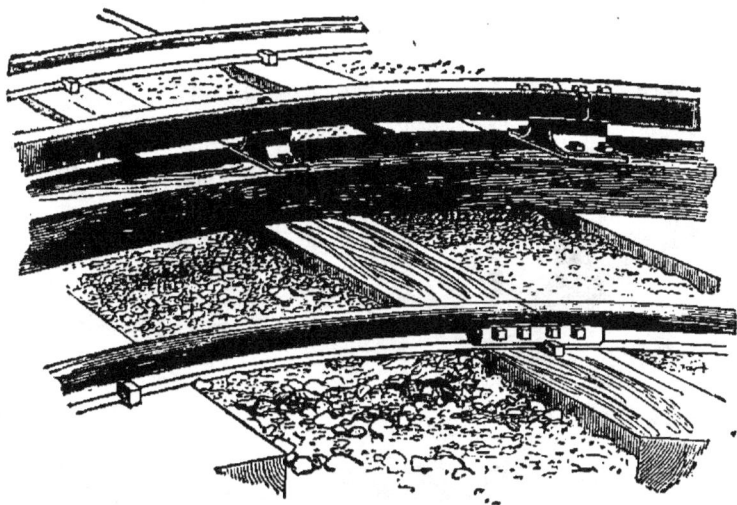

Fig. 121. — Une portion de voie du système Fell.

A l'aide du même système, on a pu gravir en chemin de fer des rampes beaucoup plus fortes encore : les flancs du Kalkenberg près de Vienne (Autriche), ceux du mont Washington aux États-Unis, où la pente atteint 330 millimètres par mètre, et ceux du Righi, où elle atteint 250 millimètres par mètre. Il est vrai qu'il ne s'agit alors que de transporter de petits convois de touristes et que le train se compose en tout de la locomotive et d'une voiture ; d'ailleurs, soit à l'ascension, soit à la descente, la vitesse est très-faible ; on se contente de 4 ou 5 kilomètres par heure.

Au mont Washington, au Kalkenberg et au Righi, le troisième rail n'est pas seulement serré de chaque côté par les galets ou roues horizontales. Une modification due à l'ingénieur américain Marsh, et transportée en Europe par l'ingénieur suisse Riggenbach, fait de ce rail une véritable crémaillère où viennent s'engréner les dents des roues horizontales de la locomotive des wagons. On comprend bien que ces systèmes ne sont applicables que dans des cas exceptionnels, où les locomotives de montagne les plus puissantes ne pourraient

Fig. 122. — Chemin de fer du mont Cenis ; abris contre la neige.

rien ; et encore, en ce cas, bien des ingénieurs préfèrent l'installation de machines fixes remorquant les trains à l'aide de chaînes ou de courroies sans fin, le long des plans inclinés qu'il s'agit de franchir.

Les chemins de fer de montagnes ont l'inconvénient d'être envahis, pendant les saisons froides, par des masses de neige qui intercepteraient les voies et romperaient les communications, si les voies n'y étaient protégées par des abris. Les figures 122 et 123 donnent l'aspect de ces sortes de constructions protectrices; l'une

Fig. 125 — Chemin de fer du Central Pacific ; abris contre la neige.

est prise sur le chemin de fer du mont Cenis, l'autre, en Amérique, sur la ligne du *Central Pacific*, dans la traversée de la sierra Nevada.

Un autre système, fort intéressant au point de vue mécanique, est celui qu'a imaginé un ingénieur français, M. Arnoux, et qui a été modifié par son fils; il a pour principal objet de permettre le passage des trains dans des courbes de très-petit rayon, et par conséquent aurait pu avoir d'importantes conséquences sur le tracé des lignes, s'il eût été généralement adopté. Mais il n'a été et n'est encore appliqué que sur la ligne secondaire de Paris à Sceaux et Orsay. Ce système consiste principalement dans une disposition du train des voitures qui permet aux essieux d'un même véhicule de prendre des directions toujours normales aux éléments des courbes parcourues. Les voitures communiquent par un procédé particulier d'attelage; et le système dans son ensemble est connu sous le nom de *système articulé Arnoux*.

Nous avons vu, au début de cet ouvrage, que les premiers chemins à rails, ou railways, étaient construits avec des rails en bois, et les convois traînés par des chevaux. L'application de la vapeur, l'invention de la locomotive et de ses innombrables variétés, l'emploi des rails métalliques, de fer, puis d'acier, ont successivement porté le développement des voies ferrées au plus haut degré d'extension. Il semble donc singulier qu'on revienne aux premiers essais de ce système de transport. On a essayé dans ces derniers temps, il est vrai, d'appliquer le moteur à vapeur aux transports sur les routes ordinaires, de façon à éviter les énormes frais de construction de la voie et des travaux d'art : on fait encore des tentatives dans ce sens, et des locomotives routières de divers systèmes ont été le produit de ces essais, qui finiront peut-être par donner des résultats sérieux. Mais un mode de transport qui tend à prendre des développements de plus en plus grands est celui qui consiste au contraire à se passer de la vapeur, en n'empruntant aux chemins de fer que le système des bandes ou ornières métalliques. Comme c'est en Amérique[1] que ce système a été appliqué en premier lieu, on donnait aux voies ainsi établies, principalement dans les grandes villes, le nom de *chemins de fer américains*, mais aujourd'hui, le nom de *tramways* (chemins à ornières) est plus généralement adopté.

Ce qui constitue le tramway, c'est que la voie sur laquelle sont installés les rails, et où circulent les véhicules ou omnibus spéciaux, est une voie également destinée aux piétons et aux voitures de toutes sortes qui roulent à l'intérieur des villes. Le rail ne peut donc pas être saillant; il ne doit pas dépasser le niveau du pavé, et par conséquent il a la forme d'une rainure creuse ou d'une ornière, qu'on fabrique le plus ordinairement en fer, mais que l'on pourrait aussi construire en bois, ainsi qu'on l'a proposé récemment. Ce mode de locomotive permet des courbes d'un fort petit rayon, de 15 mètres par exemple, la traction ayant lieu par des chevaux et la vitesse étant toujours modérée : la pente ne doit guère dépasser le maximum de 30 millimètres par mètre. Toutes les grandes villes d'Europe et d'Amérique ont aujourd'hui des réseaux de tramways qui prennent des développements de jour en jour plus grands pour satisfaire à la circulation de plus en plus active. Les villes secondaires suivent l'exemple des autres : Lille, Nantes, Le Havre, Marseille, etc., ont, aujourd'hui, leurs tramways comme Paris.

Des essais ont été faits pour substituer la traction à

---

[1] Dès 1869, il y avait aux États-Unis près de 7,000 kilomètres de tramways.

la vapeur à la traction par chevaux. Mais des inconvénients graves, le bruit, la fumée, le feu, s'opposeront
toujours sans doute à une application directe, et il en
pourrait résulter des accidents graves. On a inventé des
locomotives spéciales qui emmagasinent, au départ, de
la vapeur et de l'eau surchauffée, en quantité et en

Fig. 124. — Locomotive routière a voyageurs.

pression suffisantes pour un double trajet. On a aussi,
avec succès, employé l'air comprimé comme moteur.

La figure 125 représente une voiture qui a fonctionné,
en décembre 1875, sur le tramway qui va de la place de
l'Étoile à Courbevoie. Le moteur de cette nouvelle voiture est l'air comprimé. On voit sous le châssis, entre
les roues, des réservoirs cylindriques : c'est dans ces cylindres, très résistants, qu'une machine fixe, installée aux
stations extrêmes, comprime l'air sous une pression de

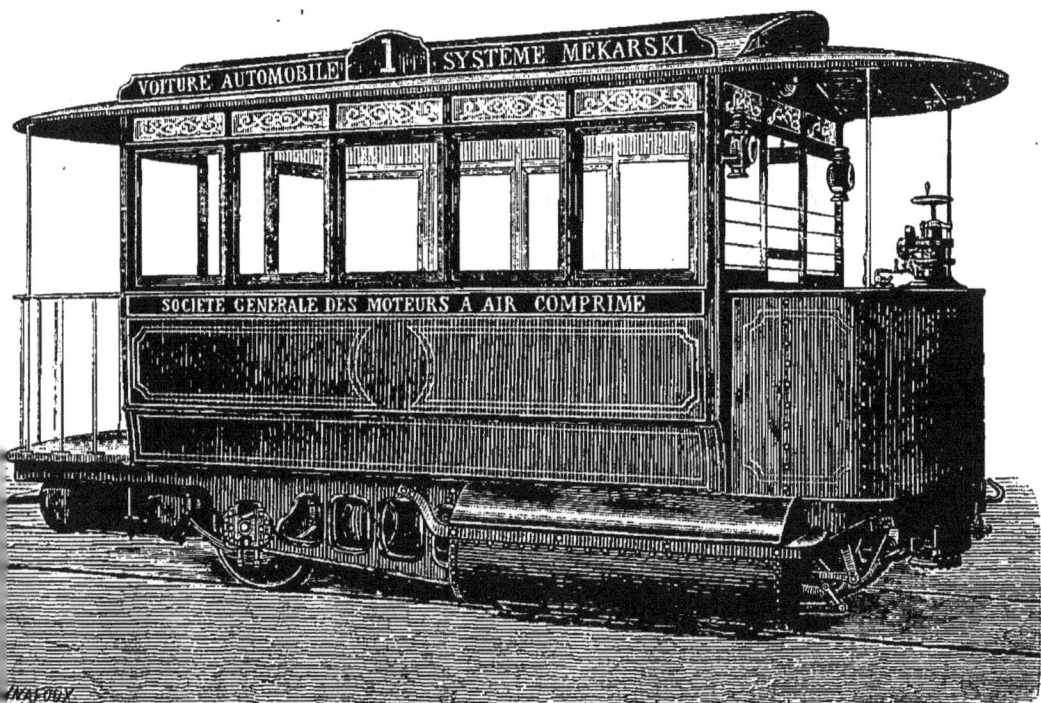

Fig. 125. — La voiture automobile Mékarski, à air comprimé.

25 atmosphères. La force élastique de cet air est utilisée, comme dans les locomotives à vapeur, et agit sur un mécanisme semblable. Ce qui constitue l'originalité de l'invention de l'ingénieur, M. Mékarski, c'est l'appareil qui a pour objet de maintenir l'air comprimé sortant des réservoirs à une pression constante. Ce *régulateur de pression* est placé en avant de la voiture, entre les cylindres moteurs. Il y avait une difficulté à vaincre qui paraît très heureusement surmontée, c'est celle d'obtenir la détente, sans les inconvénients du refroidissement qu'elle produit et qui eut, en recouvrant de glace les parois des cylindres, gêné le mécanisme.

Pour cela, l'air sortant des réservoirs, avant de se rendre dans le régulateur de pression, passe par un petit réservoir rempli d'eau surchauffée à 150° ou 170°. Il s'y chauffe et, par conséquent, lorsqu'il se détend ensuite, il ne se refroidit plus autant, la vapeur avec laquelle il se mélange lui cédant, en outre, une partie de sa chaleur latente.

Pas de trépidation, aucun bruit, un maniement très-facile, une grande régularité de marche, telles sont les principales qualités du nouveau moteur, qui sera probablement appliqué avant peu, si la question du prix de revient de ce mode de traction est favorable au nouveau système.

Une commission d'ingénieurs des Ponts et Chaussées et des Mines a été nommée pour l'examen des divers systèmes de traction mécanique sur les tramways. Tout fait présager de nouveaux et importants progrès dans ce mode de transport.

QUATRIÈME PARTIE

L'EXPLOITATION

XX

LE MOUVEMENT — LES TRAINS

Nous avons assisté à la construction de la voie et des ouvrages d'art, à l'installation de son matériel fixe : le matériel roulant, depuis les wagons de terrassement et les voitures de voyageurs jusqu'au types variés de loco-motives, tour à tour étudiés dans leur théorie comme dans leurs organes, les gares de toute classe, les ateliers, les dépôts, ont été l'objet de notre examen le plus minu-tieux. Encore quelques détails sur les signaux, sur le télégraphe électrique, et notre revue sera complète. Mais en bornant là mes fonctions de cicerone, je craindrais de ne vous avoir donné du chemin de fer qu'une idée insuffi-sante. Ces éléments si divers, qui tous concourent à un même but, ce n'est pas tout de les avoir décrits, il faut les voir à l'œuvre ; il faut voir enfin fonctionner la grande machine.

Une organisation, qui n'est point parfaite, mais dont

tous les rouages sont combinés en vue de l'unité de direction, donne à cet ensemble le mouvement et la vie. Il ne peut donc être oiseux de jeter un coup d'œil de curiosité sur la hiérarchie des fonctions attribuées à l'immense personnel dont cet organisme se compose. Distribution des trains de marchandises et de voyageurs, statistique du mouvement des voyageurs et du trafic, signification des divers sortes de signaux, billets, bagages, incidents de la route, voilà ce dont je voudrais encore vous entretenir avant de prendre congé de vous.

Et d'abord un mot de la composition des trains.

Tout le monde sait que les trains ne sont pas tous composés de la même façon ; non-seulement il y a les convois de voyageurs et les convois de marchandises, mais on distingue encore les trains mixtes, en partie formés de voitures des trois classes, et de wagons, fourgons et trucs chargés d'objets de toutes sortes. En outre, les trains de voyageurs eux-mêmes sont tantôt *omnibus*, c'est-à-dire, contenant des places de toutes classes ; tantôt *directs* : enfin tantôt *express*, les plus rapides de tous ; dans ce dernier cas, ils ne renferment que des premières. D'ailleurs les trains express jouissent du privilége d'être *directs*, ne s'arrêtant qu'à certaines stations importantes, et dès lors susceptibles d'acquérir une vitesse beaucoup plus considérable. J'ai plus d'une fois entendu faire à ce propos, et j'ai fait moi-même une réflexion, qui me semble mériter l'attention des compagnies. Pourquoi le tarif exige-t-il le même prix des places de première classe, qu'elles soient parties intégrantes d'un train omnibus ou d'un train express ? Ne serait-il pas juste, soit d'abaisser ce prix dans le premier cas, soit de l'augmenter dans le second ? Enfin, pourquoi ne ferait-on pas jouir les bourses peu fortunées des bénéfices de la grande vitesse, en grevant d'un supplément de prix le tarif des prix omnibus ? Croit-on que le temps ne soit pas aussi précieux pour l'ouvrier qui gagne sa vie par son travail, pour le petit commerçant, pour l'agriculteur, que pour les oisifs voyageant avec toutes leurs aises, sans aucune préoccupation que leur plaisir? Il est d'ailleurs une considération qui, pour être toute morale, disons mieux, parce qu'elle est morale, devrait à elle seule légitimer l'innovation qu'on propose. Trop souvent c'est pour voler au chevet d'une mère, d'un père malade, se mourant peut-être, qu'un enfant éploré voudrait voir s'effacer la distance qui le sépare de ses parents. N'y a-t-il pas justice, humanité, à rendre accessibles à tous ces pieux et tristes voyages?

Outre les trains dont je viens de parler, il y a encore les *trains postes*, spécialement consacrés au service des dépêches, et qui, généralement, ne contiennent pas de voitures de troisième classe; et enfin les trains particuliers extraordinaires, dont la commande doit être faite à l'administration un certain temps à l'avance. Que les prix de ces convois princiers soient très-élevés, c'est ce dont on ne doit pas s'étonner, ce dont ne peuvent se plaindre les voyageurs assez riches pour payer un tel luxe.

Quels que soient les trains de voyageurs, c'est toujours en tête que marche la locomotive suivie de son tender[1]; entre celui-ci et les premières voitures sont placés les fourgons à bagages, dont le nombre varie évidemment avec l'importance du train. Ce ne sont pas seulement les bagages appartenant aux voyageurs qui remplissent ces wagons, mais aussi tous les articles de messagerie circulant à grande vitesse, les objets que leur fragilité ou leur petit volume ne permet pas de loger dans les trains

---

[1] Il arrive quelquefois qu'une locomotive ne suffit pas à remorquer un convoi dont la charge dépasse la moyenne ordinaire; on prend, dans ce cas, une locomotive de renfort. D'après les règlements, les deux machines doivent se suivre en tête du train; c'est au mécanicien de la première à régler alors toutes les circonstances de la marche.

de marchandises. Enfin, je mentionnerai seulement pour mémoire les trains de plaisir, parce qu'ils ne se distinguent des autres que par une diminution conventionnelle des tarifs, ou encore par un nombre de voitures et une charge plus considérable.

La composition d'un train, j'entends le nombre et la nature des véhicules qui le forment, varie beaucoup, on le comprend, suivant l'espèce du train lui-même, suivant les époques, et enfin aussi selon les lignes sur lesquelles il circule. Voici, toutefois, quelques indications moyennes qui donneront au lecteur une idée de cette composition.

Sur l'ancien réseau du chemin de fer de l'Ouest, le nombre des trains a été, pour l'année 1860, de 25 par jour ; chacun d'eux était moyennement composé de 17 véhicules, dont 4 de voyageurs et 13 de marchandises. Les trains de voyageurs de la ligne de Lyon, pour la même année, comprenaient 10 voitures de toutes classes ; ceux des marchandises, 38 véhicules, wagons de marchandises, wagons à bestiaux, trucs à équipages, etc. Chaque train de voyageurs portait 89 personnes, et la charge d'un convoi de marchandises n'était pas égale à moins de 153 tonnes. Les lignes de l'Est et d'Orléans donnent à très-peu près la même proportion, pour le nombre des voitures des deux sortes de trains. Les trains mixtes, sur ces deux derniers chemins, étaient composés en moyenne de 14 voitures, fourgons, trucs et wagons à marchandises.

Est-on curieux de savoir, maintenant, quelle est l'intensité de la circulation générale dans le cours d'une année ? Considérons les cinq grandes lignes de Lyon, de l'Est, de l'Ouest, du Nord et d'Orléans, et voyons quel a été, pendant l'année 1860, le mouvement total, soit des voyageurs, soit des marchandises transportées. Le réseau exploité avait alors une longueur de 7,129 kilomètres.

Eh bien, en additionnant les nombres de voyageurs qui ont circulé sur ce réseau, on trouve le nombre énorme de 47,516,901 (75 millions en 1865, en y joignant la ligne du Midi ; ces nombres qui marquent l'intensité de la circulation augmentent tous les ans). La ligne de l'Ouest entre à elle seule, dans ce nombre, pour plus de 15 millions ; mais il faut ajouter que 10 millions ont été fournis par le mouvement sur les lignes de la banlieue de Paris (Versailles, Saint-Germain, etc.) [1].

Le nombre des trains sur les cinq grandes lignes a été, en moyenne, de 2,150 trains par jour, parcourant 158,000 kilomètres. C'est par an 780,000 trains environ, et un parcours de près de 60,000,000 de kilomètres.

Quant au nombre de tonnes transportées par la petite vitesse, il s'est élevé à 15,489,114 (environ 50 millions de tonnes en 1865, la ligne du Midi comprise), comprénant des denrées de toute nature, grains, houilles, matériaux de construction, chevaux, bétail, voitures, etc.

En 1866, le nombre des voyageurs transportés à toutes distances a été de 89,559,000 ; en 1867, l'année, il est vrai, de la grande Exposition universelle à Paris, il s'est élevé à 100,512,000. Le transport des marchandises a atteint 57,269,000 tonnes en 1866, et 37,895,000 tonnes en 1867. Ces nombres, comparés à ceux qui précèdent, peuvent donner une idée du développement de la circulation et du trafic, dans l'intervalle de sept années. Mais il faut pour cela tenir compte de l'accroissement du réseau qui, de 9,500 kilomètres, s'est élevé dans le même intervalle à 15,702 kilomètres exploités. En 1860, on

[1] Les 47 millions et demi de voyageurs dont e parle se décomposent ainsi par classes de voitures :

Nombre de voyageurs. .	1re classe. . .	5,502,966
	2e classe. . .	17,127,402
	5e classe. . .	24,787,555

trouve par kilomètre 5,109 voyageurs et 1,560 tonnes ; en 1867, 6,402 voyageurs et 2,414 tonnes.

Enfin, voici un autre moyen de juger de l'activité de la circulation sur les cinq grandes lignes : il consiste à additionner tous les kilomètres parcourus par les locomotives employées au service de la grande comme de la petite vitesse, ce qui revient, à peu de chose près, à évaluer le parcours total des trains de toute nature[1]. On trouve ainsi une longueur totale de 57,675,000 kilomètres parcourus par trois mille machines environ.

Si ce n'est pas être trop irrévencieux pour la classe des voyageurs de l'espèce humaine que de joindre à la statistique qui les concerne celle relative à la gent animale, je donnerai ici le nombre des individus de cette dernière classe transportés sur les lignes de Lyon, de l'Est, de l'Ouest et d'Orléans, pendant l'année 1860. Ce nombre se monte à 2,800,000 environ[2], et encore les chiens ne sont-ils pas compris dans cette évaluation.

Tous ces nombres, qui, je le répète, vont croissant chaque année en France comme chez les nations étrangères, font comprendre la nécessité où sont les compagnies, pour faire face à ce mouvement immense, d'accroître de plus en plus leur matériel. Personne ne s'étonnera que le service du chemin de Paris à la Méditerranée ait employé, pendant l'année 1861, 943 locomotives, 892 ten-

---

[1] La différence entre le parcours total des trains et celui des machines vient de ce qu'un train est remorqué quelquefois par deux locomotives.

[2] Voici, pour le chemin de fer de Lyon, la division par catégories du nombre d'animaux transportés sur son réseau :

Chevaux.	23,144	
Bœufs	77,714	
Moutons	305,140	Total : 705,035 têtes, les
Porcs, veaux, etc.	252,761	volailles non comprises.
Total.	656,759	
En outre, les chiens donnent.	48,276	

ders, et 23,355 véhicules de toute sorte. Les autres lignes nous offriraient, pour leur matériel, des nombres proportionnés au trafic qui leur est propre ; et l'on affirme que cet immense arsenal de voitures, de wagons, de machines, ne suffit pas aux exigences des clients de nos lignes de fer. En 1866, le réseau français a employé 4,272 locomotives et 116,535 wagons. Une statistique plus récente porte le nombre des locomotives de ce réseau à plus de 5,400.

En Angleterre, la circulation des voies ferrées a donné, pour l'année 1873, le nombre énorme de 455 millions de voyageurs.

Pour terminer un chapitre qui absorberait des volumes, si je me laissais entraîner à aligner des colonnes de chiffres, je dirai un mot de la vitesse des trains de voyageurs et de marchandises.

Déjà quand nous avons passé en revue les divers types de locomotives, j'ai eu l'occasion de citer les vitesses maximum et minimum de ces machines. Mais il s'agissait alors de la marche à pleine vapeur, sans y comprendre ni les ralentissements ni les arrêts. Or, en tenant compte de ces éléments, il est aisé de calculer la moyenne vitesse des trains, du moins sur nos lignes de France. On trouve ainsi qu'un train de voyageurs (*omnibus*) marche à raison de 30 kilomètres à l'heure : déduction faite des arrêts dans les stations, cette vitesse moyenne s'élève à 35 kilomètres. Dans les mêmes circonstances — je veux dire en y comprenant les temps d'arrêt — la vitesse d'un train express varie entre 40 et 57 kilomètres par heure. Ce n'est guère que pour des trains extraordinaires et spéciaux qu'on dépasse, en France, cette rapidité déjà considérable[1].

[1] Le train express qui met Londres et Paris en communication directe, est un exemple de ces cas tout particuliers. La distance de

La vitesse moyenne effective des trains omnibus ou express varie selon les lignes ; elle dépend principalement de la charge moyenne, de la pente, de la courbure et enfin des types de locomotives employées. Le nombre des stations et, par conséquent, des arrêts, influe naturellement sur le degré de la vitesse.

Les anciennes diligences étaient parvenues au maximum de vitesse de 15 kilomètres ; les bateaux à vapeur, sur nos rivières, de 15 à 22 kilomètres. Le magnifique steamer l'*Adriatic* marche à raison de 29 kilomètres, et la frégate *Warrior*, de 24 kilomètres à l'heure.

Tout bien considéré, les chemins de fer offrent donc aux voyageurs une célérité plus grande que celle obtenue, jusqu'à ce jour, par les autres modes de transport. La sécurité y est aussi généralement plus complète, et la supériorité ne leur sera plus contestée, le jour où les voitures offriront des conditions de confort pareilles à celles des navires des compagnies transatlantiques.

540 kilomètres, qui sépare ces deux grandes cités, est franchie en 11 heures ; c'est une vitesse de 49 kilomètres à l'heure, traversée de mer, embarquement et débarquement compris.

La plus grande vitesse qu'ait jusqu'à présent atteinte un train de chemin de fer est celle du *New Papers Train* qui fait le service des journaux et dépêches aux États-Unis, entre Jersey et Trenton. Elle est en moyenne de 93 kilomètres par heure. Mais, au dire du *Scientific American*, le train, lorsqu'il a quitté la station de New-Brunswick, conserve pendant 3 minutes l'énorme vitesse de 135 kilomètres à l'heure : il mérite bien, comme on voit, le surnom de *train éclair*, qu'on lui a donné.

XXI

LES SIGNAUX

En visitant en détail les gares de divers ordres, établics d'un bout à l'autre d'une grande ligne de fer, on est surpris de la multitude de voies qui s'enchevêtrent de cent façons, à l'intérieur comme aux alentours. Des trains nombreux de voyageurs et de marchandises vont et viennent, jour et nuit, sur ces voies, tandis que les continuelles manœuvres des locomotives, des wagons de toute sorte, ajoutent encore à l'apparente confusion de ces mouvements.

Que d'ingénieuses combinaisons aient présidé à la marche des trains, à la fixation des heures de départ et d'arrivée, c'est ce qu'exigeait la nécessité la plus évidente. Mais cela peut-il suffire à la sécurité ? Ces dispositions de la plus simple prudence peuvent-elles, à elles seules, prévenir, au milieu d'une circulation si compliquée, les chocs, les collisions, les accidents de toute espèce ? Cela paraît peu probable. Par quels artifices a-t-on pu parvenir à assurer cette sécurité relativement si parfaite des voyages en chemin de fer ? Par l'organisation d'un système de signaux. Il reste seulement à vous apprendre quel est ce système, et par quels moyens pratiques il se trouve aujourd'hui réalisé.

Et d'abord, si l'on doutait de l'utilité, de la nécessité des signaux, en arguant de la précision des mouvements et de l'exactitude des heures fixées, il suffirait de rappeler :

Qu'une multitude de circonstances peuvent influer sur la vitesse respective des trains qui marchent sur une même voie, dans le même sens, d'où peuvent résulter des rencontres imprévues ;

Que l'état de la voie, objet d'une surveillance continue, est sujet cependant à rendre impossible la circulation en un point : bris de rails, obstacles matériels, dégâts produits par les orages, réparations forcées, peuvent nécessiter le ralentissement ou l'arrêt ;

Que les trains réglementaires ne sont pas les seuls qui circulent, et qu'un train extraordinaire, non attendu, doit être signalé sans retard ;

Que les tranchées dans les courbes, le passage dans les tunnels, les aiguilles, changements et croisements de voie doivent être l'objet d'une attention suivie ;

Que la nuit, les brouillards, les neiges, sont des causes fréquentes de ralentissement et d'arrêt, et dès lors nécessitent, avec les précautions les plus grandes, des avertissements continuels ;

Que les accidents enfin qui peuvent survenir soit à la locomotive, soit au matériel d'un convoi, donnent aux demandes de secours et aux signaux d'avertissement l'urgence la plus pressante.

Les signaux employés dans l'exploitation des chemins de fer peuvent être rangés en diverses catégories, d'abord selon le but qu'ils sont destinés à atteindre, puis selon la nature des moyens ou des appareils adoptés.

En nous plaçant à ce dernier point de vue, nous trouverons successivement : les *signaux fixes*, placés en des points déterminés et invariablement fixés à la voie ; les *signaux mobiles*, qu'on peut à volonté poser sur un point quelconque de la ligne ; les *signaux de locomotives*, confiés spécialement aux mécaniciens pour le service même des trains ; le *télégraphe électrique*, qui fait évidemment partie des signaux fixes, mais qui mérite d'en être distingué par son originalité et son importance.

Nous plaçons-nous maintenant au point de vue, de la nature des avertissements à transmettre, nous verrons que tout se réduit à indiquer, en temps opportun et à distance suffisante : 1° Que la voie est libre ; 2° Que le train averti doit ralentir ou arrêter complétement sa marche ; 3° Qu'un train demande du secours, une locomotive de relais ou de renfort ; 4° Enfin — et c'est surtout le cas du télégraphe électrique — qu'il y a lieu d'exécuter certaines prescriptions spéciales imprévues, ou impossibles à traduire dans le langage simple des autres signaux.

Il va de soi, en premier lieu, que l'absence de tout signal indique une voie libre. Dans ce cas, un train n'a donc qu'à continuer sa marche normale, à moins d'un obstacle subit qui n'a pu, dès lors, être signalé par les gardes-voie. De même, en thèse générale, sur tous les points de la ligne, à toute heure de jour et de nuit, les employés doivent prendre les dispositions réglementaires, comme si un train était attendu, et cela en prévision des trains extraordinaires non annoncés.

Vous savez déjà que les signaux se distinguent en signaux fixes et signaux à la main. Un mot d'abord de ceux-ci. Un petit drapeau vert ou rouge, tantôt roulé, tantôt déployé, telle est [la baguette magique confiée aux gardes-voie, cantonniers, aiguilleurs, aux gardiens des passages [à niveau, et, à laquelle obéit le mécanicien.

Roulé, le drapeau, quelle qu'en soit la couleur, indique la voie *libre;*

Déployé, le drapeau vert marque *ralentissement;*

Le drapeau rouge déployé, arrêt *immédiat*, ou du moins, aussi prompt que les moyens le permettent.

Comme, pendant la nuit, un drapeau n'est pas toujours visible, ni sa couleur aisée à distinguer, les signaux de nuit à la main consistent en une lanterne, que le garde présente au train en marche, et dont le feu est tantôt blanc, tantôt vert ou rouge, selon la couleur du verre interposé. Feu blanc immobile, voie libre; vert, ralentissement; rouge, arrêt immédiat. Il est des circonstances, et ce sont précisément les plus impérieuses, où un drapeau rouge, une lanterne à verres de couleur, font défaut. Comment faire dans ces cas d'urgence? On est convenu que l'arrêt serait commandé, de jour, en remuant rapidement un objet quelconque, ou encore en élevant les bras de toute leur hauteur; de nuit par une lumière vivement agitée.

Tenez, voyez ce garde-voie (*fig.* 126).

Avec son drapeau roulé et au port d'armes, il fait

Fig. 126. — Signaux à la main;
voie libre.

Fig. 127. — Signaux à la main;
ralentissement ou arrêt immédiat.

signe au train qui s'avance de poursuivre sa marche sur la voie qu'il parcourt. Dans ce cas, on recommande de présenter de préférence le drapeau vert. C'est sur l'ac-

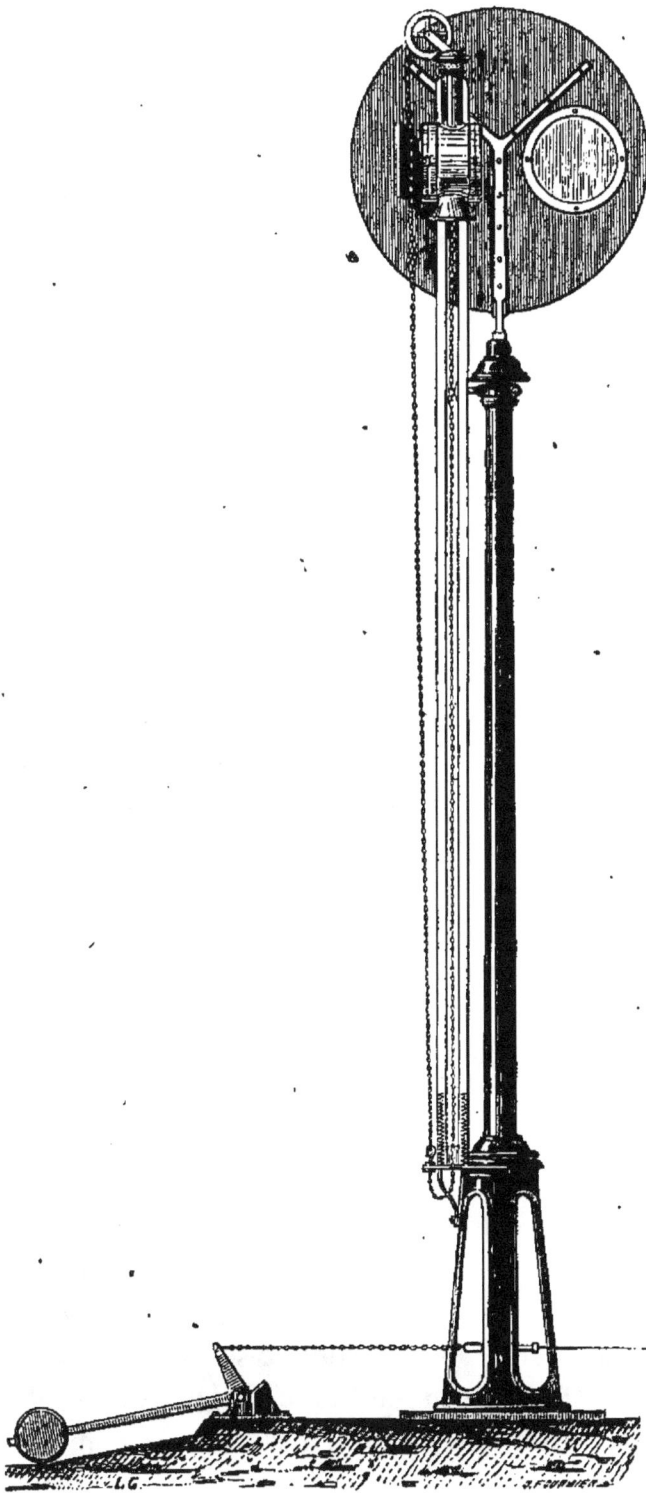

Fig. 128. — Disque signal; vue d'arrière.   Fig. 129. — Vue de champ.

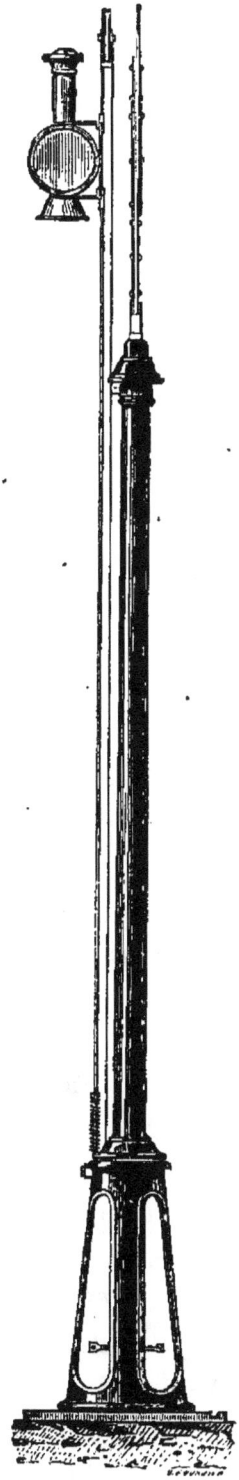

cotement du chemin, et à droite du train, que le garde
doit se poster : à moins qu'il ne s'aperçoive trop tard de
l'arrivée.

Voyez cet autre qui tient déployé son drapeau (*fig.* 127).

Il prévient la locomotive, que vous venez de voir sortir de la remise, qu'un truc manœuvré par des hommes
de service empêche actuellement le passage. La distance
est suffisante pour n'exiger que le ralentissement. Aussi,
il a fait usage du drapeau vert.

Mais nous voici en présence d'un disque (*fig.* 127 et 128).
Ce signal, placé à 800 mètres au moins, en avant de
toutes les stations, consiste en une colonne en bois ou
en fonte, portant à son sommet un disque circulaire,
rouge sur l'une de ses faces, et percé d'une ouverture à
l'un de ses côtés. La face rouge se présente-t-elle en
avant d'un train, c'est-à-dire perpendiculairement à la
voie, c'est signal d'arrêt. Au contraire le disque offre-t-il
son champ, auquel cas il est effacé et parallèle à la
voie, c'est signe que la voie est libre. Il n'y a donc
que deux mouvements à imprimer au mécanisme. Le
premier donne au disque la position qui correspond à la
voie libre, et le second, en imprimant un mouvement
de rotation au disque, fait apparaître sa face rouge en
face du train arrivant, et commande ainsi l'arrêt. Voilà
pour le jour.

Pour la nuit, vous voyez cette lanterne à verres blancs,
installée à la hauteur du disque, et d'ailleurs indépendante. Quand le disque est effacé, le feu blanc de la
lanterne est visible pour le convoi ; la voie est libre. Le
disque est-il au contraire à l'arrêt, l'ouverture circulaire
du disque munie d'un verre rouge, venant se poster devant la lanterne, transforme son feu blanc en feu rouge :
c'est, en effet, pour la nuit, le signal d'arrêt. Voici comment se fait la manœuvre :

Le mouvement de rotation est transmis à l'arbre du

disque par l'intermédiaire d'un fil de fer qui court le long de la voie, supporté par de petits poteaux de 0^m,2 ou 0^m,3 d'élévation. Vous en voyez ici le commencement. Arrivé au levier de manœuvre, le fil de fer est remplacé par une chaine qui s'enroule sur la gorge d'une poulie et soutient un contrepoids, descendant verticalement dans un puits percé au pied du levier (*fig.* 129).

Les traits pleins du levier correspondent à la position du disque parallèle à la voie ; les traits ponctués indiquent, au contraire, la position du levier pour l'arrêt. Une pièce particulière, encastrée dans un appendice du levier, et dont on voit ici la forme, laisse la chaine se mouvoir librement dans le sens horizontal, quand le levier occupe la première position. Mais si le garde préposé au disque imprime au bras le mouvement de rota

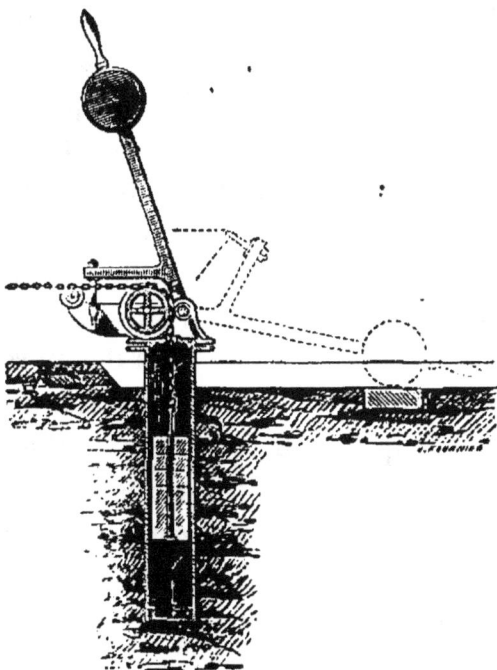

Fig. 150. — Manœuvre du disque signal.

tion dont il vient d'être parlé, l'un des anneaux de la chaine est embrayé dans la partie inférieure, plus étroite, de la rainure : ce qui détermine la traction du fil dans le sens voulu, et par suite la rotation de l'arbre et du disque lui-même. D'ailleurs le contre-poids qui descend dans la fosse maintient le fil toujours tendu. Au pied du disque, se trouve un contre-poids à équerre, dont l'action sert à ramener le fil dans sa première position, pour effacer le disque et faire cesser l'arrêt.

« Autrefois la lanterne était fixée au disque et se mouvait avec lui ; mais la rapidité du mouvement de rotation, en faisant monter l'huile avec force, éteignait le feu. Il y a toutefois encore à craindre les variations dans la longueur du fil, causées par la température. Avec un fil allongé, que le mouvement du levier ne suffirait pas à tendre, il se pourrait que la révolution du disque ne se fît qu'imparfaitement. Comment s'en assurer ? Le jour, le disque est en vue, rien n'est plus facile. La nuit, quand la voie est libre, la lanterne est cachée, du côté de la gare, par un appendice de verre bleu fixé perpendiculairement au disque, et la couleur du feu indique alors la vraie position de l'appareil. Le disque se place-t-il à l'arrêt, l'appendice est emporté avec lui, et le feu paraît blanc aux employés de la station[1]. Sur la ligne de Lyon, vous avez dû entendre, aussitôt l'arrivée d'un train dans une station, un carillonnement continu, que bien des personnes prennent pour la sonnerie du télégraphe électrique. Eh bien, c'est l'indice certain que le disque signal est à l'arrêt; ce carillon dure encore cinq minutes après le départ du train. Ces *trembleurs électriques* — c'est le nom qu'on donne à cette disposition — sont d'un excellent usage, et je suis étonné que les autres lignes ne les aient pas adoptés.

[1] Les disques signaux sont ordinairement au nombre de deux dans les stations les moins importantes : mais leur nombre croît avec l'importance des gares, en raison de la multiplication des voies de service, d'évitement ou de garage. Aussi l'établissement de ces appareils sur une longue ligne est-il l'objet d'une assez forte dépense. Un disque du système Bataille-Robert coûte 885 francs. Comptez maintenant le nombre des disques d'une grande ligne, celle de Paris à Lyon et à la Méditerranée, par exemple, et vous arriverez ainsi à une somme considérable. N'oubliez pas qu'il ne s'agit ici que de la dépense première; il faut y ajouter celle que nécessitent l'entretien et les réparations quotidiennes et annuelles. Mais tout cela est peu de chose quand on songe à l'immense intérêt qu'il s'agit de sauvegarder : la sécurité, la vie des voyageurs et celle, plus exposée encore, des courageux employés chargés de les conduire.

On a essayé, et l'on emploie encore, bien d'autres systèmes; mais celui que vous voyez suffit à vous faire comprendre le principe. Certains de ces systèmes sont *automoteurs*, c'est-à-dire se meuvent sans l'intermédiaire d'employés spéciaux. La locomotive, en passant devant le disque, agit sur une pédale qui le fait mouvoir. Mais l'appareil vient-il à se déranger, personne n'est prévenu, et le péril devient imminent; mieux vaut encore l'intervention de l'homme et sa responsabilité [1].

Les signaux de nuit sont allumés dès que le jour baisse, et ils ne sont éteints qu'au grand jour. Que la neige, le brouillard vienne à obscurcir la journée, les feux des lanternes restent en permanence. En hiver, cela ne suffit pas toujours : il arrive que l'huile se congèle, et que les lumières s'éteignent.

Un mot maintenant sur les cas précis où les disques doivent marquer le signal d'arrêt. C'est toutes les fois qu'un encombrement, une manœuvre quelconque empêche un train ou une locomotive de suivre la voie; cinq minutes après le passage d'un convoi; enfin, à toutes les bifurcations de voie.

Mais il n'y a pas des disques sur toute la ligne, en tous ses points; un obstacle imprévu peut se présenter, un accident survenir, enfin, l'appareil peut ne pas fonctionner. Comment prévenir, dans ce cas, d'une manière certaine, le train qui va suivre? En l'absence de tout autre signal, on place sur les rails des pétards, des

---

[1] Les compagnies de chemins de fer viennent de prendre tout récemment une décision qui préviendra plus d'accidents que les inventions mécaniques les plus perfectionnées : elles ont spontanément, et d'un commun accord, réduit la journée de travail d'un aiguilleur de treize heures à huit heures, et en même temps augmenté son salaire: Faire choix d'hommes actifs, intelligents et moraux, ne pas les excéder de fatigue, les bien payer, voilà une grande partie du secret tant cherché de la sécurité des manœuvres.

boîtes détonantes, que font éclater les roues de la locomotive ; seulement, il importe de poser ces signaux à 7
ou 800 mètres au moins en arrière de l'obstacle. On emploie aussi les pétards dans les cas de brouillard intense.
Quand, par un temps clair, un train rencontre des pétards, le mécanicien doit serrer les freins, fermer le régulateur, et, maître de sa marche, ne s'avancer qu'avec une
grande précaution. Mais s'il ne voit aucun obstacle, il se
remet en route, en reprenant peu à peu sa vitesse normale.

Les pétards peuvent être rangés dans la catégorie des
signaux à la main. Il en est de même des sons de trompe.
C'est à l'approche des trains ou des machines, et pour les
annoncer, qu'on emploie ces derniers signaux. Plusieurs
sons de trompe répétés demandent du secours. N'oublié-
je rien ? Vous ai-je dit que les tunnels, les tranchées dans
les courbes, sont munis de signaux de nuit ; que, pendant
la nuit, tout train ou machine porte à l'avant, au-dessous de la cheminée, un feu blanc, un feu rouge à l'arrière[1] ; que, dans le cas où un train est obligé de se dé-
doubler, de manière à laisser un train à dix minutes d'intervalle, un drapeau *vert* pendant le jour, un feu *vert* pendant la nuit, indiquent le ralentissement ; enfin, que les
trains extraordinaires sont annoncés par le train qui précède, le jour par un drapeau vert arboré à la droite du
train, dans le sens de la marche ; la nuit, par une lanterne
à feu vert, placée de la même façon ?

Il ne me reste donc plus qu'à vous dire un mot des signaux propres au train lui-même, ou, pour mieux dire, à
la locomotive, et dont le mécanicien à la manœuvre. Je
veux parler des coups de sifflet. Qui de vous n'a eu les
oreilles plus ou moins agacées par ces perpétuels sifflements dont retentissent les gares ou les trains en marche,

---

[1] Sur certaines lignes, il y a jusqu'à trois lanternes rouges à
l'arrière.

sifflements aigus, brefs, prolongés, saccadés ?... Eh bien, chacune de ces notes stridentes a un sens précis, un langage qui réclame de ceux à qui il s'adresse l'attention la plus suivie, l'obéissance la plus impérieuse. Deux mots vous en apprendront bien vite le secret.

Un coup de sifflet prolongé indique l'attention ;

Deux coups saccadés commandent aux vigies et au chauffeur de serrer les freins ;

Un coup bref, de les desserrer.

C'est à l'approche des stations, des tranchées courbes, des passages à niveau, à l'entrée et à la sortie des tunnels, avant de mettre la machine en route, ou enfin quand la voie ne lui paraît pas complétement libre, que le mécanicien use de ce genre de signal. A-t-il besoin d'une locomotive de relais ou de renfort, et se trouve-t-il dans le voisinage des dépôts, c'est par des coups de sifflet longs et prolongés qu'il avertit de cette demande. S'il se dirige vers une bifurcation, c'est par un coup de sifflet d'attention qu'il indique à l'aiguilleur qu'il va prendre la voie de gauche ; par trois coups semblables, c'est-à-dire allongés, s'il veut aller à droite. Enfin, les règlements recommandent aux mécaniciens de faire un fréquent usage du sifflet à vapeur, dans les temps de brouillards, pendant toute la durée du parcours sur la ligne.

Toutes les fois que la distance à laquelle on doit transmettre un signal ne dépasse pas une faible longueur — quelques centaines de mètres, un kilomètre au maximum — on emploie les appareils que je viens de vous décrire. Tous sont basés sur la possibilité de la vue distincte d'un objet matériel, ou sur l'audition d'un son ou d'un bruit, c'est-à-dire sur des phénomènes très-limités. Mais que la distance dont il s'agit vienne à s'accroître dans une proportion un peu grande, et les signaux ordinaires sont d'une insuffisance évidente. C'est alors que la télégraphie électrique est venue offrir, au service de l'exploitation des

voies ferrées, ses qualités précieuses, l'immense ressource
d'une transmission rapide et d'une précision qui traduit
l'ordre transmis avec ses plus minutieux détails.

Déjà nous avons vu, dans les trembleurs électriques,
l'emploi de l'électricité pour la vérification de l'état des
disques signaux. Les postes télégraphiques, échelonnés
aujourd'hui sur toutes nos lignes de fer, sont d'une bien
autre importance : quelques détails à cet égard vont le
prouver. Un mot d'abord sur la nature des applications
du merveilleux agent. On peut les ranger en quatre catégories distinctes :

La première comprend toutes les transmissions de dépêches émanées de l'administration et adressées, soit d'un
bout à l'autre de la ligne, soit d'une station intermédiaire
à une station du même genre ; les ordres de toute espèce,
les réclamations, vérifications, colis oubliés, etc. Dans la
seconde catégorie se rangent toutes les dépêches ayant
pour objet le service des trains, l'indication précise de
leur nombre, du sens de leur marche, de l'heure précise
de leur passage, de leur avance ou retard sur l'heure réglementaire. Ce service continu et régulièrement organisé fonctionne d'une station aux deux postes voisins les
plus proches ; il permet de connaître en temps utile les
circonstances exceptionnelles qui peuvent modifier la
marche des convois, dans l'intérêt pressant de la sécurité
de la circulation. Viennent ensuite les demandes de secours, qui, d'un point quelconque de la voie, s'adressent,
par l'intermédiaire d'appareils mobiles, aux dépôts les
plus proches. Enfin, je classerai dans la quatrième catégorie les signaux faits au moyen d'appareils spéciaux, la
plupart encore à l'essai, et qui ont pour objet, soit de
signaler aux stations la position exacte d'un train sur la
ligne, soit de transmettre directement les ordres au conducteur d'un convoi en marche, soit enfin, dans le cas
d'accident imminent, de donner l'alarme au poste voisin,

ou de prévenir à temps tel train dont la rencontre est à
redouter. Dans tous les cas, l'appareil commun à ces divers genres de signaux est le télégraphe électrique. Je ne
puis, à propos des chemins de fer, faire ici un cours de
télégraphie. Mais qu'on me permette de rappeler, en
quelques mots, les principes de cette communication
merveilleuse et pourtant si simple.

Que faut-il pour que deux personnes, aux deux extrémités opposées d'une ligne, se trouvent dans la possibilité de tenir une véritable conversation?

Qu'elles possèdent toutes deux un appareil propre à
transmettre leur pensée : c'est le *manipulateur;* qu'elles
aient également à leur disposition un appareil propre à la
recevoir : c'est le *récepteur;* enfin, que l'un et l'autre
de ces appareils soient en relation par l'intermédiaire
d'un fil métallique ou *conducteur.* Quant au moteur qui
transporte ainsi, avec une rapidité de plusieurs milliers
de kilomètres par seconde, les signes de convention ou
les lettres composant la phrase transmise, c'est l'électricité ; non pas cette électricité dont les effets se manifestent à nous par les phénomènes atmosphériques, éclairs,
foudre, bruit de tonnerre ; mais cette autre qui circule
d'un pôle à l'autre d'une pile et dont l'action continue sur
un morceau de fer doux suffit à donner à celui-ci les pro-
priétés attractives de l'aimant.

Tout le monde a vu courir, le long des chemins de fer
et des routes, les fils suspendus à des poteaux plantés de
distance en distance, ordinairement tous les 50 mètres.
Des godets de porcelaine servent de supports aux fils, et
les garantissent du contact avec les poteaux eux-mêmes,
c'est-à-dire avec le sol. Que ce contact ait lieu par hasard
ou par accident, aussitôt la communication s'évanouit. Le
courant électrique est, comme vous le voyez, un sylphe
d'une nature contraire à celle d'Antée : dès qu'il vient à
toucher la terre, il perd sa vertu. La pile, source du cou-

rant, est aujourd'hui d'un usage assez répandu pour que
je me dispense de la décrire. C'est tout auprès du manipulateur qu'elle est d'ailleurs fixée.

La figure 130 montre l'intérieur d'un poste intermédiaire de télégraphie électrique, qui permet de voir en
un clin d'œil comment sont disposés les deux appareils.
Sur chacune des deux tables voisines de l'agent préposé
au service du poste, vous voyez à la fois le récepteur et
le manipulateur ; dans les boîtes situées au-dessous se
trouvent les piles. J'oubliais de dire que le télégraphe
adopté sur toutes les lignes est le télégraphe à cadran.
C'est en promenant sur le cadran du manipulateur l'aiguille fixée à son centre, et en l'arrêtant à chaque tour
sur une des lettres successives qui forment les mots de la
dépêche, que l'employé transmet celle-ci. Au contraire,
c'est en tenant note des arrêts de l'aiguille du récepteur,
qu'il prend connaissance du contenu de la dépêche qui
lui est envoyée.

Deux sonneries, mises en mouvement par le jeu même
des appareils des deux postes voisins, avertissent l'employé de la prochaine arrivée d'une dépêche. Est-il, par
hasard, absent, le mécanisme de la sonnerie fait apparaître un petit écriteau portant ces mots REPONDEZ, qu'il
aperçoit à son retour. Au centre de chacune des tables
sur lesquelles se trouvent placés les appareils, on peut
voir, en outre, un indicateur spécial de la situation des
trains en marche sur la ligne, et de chaque côté de la
station. Deux aiguilles, verticales lorsque la voie est libre,
s'inclinent dans le sens de la marche des trains, et cela,
jusqu'à ce que le chef de l'une ou de l'autre des stations
voisines ait annoncé l'arrivée du train qui vient de partir.

Les postes télégraphiques d'une voie ferrée sont de trois
sortes. Il y a les postes de tête de ligne, les postes intermédiaires simples et les postes intermédiaires de bifurcation, qui, devant correspondre avec trois stations, sur

Fig. 151. — Vue intérieure d'un poste intermédiaire de télégraphie ; station de Charenton.

des directions différentes, doivent posséder en double les appareils, manipulateur, récepteur, sonneries, etc.

Il y a encore les appareils placés sur la ligne de quatre en quatre kilomètres, à partir du dépôt, et qui servent à transmettre les demandes de secours. Ils sont placés dans des boîtes, fixées à des poteaux sur le bord de la voie ; mais ils se composent simplement d'un manipulateur et d'un avertisseur.

Cinq fils suffisent au service complet de la télégraphie sur un chemin de fer : la transmission des dépêches en exige deux, dont l'un relie les stations extrêmes, tandis que l'autre sert à unir chaque station intermédiaire avec ses deux voisines ; un autre fil est consacré aux demandes de secours, enfin, deux fils servent à l'indication de la marche des trains, en reliant entres elles les stations de toute la ligne.

Le service télégraphique est-il à l'abri des interruptions ? Non sans doute. Mais quand les appareils sont l'objet de vérifications assidues, quotidiennes, il n'y a guère que les temps d'orages qui mettent obstacle à la transmission des dépêches et des signaux. Dans ce cas, l'électricité atmosphérique occasionne dans les courants des perturbations dont on se préserve difficilement. Mais la plupart des postes sont munis d'appareils préservateurs de la foudre, qui atténuent l'intensité des perturbations, en même temps qu'ils mettent le poste à l'abri de tout danger.

XXII

LE PERSONNEL DES CHEMINS DE FER

Un employé supérieur d'une des grandes compagnies françaises, que j'interrogeais sur l'organisation administrative et hiérarchique des chemins de fer, me dit qu'il était assez difficile de répondre d'une manière précise à cette question, attendu que cette organisation n'est pas aujourd'hui la même pour toutes les lignes. Je me résignai donc à étudier en particulier chacune d'elles, sauf à distinguer ce qui leur est commun des points par lesquels elles diffèrent. J'ai pensé que le lecteur ne serait pas fâché de jeter un coup d'œil sur les résultats de cette analyse, qui lui donnera, tout au moins, un aperçu sommaire de la manière dont fonctionnent, en France, les entreprises des voies ferrées.

C'est en consultant les budgets des compagnies qu'on peut se former une première idée de la division des services. Tous ces budgets sans exception portent en tête de leurs dépenses celles qui concernent l'*Administration centrale*, en général composée d'un conseil, dont les membres ont le titre d'administrateurs de la compagnie, d'un comité de direction ou d'un directeur général, enfin d'un ingénieur en chef, qui reçoit le titre d'ingénieur-conseil.

Un chef du secrétariat, un chef du contentieux, un autre chargé de la comptabilité générale, sont à la tête d'autant de services, qu'on peut aussi considérer comme faisant partie de l'administration centrale. Cette première division forme, à vrai dire, le gouvernement des compagnies.

Vient ensuite le service actif de l'exploitation, qui se subdivise lui-même en plusieurs services spéciaux, diversement groupés, suivant les lignes. En donnant ici le détail du budget des dépenses, tel qu'il a été établi pour l'année 1860, sur le chemin de fer du Nord, on aura tout à la fois, ce me semble, une idée exacte de ces services et de leur importance relative, la proportion des dépenses, spéciales à chaque division, restant à fort peu près la même sur les différentes lignes. Au point où nous en sommes de notre étude, des explications plus détaillées me paraissent désormais superflues.

ADMINISTRATION CENTRALE

Jetons de présence.	100,556 fr. 30	
Traitement du personnel de l'administration centrale.	220,233 82	
Assurances, loyers et contributions.	232,994 18	
Frais de bureaux, impressions, affiches, annonces.	197,829 88	1,055,048 fr. 25
Indemnités, pensions et dépenses diverses	63,660 69	
Abonnement au timbre.	117,545 41	
Frais de police et de surveillance.	121,758 04	

A reporter. 1,055,048 25

Report . . . .   1,055,048 fr. 25

Iʳᵉ DIVISION. — *Exploitation.*

Traitement du personnel, du service central, du contrôle, etc.	623,596	49
Personnel des gares et stations.	4,513,671	76
Billets, impressions, frais de bureaux	647,755	61
Éclairage et chauffage des gares et stations	554,416	44
Personnel des inspecteurs, conducteurs et facteurs de trains.	907,220	54
Indemnité de déplacement du personnel des trains.	195,501	45
Éclairages et menues dépenses des trains.	149,032	87
Service du factage et du camionnage. . . . . , .	2,101	37
Indemnités pour pertes d'effets avariés.	263,344	93

7,851,441   46

IIᵉ DIVISION. — *Matériel et ateliers.*

Traitement du personnel du service central, etc	151,745	02
Entretien et grosses réparations des machines, des voitures et des wagons à marchandises. .	4,415,744	14
Traitements des mécaniciens, chauffeurs, etc.	1,564,380	21
Combustibles des machines . . .	3,033,005	95
Huile, graisse, éclairage et eau des machines	725,072	12

9,877,947   42

IIIᵉ DIVISION. — *Travaux et surveillance.*

Service central, personnel et dépenses diverses.	418,851	62
Entretien de la voie	3,562,336	71
Surveillance de la voie.	702,517	36

4,498,085   69

Total des dépenses d'exploitation . . . . .   23,292,522 fr. 86

Le personnel, à lui seul, absorbe à fort peu près les deux-cinquièmes de ces dépenses : c'est ce qui résulte du

tableau qui précède. Quant à savoir le nombre exact des
employés de toute sorte dont le salaire forme cette partie
des dépenses, c'est ce que nous n'avons pu apprendre au
juste[1]. Nous dirons seulement qu'on peut diviser ce personnel en deux classes, suivant l'importance des fonctions qu'elles ont à remplir. Dans la première viennent
se ranger les employés supérieurs : administrateurs, ingénieurs, chefs des divers services, etc. ; dans la seconde,
les employés secondaires, que la hiérarchie met sous les
ordres des premiers. Ces dernières généralités s'appliquent à toutes les lignes. Seulement, de même que les
divisions des grands services ne sont pas absolument
identiques chez toutes les compagnies, de même les ingénieurs, par exemple, ne portent pas tous les mêmes
titres et n'ont pas non plus les mêmes attributions. Plus
ou moins nombreux, suivant les lignes, ils ont sous leur
direction des services plus ou moins étendus. Ainsi, tandis que la compagnie de l'Est confie à un seul ingénieur
en chef le service du matériel et celui de la traction, le
Nord place le même ingénieur en chef à la tête des trois
services, de l'exploitation, de la traction et du matériel ;
ce qui n'empêche pas celui-ci d'avoir sous ses ordres
plusieurs ingénieurs de la traction et du matériel et un
ingénieur préposé à la construction et aux réparations
des machines. Les services du mouvement, du trafic
commercial, de l'exploitation proprement dite, ont aussi

[1] Aux questions que nous avons faites à cet égard, on nous a ré-
pondu que ce nombre variait à chaque instant, en raison de l'activité
des travaux et du service. Une statistique récemment publiée évalue
à 107,808 le nombre des fonctionnaires et agents des compagnies des
chemins de fer français, en 1865 ; en 1866, il se montait à 113,356.
Les chiffres du tableau précédent seraient bien différents sans
doute, si nous les prenions dans le budget des dernières années ;
mais ces changements importent peu au point de vue qui nous occupe, puisque c'est la division des services qu'il s'agit de faire res-
sortir.

à leur tête des ingénieurs ou des chefs spéciaux. Enfin, les travaux et la surveillance de la voie sont dirigés par un ingénieur spécial sur toutes les lignes.

Pour finir, j'ajouterai que je n'ai point compris, dans les deux classes d'employés plus haut énumérées, le personnel si nombreux des ouvriers, manœuvres et gens de service, travaillant en tout temps dans les ateliers ou sur la voie; en les joignant aux autres, on évaluerait au moins à deux cent mille le nombre des personnes attachées aujourd'hui (1875) aux chemins de fer de France. Dans ce nombre on assure qu'il y a plusieurs milliers d'employés du sexe féminin et que ce ne sont pas les moins zélés ni les moins habiles. Voilà, certes, une véritable armée, à coup sûr plus productive et non moins disciplinée que les armées dont la gloire se mesure au nombre des morts et des blessés ennemis qui jonchent un champ de bataille, ou à l'étendue des provinces par elles conquises.

On sera peut-être encore curieux de savoir comment se fait la distribution des traitements et des salaires à ce nombre considérable d'employés de tout ordre. Le voici en deux mots : Les recettes quotidiennes des stations sont déposées, par les chefs préposés, dans des boîtes spéciales dont ils possèdent une clef, tandis qu'une double clef existe à la comptabilité générale. Ces boîtes sont envoyées à époques fixes à Paris, où les recettes de toute la ligne se trouvent ainsi centralisées. Quant au payement des employés, ouvriers, etc., il est confié exclusivement à des payeurs qui circulent régulièrement d'un bout à l'autre du chemin et sur toutes les lignes du réseau.

XXIII

EN ROUTE — BILLETS ET BAGAGES — STATIONS — BUFFETS

A votre tour, maintenant, lecteur. Prenez votre billet et puis... en route! Que vous dirai-je maintenant que vous ne sachiez comme moi? Nous avons ensemble assisté à toutes les opérations que nécessite la construction d'un chemin de fer: voie, travaux d'art, matériel fixe et roulant, locomotives; nous avons tout examiné, tantôt rapidement, tantôt longuement, trop longuement peut-être: il est si difficile de garder en tout une juste mesure!

Vous allez monter en wagon et, si j'ai réussi à piquer votre curiosité, vous ne manquerez pas de joindre à l'étude que nous terminons le complément de vos observations personnelles. N'est-ce pas encore là le meilleur de tous les modes d'instruction?

En route, donc!

Mais j'y songe, ce billet que nous venons de prendre au guichet va peut-être encore provoquer de votre part quelques interrogations. Je me rappelle, pour mon compte, avoir plus d'une fois regardé, retourné ce petit morceau de carton, qui nous sert de billet d'entrée dans les salles d'attente du départ et de carte de sortie à l'arrivée dans la station, qui est le terme de notre voyage. Quelques-unes des indications qui s'y trouvent marquées se comprennent d'elles-mêmes ; d'autres demandent à être expliquées. Examinons :

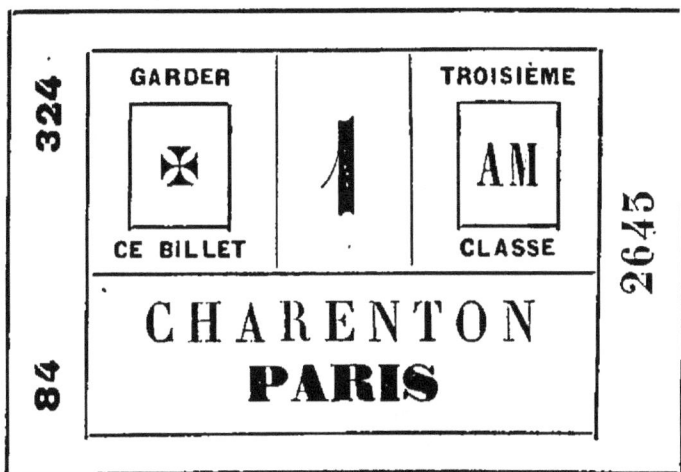

Fig. 132. — Fac-simile d'un billet ; ligne de Paris à Lyon.

Le billet que vous avez sous les yeux a été délivré à la station de Charenton pour Paris, comme l'indiquent, du reste, les mots CHARENTON PARIS écrits l'un au-dessous de l'autre sur la moitié inférieure. Le chiffre 1 est le numéro d'ordre de la station d'arrivée : il représente donc encore *Paris*, de sorte que chaque moitié de billet porte la marque de la destination.

A droite, sur la tranche, se trouve le nombre 2643, qui, avec les lettres A M encadrées dans le compartiment supérieur de droite, représente le numéro et la série du billet. Chaque série comprend 10,000 billets numérotés depuis 00 jusqu'à 9,999 ; quant aux séries, elles partent de la lettre A et par ordre alphabétique, vont jusqu'à Z, puis recommenceront par les doubles lettres AA, BB, etc., enfin continuent par AB... AM, etc. AM, 2643 signifie donc que le présent billet est le 2643e de la série AM ; ce qui permet de calculer aisément le nombre des billets distribués jusque-là. La tranche à gauche contient deux nombres 84 et 324. Le premier marque la date du jour, qui est ainsi le 84ᵉ à partir du commencement de l'année ; le second est le numéro du train. Ces deux derniers nombres s'impriment, au moment même de la délivrance du billet, au moyen d'un timbre sec et devant le voyageur lui-même, tandis que le reste du billet est imprimé d'avance au moyen d'une presse spéciale[1]. L'indication de la classe, la recommandation *garder ce billet*, s'expliquent d'elles-mêmes.

Le fac-simile suivant d'un billet délivré sur la ligne de

Fig. 133. — Billet de la ligne de l'Est.

Vincennes (*Est*) contient les mêmes indications disposées d'une autre façon. La date est ici en toute lettre : 25 représente le numéro d'ordre du train ; 254 est le numéro de la station ; I, la série, et 8473, le numéro d'ordre du billet.

Enfin, voici encore le fac-simile d'un billet d'*aller et*

---

[1] Les enfants au-dessous de quatre ans ne payent rien, et de quatre à sept ans payent demi-place. Dans les premiers cas, les personnes qui les conduisent doivent faire constater sur leurs propres billets la présence de l'enfant dans les wagons. C'est ce que l'employé qui distribue les billets fait au guichet même, au moyen d'un timbre spécial.

retour dont les indications s'expliquent aussi d'elles-mêmes, en se reportant à ce que je viens de dire :

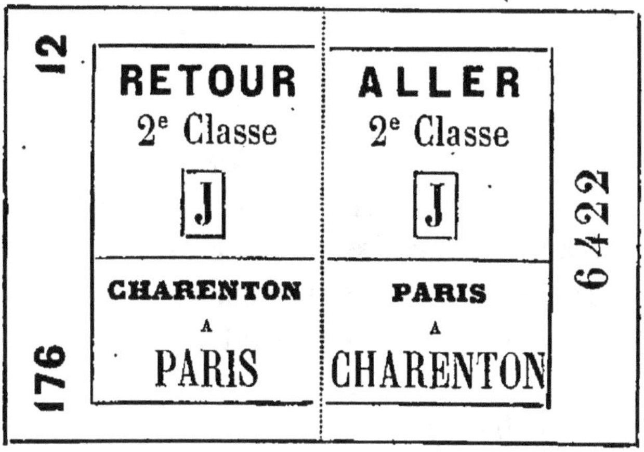

Fig. 134. — Billet d'aller et retour; ligne de Lyon.

Vous avez vu plus haut, quand nous avons parlé du mouvement des voyageurs sur les grandes lignes de France, quel nombre considérable de billets se trouve distribué dans l'année ; car, lorsque nous avons dit que la ligne de l'Ouest a voituré, en 1869, 15,472,476 voyageurs, on a bien compris qu'il s'agissait de billets distincts, la même personne comptant pour un nombre de voyageurs égal à celui des billets qu'elle a pris. C'est une moyenne de 41,391 billets par jour. Imprimer ce nombre de billets, un à un, par les procédés ordinaires, exigerait un temps très-long et un travail fort pénible, puisqu'ils diffèrent les uns des autres au moins par le numérotage. Aussi emploie-t-on, dans ce but, une ingénieuse machine qui compose et imprime automatiquement les billets de chaque série à raison de 7,000 billets par heure.

C'est aussi une machine qui découpe les cartons de la grandeur voulue, et cela avec une assez grande rapidité, pour fournir 500,000 billets par journée de travail. Enfin, c'est encore une machine qui compte et range les billets lorsqu'ils sont imprimés et les entasse en séries toutes prêtes à être envoyées aux stations de la ligne. Cette dernière machine fait, en un jour, l'ouvrage de huit employés et compte 250,000 billets. Mais l'avantage principal de ces substitutions de mécanismes automatiques au travail de l'homme n'est pas seulement dans l'économie de temps et de peine, c'est aussi la certitude, pour ainsi dire absolue, qu'aucune erreur ne se glisse dans ce genre de travail, si fatigant, si abrutissant pour l'intelligence.

Vous avez, je suppose, fait inscrire vos bagages, conservé avec soin le billet qui constate votre propriété, vous avez aussi muselé votre chien et payé sa place au-dessous des fourgons à bagages. C'est le moment de monter en voiture. N'avez-vous pas maugréé quelquefois, dans les salles d'attente, contre les portes qui ne s'ouvrent pas toujours au gré de l'impatience du public, avide de choisir, dans les voitures, les places qu'il préfère? Que n'avons-nous le placide tempérament de nos voisins d'outre-Manche! Peut-être alors les compagnies nous laisseraient-elles, comme eux, circuler à l'avance sur les trottoirs de la halle ou flâner à l'abri des marquises. Cependant, depuis quelques quinze ans, nous paraissons bien guéris de notre vivacité française, et un peu de liberté en chemin de fer ne saurait être un péril pour le bon ordre des gares et la sécurité de chacun de nous; au contraire.

Mais voici les portes qui s'ouvrent. Prenons notre journal, le livre dont la lecture va nous distraire en voyage et choisissons notre place.

Le sifflet du mécanicien répond au signal du départ : vous entendez le bruit du démarrage, qui se transmet de wagon en wagon... Nous voilà partis! Désormais vous ne verrez, le long du chemin, autre chose que les divers appareils dont la description a fait l'objet de ce volume. Tout au plus me demanderez-vous ce que signifient ces poteaux (*fig.* 134) que nous rencontrons de temps à autre le long de la voie. Ce sont les poteaux indicateurs des rampes, des pentes et des paliers. Une planchette horizontale, suivie d'une autre planchette inclinée dans un sens ou dans l'autre, montre qu'à une partie horizontale de la voie succède soit une pente, soit une rampe. Chaque planchette contient deux nombres superposés. Le nombre supérieur indique le degré de l'inclinaison. C'est 0,000 sur la planchette horizontale, correspondant au palier. C'est 0,015 pour la rampe, qui est alors de 15 millièmes. Les nombres inférieurs 192,25 et 117,50 nous font voir que la longueur de chaque portion de voie correspondante est soit $117^m,50$, soit $192^m,25$. Comme vous le voyez, rien n'est plus simple. Ces indications sont d'ailleurs utiles au mécanicien, qui règle en conséquence la marche de sa machine.

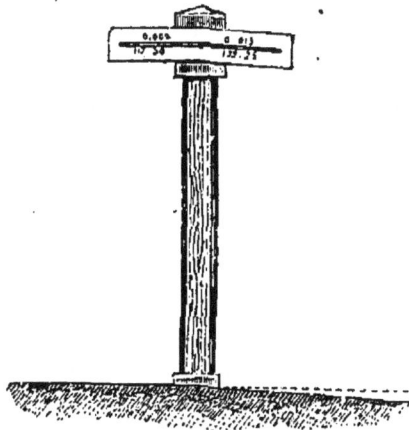

Fig. 154. — Poteau indicateur des rampes, paliers ou pentes.

Quant aux poteaux portant un simple nombre, ils indiquent en kilomètres la distance du point de la voie où ils sont placés, à la gare, tête de ligne.

Nous ne rencontrerons plus maintenant d'autre incident du voyage que les arrêts plus ou moins prolongés aux diverses stations, les buffets et buvettes où le voyageur prend à la hâte un repas ou des rafraîchissements qui n'ont qu'un inconvénient, celui de coûter un peu cher et d'être pris avec trop de précipitation. Que voulez-vous ? chacun réclame la vitesse en route ; or la vitesse n'est guère compatible avec les stations prolongées et les longs dîners d'autrefois.

XXIV

LES ACCIDENTS SUR LES CHEMINS DE FER

— Voilà un titre, mé dira-t-on, qui n'est pas de nature
à rassurer ceux de vos lecteurs qui ouvriront votre livre
en voyage ; et c'est finir maladroitement, que de les laisser sous une impression si fâcheuse. — J'en conviens,
l'apparence m'est contraire. Mais quoi ! si, par un calcul basé sur des données précises, par quelques conseils dont l'expérience a prouvé l'efficacité, je parviens à
donner aux voyageurs timorés la confiance qui leur manque et à les prémunir en même temps contre les imprudences souvent fatales, le paragraphe qu'on va lire ne
sera-t-il point pleinement justifié ? Pardonnez-moi donc
en faveur du résultat que j'espère obtenir, ce chapitre sur les accidents en chemin de fer.

Lorsque, dans une de nos grandes cités, à Paris, je
suppose, l'un de nous quitte sa maison pour une prome-
nade ou une course à travers les rues et les boulevards
sillonnés de voitures et encombrés par la foule, songe-
t-il aux dangers qui peuvent l'assaillir ? A-t-il jamais calculé la chance, heureusement faible encore, qui menace
sa propre existence, ou du moins qui peut faire de lui
l'une des victimes des accidents plus ou moins graves

dont les rues, les places et les boulevards sont les témoins journaliers? C'est peu probable. De telles craintes seraient peu compatibles avec la tranquillité d'esprit qu'exigent nos affaires ou nos plaisirs.

Pendant la seule année 1860, Paris a fourni un contingent de 609 victimes, — 30 morts et 579 blessés, — et cela, par le seul fait des accidents dus aux voitures qui sillonnent la voie publique du matin au soir et du soir au matin. Ces chiffres vont nous dire, par une comparaison facile, si les voyages en chemin de fer offrent des chances d'accidents aussi fortes que les courses journalières à travers les rues de Paris.

Les statistiques officielles ont enregistré, pour la période 1850-1860, c'est-à dire pour un intervalle de dix ans, un nombre total de 44 morts. Ce n'est guère .plus, on le voit, que le nombre des morts pour une seule année de la circulation parisienne.

Pendant ces dix années, le nombre total des voyageurs, sur les cinq grandes lignes qui ont été le théâtre de ces accidents toujours déplorables, a été de 310 millions. C'est 1 mort sur 7 millions de voyageurs. En Angleterre, en 1873, il y a eu, sur 455,320,188 voyageurs, 1372 morts, dont 160 voyageurs, et 5,110 blessés; c'est seulement 1 mort sur 11,383,804 si l'on considère que 40 voyageurs seuls n'auraient pu éviter l'accident dont ils ont été victimes. Certes, en songeant à l'intensité de la circulation annuelle moyenne, on ne peut s'empêcher de reconnaître à quel degré de sécurité relative elle est parvenue dans un système de transport aussi compliqué que celui des voies ferrées. Il y a là de quoi nous rassurer tous contre la faible probabilité qui nous menace, quand nous prenons notre place dans un train de railway.

Pour moi, je serais plus rassuré encore si j'avais pu connaître le nombre des blessés de ces dix années, si j'avais une idée précise du nombre de véhicules qui circu-

lent dans les rues de Paris pendant un an, si je connais-
sais enfin, et le parcours total de ces véhicules, et le
mouvement des piétons pendant la même période.

On a raison de dire, ne fût-ce que pour tranquilliser
les voyageurs, que les chemins de fer offrent une moindre
proportion d'accidents et de victimes que les vieux modes de transports par chaises de poste et diligences; on a
raison de prémunir le public contre des alarmes tout au
moins inutiles : mais c'est à la condition que, par l'étude
incessante des mesures de sécurité, les compagnies de
chemins de fer s'efforcent de justifier la confiance générale. Or, s'il est juste de reconnaître qu'elles ont déjà
beaucoup fait, il faut dire aussi qu'elles ont encore beaucoup à faire.

Étudiés dans leurs causes, les accidents proviennent,
soit du matériel, soit du service des employés, soit des
imprudences dues aux victimes elles-mêmes. De là trois
catégories de mesures, de moyens de réduire le nombre
des accidents.

Que le matériel fixe soit dans un état constant de bon
entretien, résultat d'autant plus aisé à obtenir que la
fabrication elle-même en a été plus soignée, que les matériaux sont de qualité supérieure[1] ; que les mêmes conditions soient remplies pour le matériel roulant et les
machines ; que la régularité du service, la parfaite organisation des trains, la perfection des signaux concourent,
avec l'instruction pratique des employés et leur stricte
observation des règlements, à la précision des mouvements sur toute la ligne ; enfin, que les voyageurs et les
employés obéissent aux mesures de prudence sagement
conseillées par les règlements, et il n'y a pas de doute

---

[1] Des ingénieurs distingués assurent que la mauvaise qualité des
fers employés dans la construction du matériel des chemins anglais
suffit à expliquer le nombre plus grand des accidents de ces chemins
comparé à celui des lignes françaises.

que le nombre des accidents et des victimes, s'il n'est pas réduit à rien, du moins diminuera bientôt dans une proportion considérable.

Comme je m'adresse ici aux voyageurs, je terminerai en essayant de les mettre en garde contre les dangers qu'ils peuvent courir, par le fait de leur propre imprudence. Ne jamais monter en voiture, ne jamais en descendre tant que le train n'est pas complètement arrêté ; une chute, même légère en pareil cas, pouvant devenir mortelle, si les jambes de l'imprudent viennent à s'engager sous les roues des voitures. Cette recommandation s'applique plus encore aux voyageurs d'impériales. Éviter d'allonger outre mesure les bras ou la tête par les portières, le passage près des colonnes en fonte d'un pont, près d'un poteau pouvant offrir alors un véritable danger. Se mettre en garde, ceci s'adresse aux fumeurs, contre l'incendie que peut provoquer une allumette incomplétement éteinte et jetée à l'intérieur du wagon. Dans le cas d'un accident, quel qu'il soit, rester à l'intérieur des voitures ; éviter de sortir ou même de mettre la tête à la portière. Enfin, pendant tout le cours du voyage, ne se pencher ainsi qu'après s'être assuré d'une façon positive que la porte est complétement fermée, en haut par la poignée, en bas par le loquet.

Voilà quelques conseils faciles à donner, faciles à suivre, que peu de personnes ignorent, mais que beaucoup n'hésitent pas à négliger, soit par imprudence réelle, soit par un léger sentiment de forfanterie qui n'est pas de mise, à coup sûr, lorsqu'on voyage en chemin de fer.

XXV

Dans cette description familière des chemins de fer, c'est la France que j'ai dû surtout avoir en vue. Le peu de statistique dont je me suis hasardé à offrir les tableaux à mes lecteurs concernait le réseau des voies françaises. Mais je pense qu'ils ne me sauront pas plus mauvais gré pour cela de terminer par quelques détails de statistique générale, par un aperçu sur le développement des chemins de fer dans toutes les parties du monde.

Voici quelle était, au 1ᵉʳ janvier 1861, l'étendue des lignes exploitées sur notre globe :

Europe	52,476 ᵏⁱˡ	ayant coûté 20 milliards	780	millions.
Asie.	2,295	—	» 870	
Afrique	571	—	» 112	
Amérique sept¹ᵉ. .	54,388	—	6 870	
Amérique mérid¹ᵉ.	794	—	» 246	
Australie	560	—	» 250	
Total général. .	110,884 ᵏⁱˡ	—	29 milliards 028 millions.	

Sur le nombre de 52,476 kilomètres appartenant à l'Europe, l'Angleterre figurait pour 16,786 kilomètres ; la France pour 9,278 kilomètres ; l'Autriche pour 5,544 ;

la Prusse pour 5,070 ; l'Allemagne pour 5,180 ; la Belgique pour 1,350.

Les statistiques les plus récentes témoignent de la rapidité avec laquelle s'étend le réseau des voies ferrées dans toutes les parties du monde. En 1867, la longueur totale de toutes les lignes de fer exploitées sur le globe s'élevait déjà à 156,663 kilomètres : sur ce nombre, l'Europe comptait pour 91,648 kilomètres ; l'Amérique du Nord pour 63,881 ; l'Amérique méridionale pour 2,255 ; l'Asie pour 6,938 ; l'Australie et l'Afrique respectivement pour 1,116 et 831 kilomètres. La Grande-Bretagne (Angleterre, Écosse et Irlande) avait, à cette époque, un réseau de 22,300 kilomètres ; les États-Unis d'Amérique, environ 60,000 kilomètres en exploitation et 28,000 kilomètres en construction ; l'Allemagne, la Prusse et l'Autriche figurent dans cette statistique pour 18,000 kilomètres ; la Russie pour 4,622 kilomètres exploités et 1,800 kilomètres en construction. Enfin, la France, qui possédait en 1867, 15,750 kilomètres de voies ferrées, exploitait, au 31 mars 1869, 16,276 kilomètres.

Au moment où nous écrivons (avril 1876), les documents statistiques que nous avons sous les yeux donnent, pour le réseau des voies ferrées sur la surface entière du globe, un chiffre kilométrique bien plus considérable encore, 250,000 kilomètres au minimum, car quelques-unes des statistiques dont nous parlons se rapportent à plusieurs années en arrière.

Nous trouvons pour l'Europe seule un total de 111,545 kilomètres ; c'est un réseau plus que double de celui de 1861, et dépassant de $\frac{1}{6}$ au moins celui de 1867.

En voici le tableau qui, nous le répétons, n'est pas complet pour l'époque actuelle, et qui d'ailleurs s'accroît rapidement chaque année :

23*

ÉTATS	ANNÉES	KILOM. EXPLOITÉS
Grande-Bretagne	1875	26,466
France.	1875	20,800[1]
Russie.	1874	18,100
Allemagne	1873	13,632
Autriche-Hongrie	1870	8,050
Italie.	1875	7,400
Espagne	1870	5,407
Belgique.	»	3,335
Suède-Norvége	»	2,420
Suisse	1875	2,037
Danemarck.	1875	1,120
Hollande.	1867	1,049
Turquie	1873	1,036
TOTAL.		111,545

Les différents pays sont rangés ici par ordre absolu ; mais cet ordre changerait, si l'on calculait le nombre des kilomètres de chemin de fer, soit par kilomètre carré ou selon la superficie, soit par million d'habitants, ou selon la population. — Ce dernier mode de répartition a montré que l'Europe peut être partagée en trois groupes ; celui des contrées industrielles à population dense, comme l'Angleterre, la Belgique, les Pays-Bas, la France, la Suisse, l'Allemagne ; un second groupe comprend l'Autriche, la Hongrie, le Portugal et l'Espagne, à population spécifique moyenne ; le troisième groupe est celui des populations rares sur un territoire fort étendu comme la Russie. Au point de vue de l'importance kilométrique de leurs voies

[1] Ce nombre de 20,800 kil. se rapporte seulement aux lignes exploitées. Le réseau complet, comprenant les lignes en construction ou concédées, est de 28,788, se répartissant ainsi :

	EXPLOITÉS.	EN CONSTRUCT.	CONCÉDÉS.
Chemins d'intérêt général . . .	19,110	4,797	409
— d'intérêt local	1,504	2,782	—
— industriels	187	—	—
TOTAUX	20,801	7,579	408

ferrées rapportée à leurs populations, ces trois groupes sont entre eux à peu près comme les nombres 80, 60 et 20.

En Asie, en Australie, les lignes de fer se développent aussi ; il y a dans l'Inde 10.225 kilomètres exploités sans compter les lignes en cours d'exécution. Au Japon même, le mouvement est commencé, et le mikado a inauguré, le 15 novembre 1872, le chemin de fer de Yokohama à Yeddo. En Australie, une nouvelle ligne de 350 kilomètres, de Melbourne au Murray, est achevée au tiers. Il n'est pas jusqu'à la Nouvelle-Zélande où l'on n'entende siffler les locomotives : une ligne de 200 kilomètres y est en ce moment même en cours d'exécution.

Mais c'est en Amérique, surtout aux États-Unis, que le développement des voies ferrées a pris des proportions gigantesques. Cinq grandes lignes, en partie terminées, traverseront la grande république du Nord dans tous les sens : de New-York à San-Francisco, c'est-à-dire de l'Atlantique au Pacifique, les trains franchissent déjà les 5,240 kilomètres qui séparent les deux mers; les chemins de fer Canadiens, la ligne de San-Francisco au Texas, sont construits ou en voie de construction. Mais rien ne montre mieux la rapidité de cette extension que la statistique historique suivante :

En janvier 1832, les États-Unis n'avaient que 21^m kilomètres de chemin de fer exploités.

En janvier 1842, le total s'élevait déjà à 6.230 kilomètres. Dix ans plus tard, le chiffre était plus que doublé : il montait à 17,743 kilomètres. En janvier 1862, ce dernier total était lui-même plus que triplé.

Enfin, en janvier 1875, 114,260 kilomètres de voie ferrée sont en exploitation. Cet immense réseau, qui dépasse celui de l'Europe tout entière, n'a coûté cependant que 21 milliards 600 millions de francs. 188,000 francs par kilomètre environ. Les 26,500 kilomètres de chemin de fer de la Grande-Bretagne et de l'Irlande sont revenus à plus de 15 milliards de francs, de sorte que le kilomètre anglais coûte en moyenne 544,000 francs, c'est-à-dire trois fois un tiers autant qu'un kilomètre de railway américain. La raison de cette énorme différence se comprend d'elle-même, car les grandes lignes des États-Unis traversent des contrées encore vierges où le terrain coûte peu, où le bois est à bon marché, où les stations sont encore rares.

Une statistique récente évaluait à 50,000 en nombres ronds le chiffre des locomotives qui servent aux transports des marchandises et des voyageurs sur le réseau du monde entier. Voici comment se répartit ce nombre entre quelques-uns des États les plus importants des deux mondes :

	LOCOMOTIVES	KILOMÈTRES DE CHEMINS DE FER
États-Unis.	14,233	114,260
Grande-Bretagne.	11,935	26,466
Allemagne	5,927	13,632
France.	5,425	20.800
Russie	5,442	18,100
Autriche-Hongrie	2,875	8,050
Indes.	1,523	10,225
Italie.	1,172	7,400

La puissance de ces locomotives réunies n'est pas moindre que 10 millions de chevaux-vapeur.

La circulation universelle, par les chemins de fer, par les lignes de navigation interocéanique, par la télégraphie continentale et maritime, couvrira bientôt le monde entier de son triple réseau.

Dès maintenant Paris, Londres, toutes les grandes villes de l'Europe industrielle et commerciales ont, en quelques minutes, grâce aux câbles transatlantiques, des nouvelles de la Californie. Quand la ligne électrique sous-marine projetée entre San-Francisco et Yokohama sera posée, le

Japon sera en communication instantanée avec l'Europe par deux voies opposées, à l'orient et à l'occident. Un télégraphe qui relie la Russie, par la Sibérie, à l'Amérique du Nord, remplit dès maintenant cette mission. Aujourd'hui les marchandises européennes peuvent franchir un trajet de 4,500 lieues avec deux seuls transbordements, l'un à New-York, sur les rives de l'Atlantique, l'autre à San-Francisco, sur les côtes du Grand Océan. Pour l'achèvement de cette œuvre immense, il aura suffi du concours de deux éléments, également nécessaires au progrès de la civilisation matérielle, le génie de la science représenté par les applications de l'électricité et de la vapeur, et l'activité industrielle, que seconde la puissance des capitaux incessamment accumulés par le travail.

FIN

LISTE DES GRAVURES

TABLE DES MATIÈRES

TROISIÈME PARTIE

MATÉRIEL ROULANT — GARES, ATELIERS ET DÉPÔTS

QUATRIÈME PARTIE

L'EXPLOITATION

FIN DE LA TABLE

17355. — Typographie Lahure, rue de Fleurus, 9, à Paris.